权威·前沿·原创

皮书系列为

“十二五”“十三五”国家重点图书出版规划项目

中国基层科普发展报告（2015~2016）

REPORT ON DEVELOPMENT OF GRASSROOTS SCIENCE POPULARIZATION IN CHINA (2015-2016)

主　编／赵立新　陈　玲

图书在版编目(CIP)数据

中国基层科普发展报告. 2015～2016 / 赵立新，陈玲主编. --北京：社会科学文献出版社，2016.9
（科普蓝皮书）
ISBN 978-7-5097-9522-4

Ⅰ.①中… Ⅱ.①赵… ②陈… Ⅲ.①科学普及-研究报告-中国-2015-2016 Ⅳ.①N4

中国版本图书馆CIP数据核字（2016）第176246号

科普蓝皮书
中国基层科普发展报告（2015～2016）

主　　编 / 赵立新　陈　玲

出 版 人 / 谢寿光
项目统筹 / 邓泳红
责任编辑 / 张　媛　桂　芳

出　　版 / 社会科学文献出版社 · 皮书出版分社（010）59367127
地址：北京市北三环中路甲29号院华龙大厦　邮编：100029
网址：www.ssap.com.cn
发　　行 / 市场营销中心（010）59367081　59367018
印　　装 / 北京季蜂印刷有限公司

规　　格 / 开　本：787mm×1092mm　1/16
印　张：22.25　字　数：296千字
版　　次 / 2016年9月第1版　2016年9月第1次印刷
书　　号 / ISBN 978-7-5097-9522-4
定　　价 / 79.00元

皮书序列号 / B-2016-532

主编简介

赵立新 博士，现任中国科普研究所副所长，《科普研究》编委会副主任、副主编，浙江大学公共管理专业特聘导师，中国科学技术大学科学传播专业兼职教授，中国科学学与科技政策研究会科学传播专委会主任。主要从事科普基础理论、国外科普进展跟踪评估、科普政策评价等相关问题研究。在国内外学术刊物发表论文20余篇，编著《国外科普工作要览》等科普书籍2本。目前主持的项目有现代科学传播体系建设研究、公民科学素质建设2049发展战略研究等。

陈 玲 博士，中国科普研究所研究员，科普理论研究室主任。中国科协－清华大学科技传播与普及研究中心副主任、特邀研究员，中国科学技术大学人文与社会科学院兼职教授，上海科学传播中心兼职研究员。主要研究方向为科学教育和科普理论与实践。在国内外学术刊物发表论文20余篇，出版著作3本。作为副主编出版科学教育蓝皮书《中国科学教育发展报告（2015）》。

摘　要

《中国基层科普发展报告（2015～2016）》作为我国第一本针对基层科普进行详细研究的报告，汇集了基层科普研究者及一线基层科普工作者的研究成果。本书对我国基层科普的重要领域以及重点问题进行了深入研究，以期对我国基层科普的全貌有个清晰的认识。同时，在对主要问题进行梳理的基础上，对我国基层科普的发展提出建议。

《中国基层科普发展报告（2015～2016）》坚持在实践基础上开展理论分析，同时坚持整体研究与领域研究、重点问题专题研究以及地方经验梳理分析相结合。本书结构上分为总报告、分报告、专题篇和案例篇。总报告对基层科普的含义、我国基层科普的发展现状与存在的问题等进行了论述，并就我国基层科普的发展提出了建议。同时，本部分提出了基层科普研究的几个维度，有利于促进我国基层科普研究的深入发展。分报告分别从政策和法规、人员和组织、场所和设施、活动和内容、受众和效果等维度就农村、社区、企业科普工作开展研究，分别对我国农村、社区、企业科普的发展现状和存在的问题等进行研究，并就农村、社区、企业科普的发展提出建议。专题篇紧紧围绕我国基层科普实践，就我国基层科普工作中的重点问题开展研究。案例篇是由各地基层科普实践的经验分析加工而成，集中反映地方的实践探索。

基层科普处于我国科普体制的最底端，直接面对丰富的科普需求，同时，又受诸多条件的限制，存在着一定程度的“最后一公里”现象。我国基层科普实践具有明显由国情决定的中国特色。本书通过对基层科普开展研究，可指导我国基层科普实践，同时具有重要的理论价值。

目　录

Ⅰ　总报告

Ⅱ　分报告

Ⅲ　专题篇

Ⅳ 案例篇

皮书数据库阅读使用指南

总 报 告

General Report

B.1

中国基层科普发展概述

赵立新 张 锋 朱洪启 高 健*

摘 要： 基层科普是我国科普工作的重要组成部分，在我国的科普体制中占有非常重要的地位。我国历来非常重视基层科普工作，把科普作为基层群众依靠科技提高生产、生活质量的重要依托。多年来，基层科普的政策环境、组织建设、人员队伍、硬件设施、活动开展等方面都得到了重要的发展，取得了很好的成效。本文对基层科普的概念与研究框架、基层科普的发展现状

* 赵立新，中国科普研究所副所长，研究方向为科学传播理论研究、科普政策研究、科普统计评估相关研究等；张锋，中国科普研究所副研究员，研究方向为科学传播普及战略规划、农村科学传播与普及等理论与实践研究，公民科学素质监测、科技评估等理论与实践研究；朱洪启，中国科普研究所副研究员，研究方向为基层科普、科普理论；高健，中国科普研究所博士后，研究方向为国外科学传播理论与实践研究、基层科普理论与案例研究、凝聚态物理－纳米复合功能材料、储氢材料等。

与存在的问题等进行了论述，并就我国基层科普的发展提出了对策建议。

关键词： 基层科普 科普体制 农村科普 社区科普

基层科普是我国科普工作的重要组成部分，直接面向具体的群体，对于服务公众科技需求、提升公民科学素质、加强基层文化建设都具有不可替代的作用。基层科普位于我国科普体制的末梢，对国家科普战略的落地以及实施都会产生深刻影响。我国历来非常重视基层科普工作，把科普作为基层群众依靠科技提高生产、生活质量的重要依托，动员和组织科技工作者，出台众多政策与法规，为基层科普工作提供良好的政策环境。经过多年的发展，目前我国基层科普的工作体系逐步健全，工作机制逐步完善。基层科普的硬件设施建设取得了一定的进展。各地通过开展种类丰富的科普活动，使公众受惠于科技的发展，并提升了公众学科学、用科学的能力。

一 基层科普概述

科普是国家和社会采取公众易于理解、接受、参与的方式，普及科学技术知识、倡导科学方法、传播科学思想、弘扬科学精神的事业。科普的目的是提升公众科学素质，提升国家创新能力，促进和谐社会建设。基层科普是我国科普事业的组成部分，是专门面向基层群众开展的科普工作。

（一）基层科普概念

1. 基层科普

基层科普的概念具有中国特色。在英文中基层更多的是包含了草根（grass roots，the grass-roots level）的意思。《牛津英汉高阶词典》对“grass roots”的解释是（尤用于政治层面）平民百姓（与决策者相对）。外研社出版的《大英汉词典》把“grass roots”译成基层群众，老百姓；基础，根基，根本；农村地区，地方。在《朗文英汉双解辞典》中将其解释为基层群众（the ordinary people in a country，political party，etc.，not the ones with power）。草根（grass roots）一说，始于19世纪的美国。英文“grass roots”的释义是“①群众的，基层的；②乡村地区的；③基础的；根本的”。实际上，基层就是“各个组织中最靠下的一层，表示和人民群众密切联系、紧密相关的一层”。国外学术界中并没有与我们所讲的“基层”完全对应的概念，与之最为接近的概念是“grassroots”，可直译为草根或草根阶层，指的是在社会阶层中的一般平民百姓、群众，他们往往个人势力较弱，但是数量众多。这些特征与政府、统治阶级、大型企业等具有的特征对立，象征着社会的低层。由此可见，基层处于社会的底层，是与政府、企业等大型官方组织相对立的概念。

从组织结构层面来讲，基层（base course）指的是设在面层以下的结构层，主要承受由面层传递的车辆荷载，并将荷载分布到垫层或土基上。当基层分为多层时，其最下面的一层称为底基层。在中国，基层从字面来说是各种组织中最低的一层，它与群众的联系最直接。按照党章规定，党的基层组织是指在工厂、商店、学校、机关、街道、合作社、农场、乡、镇、村、人民解放军连队和其他基层单位设立的党的基层委员会、总支部委员会、支部委员会。教育部部长周济曾指出，基层应该是一个大概念，既包括广大农村，也包括城市的街道社区；既涵盖县级以下党政机关、企事业单位和社会团体组织，也包括非公有制组织和中小企业；既包含自主创业、自谋职业，也包括艰苦行业和艰苦岗位。在我们国家，基层是一个综合性概念，在这里主要指组织的最底层这一级，包括在县级及以下最低一层的组织，其包括了三个部分：县级及县级以下政府机构、企事业单位部门机构以及社会机构草根组织。

基层科普，即上述政府及其事业单位机构、社会团体和社会机构，以及具有主要科普工作职能的基层组织开展的面向大众的科普活动。科普法中明确规定，政府、企业、社会组织都有责任开展科普工作，相关文献更多的是在探讨政府或事业机关单位在科普工作及相应研究方面的现状、经验及遇到的问题，但实际上，企业与社会组织也在做大量与科普有关的工作并担负起自身在科普方面的社会责任。如果把基层定义到与受众联系的层面，成为直接做科普工作的组织团体，则基层科普应是一个相对概念，其传播主体应当包括各级政府、事业单位、企业、社会组织等一线传播组织，受众主要针对农民、未成年人、城镇居民、城镇劳动者、领导干部等不同群体，进行基层科普活动时必须与受众发生直接的联系，第一时间面对受众。根据科普活动场所的不同而划分，例如农村、社区、企业、学校、医院、军营、科技场馆、厂矿、商场（商店）及一些社会组织等，即直接进行基层科普活动的组织和场所为基层。

综上所述，广义来说，基层科普活动是与群众联系最密切的组织进行的科普活动；狭义来讲，县级以下的组织进行的科普活动就是基层科普活动，基层科普组织可以认为是独立组织或承担科普活动的最小单元。根据行政组织的大小，按照科协组织约定俗成的概念，基层是县级和县级以下的机构和组织。科协的基层组织作为基层科普组织之一，在其中起到非常大的作用。

农村、社区、企业、学校的科普组织是基层科普工作的重要依托，因此，可以将基层科普活动划分为企业科普活动、学校科普活动、农村科普活动、社区科普活动等部分。限于学校科普活动的特殊性，本蓝皮书系列第一部将会以其他三大科普活动为典型案例进行研究分析，随后的部分将会随着形势政策的变化，再把其他的组织纳入进来，以期更加准确全面地展现我国基层科普活动的现状，以飨读者。

科普活动是面向全体公众的活动，但科普服务并不能均匀地向所有公众提供。其主要有以下几个方面原因：一是人口分布不均匀。人口的分布可有多种区分方法，如按职业分布、学历分布、性别分布、区域分布等，不同的分布将影响科普的形式与方法。基层科普就是源于人的区域分布。二是科普信息的分布不均匀。受社会发展阶段及社会资源分布的影响，科普信息不可能在全国均匀分布，这就产生了科普信息分布的不同区域。三是科普工作也具有不均衡性。受不同条件的制约，有些区域科普工作开展得好一些，有些地方会弱一些。四是科普体制的影响。我国科普体制带有较强的行政化特征，不同行政层级的区域，其科普工作的开展具有很大差异。综上，基层科普就是在人员、科普信息、科普工作的区域分布不均衡的情形下，再加上科普体制的影响，而形成的一个科普工作域，在基层特有的环境中，开展专门面向基层群众的科普工作。在本书的报告中，将重点论述农村、社区和企业科普。

2. 基层科普的特性

在我国国情背景下，基层科普是科普工作的重要组成部分，基层科普在国家科普体制建设中具有非常重要的地位。在我国，之所以基层科普具有如此重要的地位，主要因为我国的科普工作是政府主导的，带有很强的体制内特征，科普信息的传输带有自上而下的特征。而处于基层的村落、社区等，由于各种条件的限制，往往信息流不畅，处于科普信息传输的“最后一公里”，这是我国科普实践所面对的明确的难题。基层科普处于我国科普体制的末梢，是我国科普战略规划落地的要求。基层科普的主要任务是在基层所特有的条件限制下开展科普工作，服务于基层群众的生活与学习，提升公众学习科学、应用科学的能力，从而提升公众科学素质与创新能力。

基层科普的工作域在基层，这就决定了基层科普的特性：基础性。其包含的内容很多，主要可从以下几个角度进行解释，一是与公众的距离近：社区、村落以及企业，都是人们生活、工作的地方，人口聚集。在这里开展科普工作，必须接地气，真正符合基层群众的需求，贴近基层群众的生活、生产，以当地群众喜欢的方式来开展。并且，在社区、村落或企业开展的科普，都有着明确的服务对象，是在“熟人社会”中开展的。二是科普支撑条件差：基层，往往会面临缺人、缺经费、缺资源的困境。三是信息较为缺乏：基层的科普信息流往往不畅通，很多科普信息难以跨越这“最后一公里”。

基层科普不同于面上的科普，面上的科普往往只需知道对应的潜在群体即可，不需要明确知道科普对象的习性。在这一点上，基层科普更加贴近公众。同时，面上的科普也不需要像基层科普那样将科普与具体的情境相结合，甚至还需要使用当地方言开展。基层科普往往结合具体的需求，是供与需的紧密结合。并且，基层科普往往是面对面开展的，对于基层科普服务供给的反馈是直接的、即时的。

基层科普也不同于以普及科学精神、科学思想、科学价值为主要内容的高端科普，基层科普主要针对基层群众在生活、生产中遇到的问题而开展活动，关注的是身边的具体问题，较少谈论抽象的知识与精神等。

（二）基层科普研究框架

基层科普应该包含以下几个方面的要素。

1. 政策和法规

有关基层科普的政策法规是基层科普工作开展的重要制度保障和法律依据。在我国，科普更多的是一项由政府主导、全社会共同参与的社会事业。在基层科普事业的发展中，政府需扮演什么角色、发挥什么作用，如何界定社会组织的职责与义务，如何鼓励更多的社会团体、社会资源投入基层科普事业，这都需要政府出台相关政策法规来推进。良好的政策环境，会大大提升我国基层科普的效率。

2. 人员和组织

基层科普事业的开展，离不开组织体制的推进。由于我国基层科普事业是由政府推动开展的，所以政府组织在基层科普事业的发展中发挥着关键作用，但随着社会环境的变化，这种情况会不会发生变化？在我国的国情背景下，基层科普组织体制都包括哪些，各自在基层科普工作中履行了什么职责，又有什么因素影响了基层科普组织体制的效率，现在基层科普组织体制是否适应当前的信息化社会，这都是基层科普研究中需关注的问题。基层科普组织涉及基层科普的发展动力问题。

对于基层科普而言，人员队伍，尤其是高质量科普人员缺乏，是制约基层科普发展的重要因素。如何解决基层科普中人员队伍不足的问题，并激发他们的积极性，构建积极、高效的基层科普人员队伍，是基层科普需要解决的基础问题。

3. 场所和设施

基层科普工作的开展，离不开基层物质条件的保障。基层科普场所和设施，是基层科普开展的重要载体和平台，也是基层科普开展的物质保障。基层科普场所一般包括科普画廊、科普活动室、专题科普场馆、电子显示屏及一些多媒体设备等。基层科普设施的数量、使用方式、使用效率、维护与管理机制、资源投入机制等，都关系基层科普的发展与成效。

4. 活动和内容

科普活动是基层科普的主要方式。丰富、有吸引力的科普活动会有效提升基层科普的参与度和影响力。而活动的内容设置，对于活动的成功举办有着重要影响。基层科普活动的内容与形式，是基层科普在基层群众中产生吸引力的直接影响因素。

5. 受众和效果

基层科普的受众即基层科普的对象，是某一区域内的特定人群。科普对象的明确有利于对其特点、需求以及对基层科普的评价等进行细致的调查。同样，对基层科普的效果也可以产生清晰的认识。

基层科普开展情况如何一般表现为其产生了哪些效果。其主要效果是科普自身建设及其对群众科学文化素质产生的影响。对基层科普受众的研究，可提升基层科普的针对性和效率。对基层科普效果进行研究，及时发现、纠正工作中存在的问题，是基层科普事业可持续发展的重要保障。

二　我国基层科普的发展现状

本文着重从农村、社区、企业等方面总结基层科普的发展现状。

（一）农村科普发展现状

长期以来，面向广大农村的科学技术普及工作备受党中央和国务院的重视，并与经济社会发展紧密联系。20 世纪五六十年代，群众性的农村科学实验运动蓬勃开展，科学普及与农业生产紧密结合。[①]改革开放以后，“建设科普文明村、乡（镇）”和“讲精神文明、比科技致富”等竞赛活动是农村科普与精神文明建设协同发展与融合的结果。当今我国社会结构组成中，城乡二元结构分化明显，城乡之间共同协调发展对维护社会稳定、提高生产力具有重要意义。提高农民整体素质，培养造就有文化、懂技术、会经营的新型农民，是建设社会主义新农村的迫切需要。

---

① 《福建省情资料库 · 科学技术志》，http：//www. fjsq. gov. cn/showtext. asp？ ToBook = 189&index = 1163，2015 年 12 月 10 日。

1. 农村科普相关政策和法规

进入21世纪，《科普法》颁布，多个中央文件聚焦“三农”问题，为农村科普的开展提供了政策与法规上的依据。2006年中央一号文件《中共中央　国务院关于推进社会主义新农村建设的若干意见》进一步提出，提高农民整体素质，培养造就有文化、懂技术、会经营的新型农民，是建设社会主义新农村的迫切需要。2014年中央一号文件《中共中央　国务院关于全面深化农村改革加快推进农业现代化的若干意见》明确提出，推进中国特色农业现代化，在社会主义新农村建设中取得新进展。2015年中央一号文件《中共中央　国务院关于加大改革创新力度加快农业现代化建设的若干意见》要求，围绕建设现代农业，加快转变农业发展方式。2006年，国务院颁布了《全民科学素质行动计划纲要（2006－2010－2020年）》，囊括四大重点人群科学素质行动，农民科学素质行动是其中之一。新形势下，农村科普的培育目标由培养“新型农民”向培养“新型职业农民”升华。

2. 农村科普人员和组织

在长期的农村科技教育培训活动中，我国农村科普组织形成了包括国家级、省级、地级、县级四级分布的网络化结构。在参与农村科普的组织机构中，农业、科协、科技、教育、广播影视等多个部门或团体，承担了农业技术推广、农业技术培训、农业广播电视放映、农业科普资料编创出版和分发等任务。[①]

农村科普人才队伍包括以农业、科技、科协工作人员和农函大教员等为主的专职科普工作队伍，以及以大专院校和科研机构的农业科技专家、农技协骨干、农村科技乡土人才等为主的兼职工作队伍。据

① 中国科学技术协会科学技术普及部编《全民科学素质行动计划纲要28讲》，科学普及出版社，2008。

中国科普统计，截至2013年底，全国共有农村科普人员75.12万人，占全国科普人员总数的37.97%。[①] 其中，农村科普专职人员8.49万人，农村科普兼职人员66.63万人。

3. 农村科普场所和设施

农村科普活动场所是面向农民开展科普活动的重要阵地。截至2013年底，我国共有农村科普活动场地43.59万个，场地数量较多的省份包括山东、湖南、辽宁、四川和湖北等；科协系统建设的农村科普活动场地最多，共计15.6万个。[②]

科普"站栏员"是乡村科普活动站、科普宣传栏、科普员的简称，[③] 它的建设和运行是基层农村科普能力的重要方面。乡村流动科技馆科普大篷车，被形象地称为"流动的科技馆"。据《中国科学技术协会统计年鉴（2015）》，2014年科普大篷车下乡次数为22434次，行驶里程达到568万公里。随着信息时代的来临，信息技术在农村科普场所和设施中的应用也越来越广泛，如"农业科技网络书屋"，截至2015年12月底，"农业科技网络书屋"已建成45万个，使用次数超过1.5亿次。[④] 微信等传播新手段也成为农村科普的得力助手，由山西省科协首推的"农村e站"是农村科普O2O综合服务体。

4. 农村科普活动和内容

当前，我国农村科普活动从传播形式上可以分为农村科技教育培训、科技服务及传播活动、科普示范创建活动等；从提升效果上则可以大致归纳为技术推广型、科学意识提升型、示范带动效应型等。新

---

① 中华人民共和国科学技术部：《中国科普统计（2014年版）》，科学技术文献出版社，2015。

② 中华人民共和国科学技术部：《中国科普统计（2014年版）》，科学技术文献出版社，2015。

③ 中国科协组织人事部：《县级科协工作手册》，科学普及出版社，2013。

④ 网络书屋项目部：《农业科技网络书屋建设进展（2015年度）》，"农业科技网络书屋"微信公众号（账号主体：同方知网北京技术有限公司），2016年2月2日。

型农民科技培训突出“实用”特色，展现职业化态势，在三农发展新形势下，通过培训转移农村富余劳动力，促进农村生产方式转型升级，效果明显。教育部、人社部分别针对农村劳动力转移开展培训工程或计划，2006～2010年，农村劳动力转移培训阳光工程共培训农民1767万人次，并开展科技下乡活动，贴近农民科普需求。如中宣部、科技部、卫生部、共青团中央、中国科协等部委联合开展的科技列车活动，中国科协开展的“科技致富能手科技下乡”系列活动等。中国科协实施的“科普惠农兴村计划”项目，积极发挥了榜样示范的引领作用。截至2015年，“科普惠农兴村计划”表彰了13872个（名）先进集体和个人，其中农村专业技术协会7056个、农村科普示范基地3140个、少数民族工作队60个、农村科普带头人3616名，奖补资金累计22.5亿元。中国科协开展的全国科普示范县（市、区）创建活动，对于推动当地农村科普工作的开展具有十分重要的意义。农业部启动实施“农业科技示范工程”，探索建立“科技人员直接到户、良种良法直接到田、技术要领直接到人”的农技推广新机制。

5. 农村科普的受众和效果

农民教育培训工作要积极主动适应新时期、新形势的发展要求，不断调整教育培训目标与内容，积极开展多层次、多形式的教育培训，努力满足广大农民的不同需求，为推进现代农业发展和新农村建设提供有力的支撑。农民和农技人员对所需行业技术的观点存在差异，农民更趋于传统和保守，而农技人员立足现代农业的需求，眼光更为长远。农民教育培训中引导农民需求显得尤为重要。尽管短期、单项科普培训最受欢迎，但不同区域和地域，由于主导产业不同、经济发展水平不同、农民受教育程度不同，农民的教育培训需求也不同，表现出很大的区域性和地域性差别。“科普惠农兴村计划”、科技示范、科技下乡等科普活动在充分集中科技致富资源、帮助农民脱

贫奔小康、推广农业新品种新技术等方面充分发挥了榜样示范的引领作用，极大地增强了基层科普能力。总体而言，近年农村的科普活动成效明显，农民科学素质整体大幅度提升。

（二）社区科普发展现状

目前，我国社区科普工作经历着由知识学习型、资源提供型等静态社区科普向互动型、参与型等动态社区科普的演变，公众参与科普成为社区科普发展的大趋势。

1. 社区科普相关政策和法规

社区科普是我国科普实践的重要方面，我国政府一直非常重视社区科普工作，为了引导、促进社区科普工作的开展，先后出台了众多相关政策。《科普法》《关于加强国家科普能力建设的若干意见》，特别是2006年国务院办公厅印发的《全民科学素质行动计划纲要(2006－2010－2020年)》明确提出了社区科普建设目标。随着我国城镇化的快速发展，社区科普的作用将更加明显。2011年，国务院办公厅印发《全民科学素质行动计划纲要实施方案（2011－2015年)》，专门增加了实施社区居民科学素质行动。为贯彻落实科学素质行动计划纲要，2013年6月，中国科协印发《关于加强城镇社区科普工作的意见》，对新形势下的社区科普工作提出了明确的要求，提出到2020年，社区科普服务能力要能够满足我国全面建成小康社会的需要。为加强社区科普建设，中国科协于2012年4月组织实施“基层科普行动计划”，开展“社区科普益民计划”项目。

2. 社区科普人员和组织

近年，通过健全开放性组织体系，完善机制，政府主导与民间参与相结合，社区科普工作形成了良好的组织架构。在我国，社区居委会是社区科普工作的具体实施者，街道办对其进行一定的指导或资助，而相关政府机构，如科技局、计生局、环保局等政府部门，有时会在社区开展或资助开展一些科普活动。另外，社会组织也是社区科普工作的重要力量之一，但涉足社区科普的社会组织目前数量有限，主要是科协组织涉足社区科普较多。社区科普人员以社区科普工作者兼职为主，同时，一些社区广泛发动社区内有时间、有能力、有精力、有意愿的社区居民，组建科普志愿者队伍，协助开展社区科普工作；也有些社区充分利用社会力量，尤其是附近大学的志愿者，进社区开展科普服务。截至2014年底，我国共有街道科协（社区科协）11179个，个人会员达67万人，[①] 使社区科普的开展有了力量的保障。

3. 社区科普场所和设施

从全国的情况来看，经济较为发达的地区和对社区科普工作较为重视的地区，社区科普场所较为完备。社区科普场所集休闲、科普、文化宣传的功能于一体，同时也具有装饰社区环境的功能。近几年，随着科普信息化的发展，我国一些社区已配有科普电子宣传屏，微信、微博等在社区科普中也开始得到应用，这反映出社区科普场所在伴随着媒介环境的变化而不断发展，线上社区科普场所正在逐步发展。总之，传统的科普设施继续发挥作用，新型社区科普设施也逐步引入，如电子宣传屏等，科普信息化的发展浪潮在社区科普中也逐步得到显现。

4. 社区科普活动和内容

科普活动是传统社区的科普形式，如科普报告、科普展览等，这些传统形式的科普活动，在当前的社会环境中，依然具有不可替代的作用，它们的最大优势就是可以开展面对面的交流。同时，随着社会的发展，社区居民对新形式的科普活动有着强烈的需求，科普活动的

① 中国科学技术协会：《中国科学技术协会统计年鉴（2015）》，中国统计出版社，2015，第11页。

形式也不断创新。

5. 社区科普受众和效果

现阶段，社区科普工作重点关注对象多为老年人和青少年。经过多年的发展，我国社区科普也经历了由知识学习型、资源提供型等静态社区科普向互动型、参与型等动态社区科普的演变，公众参与科普成为社区科普发展的大趋势，社区科普工作群众化、社会化和经常化的良好局面初步形成，促使人们形成科学、文明、健康的生活方式，社区科普工作成效显著。

（三）企业科普发展现状

科协在企业中的组织就是企业科协，企业科协是企业科技工作者的群众组织，是企业领导联系企业科技人员的桥梁和纽带，肩负着促进科技交流、为经济社会发展服务、为提高全民科学素质服务、为科学技术工作者服务（以下简称“三服务”）的工作。“十二五”期间，企业科普工作发展势头良好，企业科协组织发展迅速，个人会员数量大幅度增加。

1. 企业科普相关政策和法规

在政策法规方面，关于企业科普的法制化建设，可以追溯到2002年6月29日颁布的《中华人民共和国科学技术普及法》《全民科学素质行动计划纲要（2006－2010－2020年）》《国家中长期科学和技术发展规划纲要（2006－2020年）》《中华人民共和国突发事件应对法》《科普税收优惠政策实施办法》等，为推动企业科普发展创造了政策环境。

2. 企业科普人员和组织

企业科协是企业科普的重要组织力量，其凝聚企业内外的科技人员，把握企业技术创新的难点和重点，进行有行业特点和鲜明组织特色的学术交流和技术创新活动。截至2014年底，企业科协有21931

个，比上年增加650个，个人会员350万人。随着企业科协数量的增加，企业科普人员和组织不断壮大。

3. 企业科普场所和设施

企业科普的场所和设施有科普宣传栏、画廊、图书室、科技博物馆和媒体。一些企业的科普宣传栏成为科普工作的重要阵地，如武汉钢铁集团公司科普画廊获得湖北省“十一五”期间的优秀科普作品奖。部分企业有实体图书馆和数字图书馆，对丰富职工科学文化知识发挥了重要作用。企业办的科技博物馆是企业科普的重要场所，也作为非正式科学教育的有益补充。如中国航天科技集团公司拥有的中华航天博物馆、中国空间技术研究院会展中心所属的博物馆和展厅，每年接待参观者10万人次。四川长虹股份有限公司所属的长虹科技馆，占地面积2200平方米，展示网络和能源产业的上千件产品。武汉钢铁集团所属的武钢博物馆建筑面积约11000平方米，展出面积6000多平方米，馆内采用高科技设备引导观众参观。企业自办媒体既有企业主办的刊物，又有期刊、书籍、报纸、内部广播和电视等。

4. 企业科普活动和内容

企业开展科普活动基本集中在对内部员工的科普和对外部社会的科普，科普活动的方式多种多样，2008~2014年的六年间，各种科普活动的数量都有增加。开展“讲理想、比贡献”竞赛活动（以下简称“讲比活动”）。组建专家服务团队，组织开展技术创新方法培训班，如太原重型机械集团公司共举办初高级创新方法培训班24期，800多人接受培训，初步培养了一批掌握创新方法、熟悉创新工具的技术研发人员，积累了技术创新方法和应用推广经验。开展继续教育培训，如2014年中国航天科技集团公司投入培训经费2.3亿元，培训职工61万人次。武汉钢铁集团公司规定科技人员每年脱产学习不得少于12天，每年用于岗位职工教育培训的经费达到

5000万元。[①] 设立院士工作站，承办学术会议。企业举办优秀论文评选活动，如企业科协组织的优秀论文评选活动，加强了企业内部科技人员的交流。企业与当地学校的共建活动，如中国航天科技集团公司与驻地学校共建的航校、业余航模小组、青少年航模兴趣小组，中国航天科技集团公司主办的CASC两岸青少年航天交流活动和“梦想蓝天，情系中华”2011年航天科技夏令营活动。企业开放日，如索尼探梦科技馆推出的“科学实验广场”系列科普互动活动。[②]

5. 企业科普受众和效果

表面上看，科普是追求社会公共利益的，这一点与企业以营利为目的的本质相违背，但实际上，在从事生产、流通、服务等经济活动的同时，主动承担科学普及这一社会责任已经成为大多数企业的共识，企业科普已经成为企业谋取经济利益和社会利益的关键结合点。具体体现在：第一，在企业中普及科学技术知识，把企业的人力资源转化为企业的科技人才资源，是培养企业科技人才不可或缺的手段。如某大型国有企业在“讲比活动”中要求每年每位科技人员参加1个科技创新项目；有10个以上项目获得省市级奖励；每年完成科技创新项目达100个以上；参赛的科技人员达1000人次以上；人均科技人员创造效益万元以上，即一、十、百、千、万的考核指标。第二，企业科普既有宣传的功能，也有教育的功能，在培养和加强广大消费者对科技的热爱、提高公众的科学素质、开拓市场方面起到无可替代的决定作用，可以吸引更多潜在的消费者，提高企业经济效益。第三，“讲比活动”中科技创新的内容与企业的核心技术紧密联系，把实施技术创新的项目与知识产权和核心技术的保护、专利技术的申报结合起来；由于“讲比活动”带来的正效应，得到企业管理者及

---

① 武汉钢铁集团公司科学技术协会内部资料，2014年9月17日。

② 武汉钢铁集团公司科学技术协会内部资料，2014年9月17日

科技人员的认同、肯定和欢迎，参加“讲比活动”的企业数由2008年的12839家增加到2014年的31721家，6年间增加了18882家企业，增幅达147%；参加“讲比活动”的科技人员由2008年的118万人次增加到2014年的213万人次，增幅为80.51%；“讲比活动”中被采纳的合理化建议由2008年的168836条增加到2014年的278273条，增幅为64.82%。第四，企业科普的对内作用主要集中在培养职工对科技的兴趣，提高其在生产中运用科技的能力，促进科技发展，推进企业科技进步。

三　我国基层科普工作中存在的问题

我国基层科普工作在取得长足发展的同时，也应该看到由于长期受自上而下的传统工作体制影响，其面临越来越多的问题，如基层科普服务于公众需求的能力、贯彻落实国家科普战略的能力还需进一步提升。

（一）现阶段我国基层科普工作中亟待解决的问题

随着公民科学素质建设前期工作的顺利开展，我国基层科普事业发展相对缓慢与尽快提升科普服务能力、建设服务创新型国家的工作宗旨之间的矛盾日益突出，具体表现在以下几个方面。

1. 农村科普工作中亟待解决的问题

据第九次中国公民科学素质调查结果，2015年，我国农民科学素质水平仅由2007年的0.97%增长为1.7%；农村居民科学素质水平从2010年的1.83%提高到2.43%，增长幅度却远低于全国平均水平（6.20%）。[①] 这说明，在我国，农民与城镇劳动者、领导干部等

① 中国科协：《中国科协发布第九次中国公民科学素质调查结果》，http://www.cast.org.cn/n35081/n35096/n10225918/16670746.html，2015年9月22日。

其他人群之间的差距进一步拉大。随着城镇化的推进，农民数量总体呈现减少趋势，在农业现代化进程中，生产方式的深刻变革、科学技术的广泛运用、物质装备的正确使用、产业组织的发育壮大、市场竞争的日趋激烈等外部环境，都对农民文化素质、技术技能和经营管理水平等提出了更高的要求。

2. 社区科普工作中亟待解决的问题

在城镇化的发展进程中，社区科普成效日益显著。但是，我国社会经济形势的变化对社区科普工作也提出了更高的要求，社区科普亟须在以下方面进行改革创新：第一，社区定位模糊，科普工作边缘化状况凸显；第二，社区科普工作行政化现象泛滥，公众对科普工作评价不一；第三，社区科普资源不足，仅靠政府投入而未能充分利用社会资源。

3. 企业科普工作中亟待解决的问题

随着市场经济的发展，企业科普工作发展迅速，但还远远不能满足企业科技创新和知识创新的要求，向大众（消费者）传播和普及科技知识的局限性明显，主要表现在以下几个方面：第一，企业科协作为群团组织，社会形象不明确，定位不清。在市场经济的条件下，企业外部的科普工作亟待加强，需要实现从内容到形式的转型。第二，企业科普观念陈旧、科普工作模式较为单一。大多数企业是从企业生产经营的角度开展外部科普活动的，如推介产品和树立企业形象，这模糊了企业科普公益和社会责任的概念。第三，企业科普人才严重匮乏，已经成为制约企业科普工作发展的瓶颈。第四，企业管理者重视程度堪忧，支持不力，致使科协组织发展受限，这也是企业科协在企业内部地位不高的主要原因。第五，受限于体制、政策和法律及企业自身发展波动现状，部分企业科普经费短缺，科普经费来源受限，极大地影响了企业科普工作的开展。第六，企业科普工作急需监管手段，对打着科普公益旗号，开展夸大宣传，兜售假冒伪劣产品，欺骗、误导消费者等违反经营理念和社会文化道德的行为进行严惩。

四　我国基层科普工作展望与对策建议

面对城镇化、信息化的社会环境以及“大众创业、万众创新”的要求，为了提升公众科学素质，提升创新创业能力，基层科普工作还需深化改革，提升能力。从目前我国基层科普的发展态势和亟待解决的问题来看，未来我国基层科普工作应在以下几个方面着力进行建设。

第一，建立健全基层科普组织体系，完善明晰基层科普工作目标，重点关注科普人才队伍建设；第二，重视推动基层科普工作与网络信息化相结合，提倡区域科普资源共享；第三，加大对基层科普的投入，充分利用社会资源，提倡众筹众包；第四，基层科普工作服务对象应尽力做到公平普惠，反馈评价体系亟待建立，约束保障制度需落实到位。

具体来说，对于农村科普工作，需进一步提升农村科普信息化水平，丰富数字资源，疏通传播渠道，使科普信息能够畅通无阻地进入农村；要缩短农业教学培训与实用的中间环节，实现学和用的畅通对接；重视科学普及与农民生活的结合，促进农村科普进一步接地气，紧密结合农民需求；促进基层科普公共服务的均等化和公平普惠，要面向全体农民开展科普工作，要让科普带来的利益惠及全体农民。

对于社区科普工作，要进一步增强社区科普体制的活力，提倡政府主导与民间参与相结合，形成良好的社区科普工作组织架构；进一步强化社区科普为社区居民服务的意识，提升为社区居民服务的能力；促进社区科普的经费来源多样化，大力吸引社会资金的投入，进

一步提高社会资源的利用效率；进一步加强对专兼职科普人员的培训和科普志愿者队伍建设；加强线上线下社区科普活动的互动，创新社区科普活动形式。

对于企业科普工作，企业需要更加重视科普工作，把企业科普工作纳入企业经营的重要议事议程中，以实现企业经济效益与社会效益的双赢；加强企业科协组织建设，为企业科普工作提供组织保障；进一步加强企业科普人才队伍建设，提升企业科普工作的组织、策划能力；结合企业特点，根据企业需求与社会需求，加强对企业员工以及社会大众的科普工作，促进“大众创业、万众创新”；建立健全企业科普工作的评价机制，促进企业科普工作的开展。

党的十八大报告对推进中国特色社会主义事业，实现社会主义现代化和中华民族伟大复兴，全面建成小康社会做出的着眼于经济建设、政治建设、文化建设、社会建设、生态文明建设的“五位一体”总体布局，工作难点全部都在基层。在基层科普活动中，推广成效显著的典型案例、经验，从受众层面反馈基层科普活动的得失，建立传播模型研究如何更好地发挥基层科普组织的作用，这都将极大地助力基层公民的科学素质建设，进而提高大众的自主创新能力。作为文化建设的一个重要方面，基层公民的科学素质和建成小康社会的目标关系巨大，目前来说，二者还有明显的差距。本蓝皮书系列第一本将着眼于基层科普工作的宏观层面，其中具体内容阐述截至2015年，重点关注基层科普工作的全貌，并着力从农村科普发展状况、社区科普发展状况、企业科普发展状况出发，反映我国基层科普工作的现状、存在的问题，并提出相应的对策与建议。需要说明的是，基层科普工作包括但不仅限于以上区域，军队、医院、学校等也是基层科普工作的前沿阵地，以后将会在本系列蓝皮书详细论述，以供基层中一线科学教育/科学传播研究人员，农村中科普带头人和科技特派员，社区中科普工作者与志愿者，高校中科技辅导员、科学教育专业研究生、科学教师，企业中员工职业技能培训人员、企业科协人员等参阅，作为从事基层科普工作的实用参考，由于我国基层科普实践内容极其丰富，疏漏之处在所难免，敬请各位读者专家批评指正。

分 报 告

Sub – reports

B.2

农村科普发展状况

胡俊平*

摘　要：农村是基层的具体分类之一。多个中央文件聚焦“三农”问题，对农民科学素质水平提出了更高要求，也为农村科普的开展提供了政策依据。目前，农村科普的组织和队伍建设呈现网络化分级格局，仍需加大扶持力度。农村科普基础设施设备得到很大程度的改善，但各地发展不平衡的局面依旧存在。典型的农村科普培训和活动有三种类型，分别体现了一定的科学传播优势，但仍有改进空间。现阶段，我国农民科学素质水平相对较低，农村科普须依据农村人口类型及其特点展开，满足他们的生产生活需求。未来，面向农村

* 胡俊平，中国科普研究所副研究员，研究方向为基层科普、科普信息化、科普创作研究等。

的科普将更好地顺应现代农业的发展趋势和信息化潮流，致力于农民科学素质水平的快速提升。

关键词： 三农 农村科普 科学素质 教育培训 科普活动

“走基层，下农村”是新闻媒体经常采用的表述。农村是我国基层的具体分类之一。[①] 长期以来，面向广大农村的科学技术普及工作备受党中央和国务院的重视，并与经济社会发展紧密联系。20 世纪五六十年代，群众性的农村科学实验运动蓬勃开展，科学普及与农业生产紧密结合。[②] 改革开放以后，“建设科普文明村、乡（镇）”和“讲精神文明、比科技致富”等竞赛活动是农村科普与精神文明建设协同发展与融合的结果。此后，中国科协和财政部开展的“科普惠农兴村计划”把农民获得科普益处和实惠放在首位，在农村中产生了广泛影响。

尽管农村科普工作持续开展并不断加大扶持力度，但是我国农村人口的科学素质水平却不容乐观。受经济发展水平、受教育程度、基础设施条件等因素影响，农民、农村居民的科学素质水平相对较低。据最新公布的第九次中国公民科学素质调查结果，2015 年我国具备科学素质的公民比例为 6.20%，与西方主要发达国家的差距进一步缩小。[③] 值得注意的是，我国农民科学素质水平仅由 2007 年的 0.97% 增长为 2015 年的 1.7%，农村居民科学素质水平从 2010 年的

① 罗晖主编《基层科普工作指南》，科学普及出版社，2015。

② 《福建省情资料库·科学技术志》，http://www.fjsq.gov.cn/showtext.asp?ToBook=189&index=1163，2015 年 12 月 10 日。

③ 中国科协：《中国科协发布第九次中国公民科学素质调查结果》，http://www.cast.org.cn/n35081/n35096/n10225918/16670746.html，2015 年 12 月 10 日。

1.83%提高到2.43%；不仅具备科学素质的公民比例远低于全国平均水平，而且增长幅度也低于全国平均水平，与城镇劳动者、领导干部等其他人群之间的差距增大。农村人口占总人口的比重较大，对公民科学素质整体水平产生较大影响。要实现到2020年我国公民具备科学素质的比例超过10%的目标，进一步加强农民科学素质建设的任务依然非常艰巨。

一　农村科普的政策与法规

城乡二元结构是中国社会的现状，实现城乡协调发展对构建和谐社会具有重要意义。进入21世纪，《科普法》颁布，多个中央文件聚焦“三农”问题，为农村科普的开展提供了政策与法规上的依据。“三农”问题的解决与农民科学素质水平密切相关。根据美国经济学家舒尔茨对美国人口素质与农业发展相互关系的研究，发现人的知识、能力和技术水平的提高是促进美国农业生产量迅速增加和农业生产率迅速提高的重要因素。[①]

（一）中央文件聚焦“三农”问题，对农民科学素质提出更高要求

2005年10月召开的党的十六届五中全会出台了《中共中央关于制定“十一五”规划的建议》，用20个字精准归纳了社会主义新农村的主要特征，即“生产发展、生活宽裕、乡风文明、村容整洁、管理民主”；提出了“建设社会主义新农村是我国现代化进程中的重大历史任务”的重要论断。2006年中央一号文件《中共中央　国务院关于推进社会主义新农村建设的若干意见》进一步指明

① 常亚芳：《社会主义新农村建设中的农民素质问题研究》，燕山大学硕士学位论文，2009。

了农民素质与新农村建设的相关性：提高农民整体素质，培养造就“有文化、懂技术、会经营”的新型农民，是建设社会主义新农村的迫切需要。广大农民是建设社会主义新农村的主力军，同时也是新农村建设成果的主要受益者，必须从政策条件、能力培养等方面调动农民的积极性、主动性和创造性，而农民自身素质的提升是基础和关键。

2014 年中央一号文件《中共中央 国务院关于全面深化农村改革加快推进农业现代化的若干意见》明确要推进中国特色的农业现代化，在社会主义新农村建设中取得新进展。2015 年中央一号文件《中共中央 国务院关于加大改革创新力度加快农业现代化建设的若干意见》要求围绕建设现代农业，加快转变农业发展方式。在推进农业现代化进程中，深刻变革生产方式、广泛运用先进技术、正确使用物资装备、理性应对市场竞争等各个环节，无一例外都离不开农民科学文化素质、技术技能和经营管理水平的全面提升。只有提升农民的科学素质，尤其是运用科技实现增产增收的能力，才能把农村的人口压力转化为人力资源优势，让科技进步和劳动者素质的提升成为经济增长的强大驱动力，才能缓解农民收入增长缓慢这个“三农”问题中最为突出的矛盾，迈上产出高效、产品安全、资源节约、环境友好的现代农业发展道路，完成建设社会主义新农村的各项任务。

（二）《科学素质纲要》将农民纳入重点人群，明确农村科普的目标和任务

国务院于 2006 年颁布《全民科学素质行动计划纲要（2006－2010－2020 年）》（以下简称《科学素质纲要》），囊括了四大重点人群科学素质行动，农民科学素质行动是其中之一。该文件提出通过 4 项任务、7 项措施来加以落实。这 4 项任务不仅精炼地概括了当时社

会语境下农民科学素质宣传教育的内容，而且指明了科学素质建设与农民科学生产和增产增收之间的联系；不仅注重提升农民掌握实用技术的水平，也鼓励他们不断增强从事非农产业的能力；同时，密切关注少数民族、民族地区群众和农村妇女群体的科学素质水平提高。7项措施包括农民科技培训、科普活动、示范活动、组织网络和人才队伍建设、科普能力建设等方面，设定了一些量化的工作指标，具有很强的可操作性。伴随文件的颁布，农民科学素质行动协调小组成立，成员单位数量达到19个部委，逐步形成“大联合、大协作”的工作格局。[①] 五年后，《全民科学素质行动计划纲要实施方案（2011－2015年）》发布，根据新的形势对科学素质的各项工作进行调整，做出了新时期农民科学素质行动的部署安排。其目标任务与前文件是一脉相承的，具体措施在继承中有创新发展。比如，除了要继续开展形式多样的农民科技培训外，还要继续实施农业从业人员培训，面向农业产前、产中、产后服务人员和农村社会管理人员开展技能培训，把农民职业技能水平的提升放在重要位置。

（三）农民教育培训规划的培育目标提升，经历新型农民到新型职业农民的演变

前面提到，2006年中央一号文件明确要求“培育新型农民”，即培养“有文化、懂技术、会经营”的农民。这三个能力要求互为基础或补充，贯穿农业生产、管理和农产品销售的全过程。有文化，要求农民接受一定年限的基础教育，能够接受先进的思想观念，具备良好的道德修养。具体来说，能读懂农业生产和日常生活中的技术说明书和大众科学书报刊物，养成科学、文明、健康的生活方式，

① 全民科学素质纲要实施工作办公室：《全民科学素质行动发展报告（2006－2010年）》，科学普及出版社，2011。

有奋发图强、艰苦创业的精神，能够知法守法、诚信协作。懂技术，要求农民具有一定的科学素养，善于学习并熟练掌握一项以上从事农业生产的技能或转移就业所需的技能。会经营，要求农民具有一定的经营和管理能力，能够合理配置家庭或组织的人力、财力、物力以及土地等资源，开展生产和参与市场经营活动，获得较高的经济效益。[①] 随着社会政治、经济、文化的快速发展及科技的飞跃式进步，新型农民的内涵也随之变化，培养新型农民的要求也将随之提高。

新形势下，农村科普的培育目标由培养“新型农民”向培养“新型职业农民”升华。2012 年农业部印发的《全国农民教育培训“十二五”发展规划》指出，加快培养一大批适应现代农业发展和新农村建设需要的高素质农民，鼓励和促进农村新生劳动力成为服务农业、扎根农村的实用人才和创业人才，并充分发挥新型职业农民在转变农业发展方式中的主体作用。可见，新型职业农民培训在理念上已经有了明显的转变，已将农民从身份定位转变为职业定位。把农民教育培训的目标确立为培养新型职业农民，这是通向农业现代化和专业化之路的基本保障。

我国农村地域辽阔，农村科普工作量大、面广。因此，开展农村科普的组织与人员的任务十分繁重。我国行政区划层级分明，农村科普组织的内部结构与之类似。农村科普人员中兼职人员占有较大比重，乡土科技人才发挥了不可或缺的作用。

（四）农村科普组织呈现网络化分级格局

在长期的农村科技教育培训活动中，我国农村科普组织形成了包

① 郭志奇：《社会主义新农村建设背景下的农民教育培训研究》，《高等农业教育》2007 年第 1 期。

括国家级、省级、地级、县级四级分布的网络化结构。在参与农村科普的组织机构中，农业、科协、科技、教育、广播影视等多个部门或团体，承担了农业技术推广、农业技术培训、农业广播电视放映、农业科普资料编创出版和分发等任务。[①]

这些部门和单位在管理和规划农村科普工作、服务基层科普组织、动员开展农村科普宣传和培训、提高农民和农村青少年科学文化素质等方面做了大量工作。其中，直接面向农村和农村基层科普组织、经常性地开展科普工作的组织是县级农业和科技部门、科协以及所属农技推广服务站、农业广播电视学校（以下简称农广校）、农村致富技术函授大学（以下简称农函大）等单位。

1. 中央农业广播电视学校

该校是 1980 年 12 月由农业部、教育部等 10 个单位发起成立的，现发展为由农业部主管、21 个部委（或部门）联合举办的农民教育培训机构。农广校是具有农民教育培训、农业技术推广、科学普及和传播等多种功能的综合性机构，是运用现代远程教育手段多形式、多层次、多渠道开展农民科技教育培训的学校。[②] 目前，农广校已经形成从中央到省、市、县、乡覆盖广大农村的远程教育培训体系。据 2015 年度统计，全国现有省级农广校 36 所，地（市）级农广校 314 所，县级农广校 2171 所，中职乡村教学班 20501 个（乡镇教学班 6733 个、村级教学班 13768 个），农民科技教育培训中心 1691 个（省级中心 30 个、地市级中心 200 个、县级中心 1461 个）。[③] 农广校已成为我国农业职业教育、农民科技培训、农村实用人才培养的重要基地。

---

① 中国科学技术协会科学技术普及部编《全民科学素质行动计划纲要 28 讲》，科学普及出版社，2008。

② 中央农广校：《中央农业广播电视学校简介》，http：//www. ngx. net. cn/about/201006/t20100622_ 7074. htm，2015 年 12 月 10 日。

③ 中央农广校：《关于印发 2015 年度全国农业广播电视教育培训事业发展综合统计情况的通知》，http：//www. ngx. net. cn/gztz/201601/t20160120_ 182398. htm，2016 年 1 月 21 日。

2. 中国农村致富技术函授大学

该校创办于 1985 年，是由中国科协主管的一所面向全国农村传授先进实用技术、培养农村技术人才的函授学校。据中国农函大 2010 年统计，全国有 24 所省级农函大分校，147 所市级分校，932 所县级分校，8624 个乡镇辅导站。[①] 农函大教师队伍是农村基层科学普及和中等职业教育的骨干力量，为我国广大农村培养了一大批实用技术人才和致富带头人。农村专业技术协会（以下简称农技协）与农函大联系紧密，特别是实施“科普惠农兴村计划”以来，农技协积极参与农业技术的推广传播，组织会员利用科技提高农业生产效率，是开展农村科普的一支生力军。截至 2014 年底，我国共有农技协 110442 个，个人会员数达 1466 万人。[②]

3. 星火学校

科技部于 2004 年启动了星火学校建设工作，其目的是实现“星火科技培训专项行动”提出的“县县有星火学校、乡乡有星火课堂、村村有星火带头人”的目标，建立健全农民科技培训体系，以提高农民的科技致富能力和非农就业能力为重点，加快农民知识化进程，促进农民就业增收。通过星火计划的扶持、培育、评审、认定，在全国 2000 多个县级行政区内实现每个县（市）内有一所星火学校。据科技部统计，2012 年各地各类星火培训基地共有 5062 个，星火学校共有 3180 所。[③]

4. 农村妇女学校

围绕提高农村妇女的科技文化素质，各级妇联建立了培训、服务、示范三大科技服务网络。全国已经建立农村妇女学校约 12 万所，

---

① 山西省科协：《中国农函大工作会议在山西太原召开》，http://www.cast.org.cn/n35081/n35563/n38725/12212761.html，2015 年 12 月 10 日。

② 中国科学技术协会：《中国科学技术协会统计年鉴（2015）》，中国统计出版社，2015。

③ 中华人民共和国科学技术部：《中国星火计划 2012 年度总报告》，2013。

致力于组织妇女学文化、学技术，努力改变农村妇女面貌。

这些农民培训教育组织，在机构建制、人员编制、经费投入、工作条件、活动设施、宣传资料等方面普遍存在一些困难，组织分支机构数量在不同年度发生一定幅度的变化，而组织机构的自身能力建设也有待进一步加强，以便更好地满足现代农业发展需求。

（五）农村科普人员专兼职并存，乡土科技人才功不可没

农村科普人才队伍包括以农业、科技、科协工作人员和农函大教员等为主的专职科普工作队伍，以及以大专院校和科研机构的农业科技专家、农技协骨干、农村科技乡土人才等为主的兼职工作队伍。他们引领公众学科学、用科学，面向农民开展科普宣传、培训、咨询等，为公众提供科普指导和服务。据中国科普统计，2013 年全国共有农村科普人员 75.12 万人，占全国科普人员总数的 37.97%。其中，农村科普专职人员 8.49 万人，农村科普兼职人员 66.63 万人。[①] 但 2014 年农村科普人员的总数比 2013 年减少了 3.14 万人，原因是农村科普兼职人员的减少。[②] 从部门来看，2013 年科协系统的农村科普人员数为 25.91 万人，占科协系统科普人员总数的 48.69%；农业部门的农村科普人员数是 13.61 万人。2014 年科协系统和农业部门的农村科普人员数都略有减少。

相对于我国广阔的农村地域、数亿的农民来讲，这支人才队伍的数量是远远不够的。因此，应通过教育和培训，让更多的乡土科技人才成长起来，挖掘他们的潜力，在农村科技教育、传播与普及中发挥出不可替代的重要作用。

---

① 中华人民共和国科学技术部：《中国科普统计（2015 年版）》，科学技术文献出版社，2015。

② 中华人民共和国科学技术部：《中国科普统计（2015 年版）》，科学技术文献出版社，2015。

二　农村科普的场所与设施

农村科普活动场所是面向农民开展科普活动的重要阵地。截至2013年底，我国共有农村科普活动场地43.59万个，场地数量较多的省份包括山东、湖南、辽宁、四川和湖北等；科协系统建设的农村科普活动场地最多，共计15.6万个。[①] 2014年农村科普活动场地的数量是41.57万个，比上年度降低了4.63%；东部和西部的农村科普活动场地数量都是负增长，而中部地区约有11%的增长。[②]

（一）共建共享农村科普活动站和宣传栏

科普“站栏员”是乡村科普活动站、科普宣传栏、科普员的简称，[③] 它的建设和运行是基层农村科普能力的重要方面。2005年中国科协印发的《关于进一步加强农村科普工作的意见》中明确指出，要推进乡村“站栏员”建设，大力发展农村基层科普设施建设。2008年7月，中国科协制定了《全国科普活动站、科普宣传栏、科普员标准和管理办法（试行）》。

科普活动站的建设主要是通过拓展科普服务内容和方式，与农业、科技、教育、组织、宣传、文化等部门及相关项目实现共建共享。比如，农村党员干部现代远程教育、农村中小学现代远程教育、全国文化信息资源共享工程、广播电视村村通、有线数字电视、农家书屋、乡镇综合文化站等建设项目在活动场所、设施设备、维护人员

---

① 中华人民共和国科学技术部：《中国科普统计（2015年版）》，科学技术文献出版社，2015。

② 中华人民共和国科学技术部：《中国科普统计（2015年版）》，科学技术文献出版社，2015。

③ 中国科协组织人事部：《县级科协工作手册》，科学普及出版社，2013。

等方面都具有一定程度的共性，共建共享可以避免重复性的基础设施建设。基层农技推广机构、农村中小学、党校（党员活动室）、成人文化技术学校、农村专业经济合作组织（农民专业合作社、农村专业技术协会、产业化龙头企业等）都是可依靠的力量，可共同开展科技和科普活动，维持场所设施的正常运作。

科普活动站的建设模式主要有四类：科技教育场所类（远程教育接收点、农函大辅导站等）、文化宣传场所类（文化站、图书室等）、生产经营和技术服务类（农技推广机构、科普惠农服务站等）、基层组织活动场所类（村委会、党员活动室等）。

科普惠农服务站是农村科普活动站中的典型，也是科普功能较成熟的建设模式，依托农村专业技术协会、农村科普示范基地和农村科普带头人等集体或个人，为广大农民获取技术信息提供便捷一站式科普服务，促进农村科普服务的阵地化、规范化和长效化。通过咨询、培训、示范和讲座等多种形式，科普惠农服务站主动帮助农民解决生产生活中遇到的科学技术难题，是名副其实的“农村科技服务点”。它的第二职能是汇集各渠道的优秀科普资源，协助管理、维护和使用科普宣传栏、科普活动室等设施，是“农村科普资源集散点”。此外，它还组织农民参与科普日、科技活动周、科技下乡等多种形式的群众性科普活动，搜集、了解农民在农业生产方面的需求，及时向科协和有关部门反映农民愿望，发挥“农村科普联系点”的作用。截至2013年底，全国共建设科普惠农服务站84884个，其中“科普惠农兴村计划”奖补对象建立的服务站有19848个。①

（二）乡村流动科技馆——科普大篷车

为解决我国偏远地区科技场馆短缺的问题，中国科协以国外开

① 中国科协农技服务中心：《〈“十三五”科普基础设施发展规划（2016－2020年）〉研究》，2014。

展科学传播的先进做法和经验为鉴，承担了研制科普大篷车的任务，并配发给各地科协使用。结合各地实际情况，科普大篷车共设计了3种型号，不同型号装配独具特色的科学展品展具，采用多种媒体的教育方法、机动灵活的活动方式，将科学知识、思想和方法传播到西部偏远地区和广大农村，被广大公众和科普工作者形象地称为“流动的科技馆”。据《中国科学技术协会统计年鉴（2015）》，2014年科普大篷车下乡次数为22434次，行驶里程达到568万公里。

（三）信息化的农村科普场所和设施

随着信息时代的来临，信息技术在农村科普场所和设施中的应用越来越广泛。农村图书室的变迁清晰地展现了这种趋势。2012年，农业部以“农业科技网络书屋”建设项目为抓手，加强基层农技推广体系改革与建设，推进农业科技进村入户。网络书屋变“科技下乡”为“科技在乡”，基于中国知网丰富的数据库资源和个性化知识服务系统，具备网络学习、在线交流等功能，着力提高农技人员和科技示范户的科学素质。截至2015年12月底，农业科技网络书屋已建成45万个，使用次数超过1.5亿次。[①]

微信等即时通信工具和云服务平台也成为农村科普的得力助手。农村科普微信平台的建设立足服务产业、农学结合、实用开放、方便农民的原则，开启农民科技培训的新路径，是新型的“农村微课堂”。山西省农村科技函授大学推出全省首个农村科技服务微信平台（公众账号“山西省农村科技函授大学”），在4个月内，关注人数已

① 网络书屋项目部：《农业科技网络书屋建设进展（2015年度）》，“农业科技网络书屋”微信公众号［账号主体：同方知网（北京）技术有限公司］，2016年2月2日。

经达到20多万人次。[①] 黑龙江省科协与黑龙江人民广播电台合作打造"科普惠农云服务"平台，与多家媒体合作搭建了"惠农热线""龙江科普"等微信平台，为全省农业人口提供全方位、立体式科普惠农服务，开辟了与农村公众的网络互动空间。

由山西省科协首推的"农村e站"是农村科普O2O综合服务体，由"一站一屏一员"组成。[②] 一站，指的是科普惠农服务站或农家店；一屏，即农村云传播终端——中科云媒；一员，即科普惠农服务站站长或专业的农技信息员。通过强大的专家团队，"农村e站"提供点对点、一对一的服务，致力于建成农民远程互动培训平台、实用技术学习平台、即时信息查询平台、专家在线服务平台和农村电商创业平台。目前，已建成1000多个"农村e站"。

三　农村科普的主要形式和内容

当前，我国农村科普的主要形式包括农村科技教育培训、科技服务及传播活动、科普示范创建活动；从活动内容和效果的角度来说，农村科普可以归纳为技术推广型、科学意识提升型、示范带动效应型等。

（一）农民科技教育培训持续创新发展

改革开放30多年来的农民教育培训工作，大致可以分为三个阶段：1978～1990年的全面恢复、快速发展阶段，1991～1999年的制度化、规范化探索阶段和1999年以后的政府主导、项目带动发展阶

① 胡俊平、张锋、李红林等：《"农村微课堂"开启农村科普信息化新路径——山西省农村科技函授大学创新农民培训模式》，《中国科普研究》2014年12月19日。

② 程春生、周君彦：《山西建成全国首家"科普中国农村e站"》，http：//news. sciencenet. cn/htmlnews/2015/10/328259. shtm，2015年12月10日。

段。本报告主要聚焦第三阶段，尤其是《科学素质纲要》发布之后。

1. 新型农民科技培训突出“实用”特色，展现职业化态势

2006～2008年，农业部与财政部共同实施新型农民科技培训工程，根据优势农产品区域布局规划和地方特色农业发展要求，以村为基本实施单元，遵循“围绕主导产业、培训专业农民、进村办班指导、发展‘一村一品’”的工作思路和要求。到项目结束，中央财政累计投入8亿元新型农民科技培训工程培训资金，在全国31个省份945个县（次）6万个村（次）开展了培训工作，培训专业农民367万人次。2006年，农业部正式启动的“百万中专生计划”，确定了“用10年时间为农村培养100万名具有中专学历的从事种植、养殖、加工等生产活动的人才，以及农村经营管理能人、能工巧匠、乡村科技人员等实用型人才”的目标。中央农广校是组织实施“百万中专生计划”的中坚力量，截至2014年底，“百万中专生计划”累计招生人数达到108.3万人次。[①] 教育部充分利用职业教育和成人教育资源，大力开展农村实用技术培训，通过发挥高等农业院校、广播电视大学系统远程教育资源，形成覆盖县、乡、村的开放型农民实用技术教育培训网络，2006～2009年全国教育系统完成农村实用技术培训17679.82万人次。2014年，农业部和财政部在前期试点基础上启动实施新型职业农民培育工程，在300个县开展示范性培育，并选择14个市及陕西省、山西省整体推进，全年培育新型职业农民突破100万人次（见表1）；2015年进一步扩大示范范围，增加了湖南省、江苏省整体推进，培育1万名现代青年农场主，示范带动各地加快构建职业农民队伍。

① 农业部：《曾一春党组成员在全国农业农村人才工作会议上的讲话》，http://www.moa.gov.cn/govpublic/RSLDS/201505/t20150505_4578719.htm，2015年12月10日。

表 1 新型农民科技培训项目年度培训（招生）人数

单位：万人次

年度 \ 培训项目	新型农民科技培训	百万中专生计划	教育部农村实用技术培训	新型职业农民培育
2006	117	9.0	4520.58	—
2007	100	13.3	4670.35	—
2008	150	13.6	4358.22	—
2009	—	14.0	4130.67	—
2010	—	16.1	—	—
2011	—	12.1	—	—
2012	—	13.2	—	—
2013	—	10.0	—	—
2014	—	7.0	—	100
总计	367	108.3	17679.82	100

注：“新型农民科技培训”从 2009 年起转换为其他项目；“新型职业农民培训”自 2012 年开展试点，2014 年正式启动实施。

资料来源：全民科学素质纲要实施工作办公室：《全民科学素质行动发展报告（2006－2010 年）》，科学普及出版社，2011。

2. 农村富余劳动力转移培训转型升级，适应“三农”发展新形势

农村富余劳动力转移即农村剩余劳动力实现就业转移。这种就业转移包含两种情况：其一是农业劳动力向非农产业的就业转移；其二是农村劳动力向城镇的就业转移。农村富余劳动力转移是增加农民收入的重要途径，开展此类教育培训成为越来越多农民的新需求。这类培训的主要内容包括两个方面：一是引导性培训，主要包括职业道德、就业指导、行为举止、用工政策、维权意识等培训，以便农民尽快适应城镇生活；二是职业技能培训，重点是建筑、制造、家政服务、餐饮、酒店等行业的职业技能。2006～2010 年，农村富余劳动力转移培训中“阳光工程”培训农民 1767 万人次。此后，“阳光工程”重心向农民职业技能培训转型，由农民外出务工就业培训向就

地就近转移培训转变，由服务城镇第二、第三产业向服务农业经济发展和农村社会管理转变。“阳光工程”努力增强培训对象的针对性、内容的有效性、管理的规范性，契合农业发展方式转变和新农村建设的需要，适应农业和农村经济发展所面临的新形势、新任务，对促进农民兴业创业、增加收入发挥了积极作用。截至2013年底，“阳光工程”培训农民2713万人次。此外，教育部实施“农村劳动力转移培训计划”，凭借强大的职业教育与成人教育资源网，加快农村劳动力有序、稳定地向非农产业和城镇转移，实现了培训覆盖面广、培训人员数量多的目标。2006～2009年，教育部农村劳动力转移培训规模逐年增大，培训总数达15530.78万人次。2006～2009年，人社部“农村劳动力技能就业计划”针对转移就业前农民培训2415万人次（见表2）。

表2　农村富余劳动力转移培训的培训人次

单位：万人次

年度＼培训项目	阳光工程	教育部农村劳动力转移培训计划	人社部农村劳动力技能就业计划
2006	350	3505.41	500
2007	295	3826.85	400
2008	455	3949.21	415
2009	550	4249.31	1100
2010	117	—	—
2011	300	—	—
2012	330	—	—
2013	316	—	—
总　计	2713	15530.78	2415

注：“阳光工程”的培训人数为中央财政投入项目的培训人数，不包含带动地方培训的人数。“阳光工程”自2011年开始转型升级，2014年全面转型升级为新型职业农民培训工程。“农村劳动力技能就业计划”包含转移就业前农民培训和在岗农民工培训，此表仅统计前者。

（二）科技下乡活动贴近农民科普需求

科技下乡活动集合科技致富资源，有效扶助农民脱贫奔小康。“科技列车活动”是中宣部、科技部、卫生部、共青团中央、中国科协等部委联合开展的一项科技下乡活动。此项活动以火车为载体，停靠铁路沿线各站点，在周边各县、乡（镇）、村开展针对当地农民需求的科技活动，包括举办专家专题讲座和咨询服务，捐赠电脑、科技图书、光盘和农业生产资料等物资以及播放农林科教片等。2006 年以来，“科技列车活动”多次深入革命老区和广大农村，如延安、大别山区、贵州、吉林长白山、巴中山区、沂蒙老区、青海等地，体现出“振兴老区，服务三农”的特色（见表 3）。通过“科技列车活动”的平台，农业技术、医疗卫生、信息技术、粮食食品等行业的专家以及科普人员深入各地，开展实用技术培训、工农业生产的现场技术指导、健康知识普及和医疗义诊等。科技物资和各种形式多样、

表 3　近 9 年“科技列车活动”开展基本情况

单位：万元，人

年度＼内容	地区	捐助物资	科技专家数
2006	陕西延安、榆林地区	180	100
2007	大别山区	581.25	300
2008	贵州毕节、遵义、贵阳	600	100
2009	吉林长白山区	300	50
2010	四川巴中	168.2	90
2011	山东省临沂市（沂蒙）	—	100
2012	青海	300	80
2013	湘西地区	1000	120
2014	江西赣州市	—	135
2015	辽宁省丹东市	100	127

资料来源：科技部网站。

内容丰富的科技服务活动被集成起来，按照各地农村的实际需求输送，带动农民脱贫致富，提高农民科学素质。

中国科协农村专业技术服务中心组织开展的“致富能手科技下乡”系列活动在各地农民与全国科技专家、致富能手之间搭架起一座致富和友谊的桥梁。科技致富能手把致富经验和技术带到乡村，帮助当地群众解决生产和生活问题，促进地方经济的发展。据中国科协农村专业技术服务中心统计，2000～2009年有近千人次的科技致富能手、农业科技人员和涉农企业家等参与科技下乡活动，发放农业科技资料100万份以上，培训农村实用技术人才约1.5万人，交流涉农项目总数达900余项，有力地促进了农村科普事业的发展。[①]

（三）科普示范活动展现“率先”效应

1.“科普惠农兴村计划”积极发挥榜样示范的引领作用

中国科协和财政部通过“以点带面、榜样示范”的方式，在全国评比、筛选、表彰一批科普工作先进集体和个人，包括有突出贡献、较强区域示范作用、辐射性强的农村专业技术协会、农村科普示范基地、农村科普带头人以及少数民族工作队等，以期带动更多的农民提高科学文化素质，掌握生产劳动技能，建立科学、文明、健康的生产和生活方式。截至2015年，“科普惠农兴村计划”表彰了13872个（名）先进集体和个人，其中农村专业技术协会7056个，农村科普示范基地3140个，少数民族工作队60个，农村科普带头人3616名，奖补资金累计22.5亿元（见表4）。“科普惠农兴村计划”的实施，对带动农民依靠科技增收致富和推动农村科普公共服务体系建设发挥了积极作用。

---

① 任福君、尹霖等：《科技传播与普及实践》，中国科学技术出版社，2015。

表4 2006~2015年“科普惠农兴村计划”表彰奖励情况

年份 \ 项目	协会（个）	基地（个）	带头人（名）	工作队（个）	合计（个/名）	奖补金额（万元）
2006	100	100	100	10	310	5000
2007	210	210	220	10	650	10000
2008	210	210	270	5	695	10000
2009	612	300	302	5	1219	20000
2010	1000	390	390	5	1785	30000
2011	1000	386	406	5	1797	30000
2012	1000	386	406	5	1797	30000
2013	1000	386	406	5	1797	30000
2014	962	386	558	5	1911	30000
2015	962	386	558	5	1911	30000
合　计	7056	3140	3616	60	13872	225000

资料来源：全民科学素质纲要实施工作办公室：《2013全民科学素质行动计划纲要年报——中国科普报告》，科学普及出版社，2014。

2. 全国科普示范县（市、区）创建活动增强了基层科普能力

我国县级行政区的人口结构中，农村人口一般占总人口的大多数。开展全国科普示范县（市、区）创建活动，对于推动当地农村科普的发展具有十分重要的意义。中国科协自1998年启动这项科普工作的示范工程，通过在县域开展科普示范创建，依靠示范辐射作用，产生推动地方经济社会发展的强大动力。《科学素质纲要》颁布后，科普示范县（市、区）作为全国2800多个县（市、区）开展全民科学素质建设工作的榜样，从407个发展到902个，成为引领基层落实《科学素质纲要》的有力抓手。①

① 胡俊平：《全国科普示范县（市、区）创建活动管理模式及SWOT分析》，《科学管理研究》2013年第3期。

3. 科技示范户高效推广农业新品种、新技术

农业部实施“农业科技示范工程”，从科技人员、农业新品种和新技术三个方面探索建立农技推广新机制，努力实现“科技人员直接到户、良种良法直接到田、技术要领直接到人”。在“科技入户工程”中，依照农民个性化技术需求，开展“一户一策”的技术指导和服务，在专家与技术指导员、技术指导员与农民、示范户与普通农户之间实现“零距离”对接，构建了“专家组—技术指导员—科技示范户—辐射带动农户”科技成果转化应用的快捷通道，有效解决了农技推广“最后一公里”的问题。相比专家和技术指导员而言，科技示范户是农民留得住的“乡土专家”，也是基层农技推广的重要力量、新农村建设的科技能手和致富带头人。自2009年起，“农业科技示范工程”升级转化为“基层农技推广体系改革与建设示范县项目”，深化和加速了推广农业新品种和新技术的进程。

四　农村科普的受众与需求

从狭义上讲，农民一般指户籍制度实施后持有农村户口的群体，体现的是户籍特征。广义上说，农民是以土地为生产资料，并长期从事农（林、牧、副、渔）业生产的劳动者，体现的是职业特征。随着城镇化的推进，农民数量呈现减少趋势。

作为一个群体，农民在科普需求上与城镇劳动者、领导干部、公务员等人群存在一定的差异。聚焦农民群体内部，还可以精细地划分出不同类型。基于农民个体生活状态、具体分工的差异，不同类型的农民具有不同的科普需求。

（一）农村科普对象的分类

1. 按照流动性分类

近年来，受城乡收入差距拉大的影响，农村劳动力向城镇和非农

产业不断流动，导致留乡务农劳动力的素质呈结构性下降趋势，留在农村的劳动力表现出年龄偏大、素质偏低、女性偏多的典型特征。2013 年的中央农村工作会议尤为重视“三留守”问题，要求各地健全农村留守儿童、留守妇女、留守老年人关爱服务体系。[①] 向他们提供所需的科普服务是构成公共服务体系的一部分。面向这群特殊的科普对象，农民科技教育培训工作如何统筹务农和务工农民培训需求，如何应对受众参差不齐的素质水平，如何创新培训内容、方式和手段，这些都是新的要求，也是新的挑战。

2. 按照劳动性质分类

当前，我国农业和农村经济正在发生重大分化和演进。农业产业部门、农业经营方式和农村劳动力就业领域都与传统状况有较大的差异。传统的种养业逐渐向产前、产中和产后等农业生产不同阶段的产业部门演进和细分；农业经营方式由传统的以生产初级产品为主，向产加销、农工贸一体化和复合化经营演进；农村劳动力由原来集中在农业中就业，向农业产前、产中、产后和非农产业多领域就业演进。农村出现了大量种植大户、养殖大户、专业大户、农民经纪人、小型农业企业家等农业生产带头人。这些人把农业作为稳定的职业，按照各自分工和专长，具体包括生产经营、专业技术、社会服务类人群。

（二）不同农民人群科普需求差异

1. 农业新品种和新技术是绝大多数农民的科普需求

据农业部 2008 年调查，有 99.5% 的农户希望得到农业新技术；其中，最希望获得病虫害防治技术、良种及配套栽培技术、施肥技术的农户比例分别为 36.9%、31.4% 和 19.7%。[②] 而 2015 年网络书屋

---

① 《中央农村工作会议：要重视农村“三留守”问题》，中国新闻网，http://www.chinanews.com/gn/2013/12-24/5658791.shtml，2015 年 12 月 10 日。

② 杨雄年：《农村教育培训工作的回顾与展望》，《高等农业教育》2009 年第 1 期。

项目部开展的“全国基层农技人员能力提升需求调查”显示，农技人员培训农户内容排在前三位的是：农业生产技术（99.11%）、农业政策或法律法规（92.86%）、农业产业化/规划指导（65.18%）。[①] 同样是在这次调查中，从县区农业单位视角来看，农户最需要的指导排在前两位的是：新品种特性、产量表现及带来的经济效益（92.86%），新型农业技术应用条件及方法（90.18%）。虽然这两次调查对象不同，但从调查结果可以推断，农业新品种和新技术的培训是农民较为稳定、主流化的长期需求。因此，农民科技教育培训工作要积极主动适应新形势的发展要求，与时俱进地调整教育培训目标与内容，开拓多层次、多形式的科技教育培训，有力支撑新农村建设和现代农业发展。

2. 行业需求呈现多元化趋势

农民在种植业、养殖业和一些非农行业方面的需求呈现多元化态势。以种植业为例，调查显示农民最期望的作物种植培训排在前三位的是粮食、水果、蔬菜，但不同年份的比例略有差异，2012 年分别为 40.23%、27.34%、26.81%；2011 年为 42.47%、25.39%、25.67%；2010 年为 47.18%、21.49%、24.01%。[②] 2015 年“全国基层农技人员能力提升需求调查”显示，从农技人员的视角来看，在种植业方面最急需的是设施农业栽培技术、农产品加工技术、病虫害防治技术等，比例均超过 50%；从作物类型来看，农技人员急需的种植技术是经济作物栽培技术、蔬菜栽培技术、果蔬栽培技术、苗木花卉栽培技术。由此可见，农民和农技人员对所需行业技术的观点存在差异，农民更趋于传统和保守，而农技人员立足现代农业的需

① 网络书屋项目部：《2015 年全国基层农技人员能力提升需求调研报告》，“农业科技网络书屋”微信公众号，2015 年 2 月 21 日。

② 张亮、张媛、赵帮宏、李逸波：《中国农民教育培训需求分析》，《高等农业教育》2013 年第 8 期。

求，眼光更为长远。因此，农民科技培训中善于引导农民需求显得尤为重要。

3. 短期、单项科普培训最受欢迎

当前的农民培训在知识体系、培训时长上有较大区别。培训类型既有系统化的中长期农民培训，也有一事一训的短期培训，还有证书培训、职高或中专等学历培训。中央农广校的一项调查表明：农民最愿意接受培训的时长是2～3天，选择短期培训的农民比例占72.1%；最愿意接受培训的地点是本村，选择面对面授课和现场实习的比例占71%以上。虽然时间充裕的农民培训能让农民学到更多科技知识，但受自身知识水平所限，培训时间过长会加大农民的接受难度，反而降低了培训的质量。

4. 农民需求的区域性和地域性差别明显

随着农业结构的深度调整，优势农产品的区域布局逐步优化，农业生产表现出越来越显著的区域性和地域性。不同区域和地域，由于气候和地质条件、主导产业、经济发展水平、农民受教育程度等方面的差异，农民的科技教育培训需求也不尽相同。农民科技培训必须重视区域性和地域性差别，因地制宜地设计和实施培训方案，回应农民关切。

五　农村科普的建议及展望

党的十八届三中全会通过的《关于全面深化改革若干重大问题的决定》关注教育资源的公平和普惠，明确要求“构建利用信息化手段扩大优质教育资源覆盖面的有效机制，逐步缩小区域、城乡、校际差距”；同时，注重现代职业教育的跨界融合，“加快现代职业教育体系建设，深化产教融合、校企合作，培养高素质劳动者和技能型人才，推进继续教育改革发展”。新时期，充分发挥信息化条件下科技教育培训优势，是面向农村开展科普活动要抓好落实的重要工作。

（一）提升农村科普信息化水平，畅通数字化培训传播渠道

《国家中长期教育改革与发展规划纲要（2010－2020年）》高度重视信息技术与教育的深度融合，以数字化学习资源建设为重点，建立开放灵活的教育资源公共服务平台，推动优质教育资源普及共享。在工业化、信息化、城镇化、农业现代化同步实施的国家战略部署下，农村信息化的步伐将进一步加快，农民将逐步熟练运用信息技术，为接受优质的开放科技教育资源提供了基础和条件。

具体而言，农村科技教育培训应充分发挥信息化条件下网络教育媒体资源、技术手段等优势，努力探索构建具有时代特色的教育培训方法和手段。例如，充分运用广播、电视、卫星网络等公共信息基础设施，联合农村科普示范基地、CNKI等拥有大量农业科技教育数据资源的机构，搭建上下贯通、左右衔接、内容丰富的农业科技教育培训平台，采用数字化培训教育渠道，开启信息化条件下的智慧农民工程。

（二）缩短教学与实用的中间环节，实现学和用的畅通对接

在过去的农民科技教育培训中，常常遇到科、教、推、用等各部门分立，学习和应用脱节，知识传播更新环节长且速度慢等状况。各地在农民科技教育培训中应积极学习借鉴先进的农业科技推广传播方式，如“农技110”信息服务体系、农业科技特派员制度、农村科普e站等形式，缩短教学与实用的中间环节，跨越“最后半公里”，实现农业技术与生产实践的畅通对接。

（三）重视社会发展与农民生活的同步共进

面向农民的科普工作要围绕创新驱动发展、现代农业发展和国家

粮食安全等战略任务，宣传好党的惠农、强农、富农政策，广泛开展生态环境、节约资源、保护耕地、乡村文明等方面的科技教育、传播和普及，全力建设基础设施配套、服务功能完善、人居环境良好的农村新型社区，帮助农民树立科学、文明、健康的生活方式，传承乡村优秀文明，全面提升农民的精神文化生活水平。

（四）促进基层科普公共服务的均等化和公平普惠

加大“科普惠农兴村计划”对优秀农村专业技术协会、科普示范基地、少数民族科普工作队和科普带头人的扶持力度。发挥农村专业技术协会开展社会化农技服务的作用，强化其与农业科研机构、金融机构和农技推广机构的网络化联系，响应农业生产一线新型经营主体的需求，加大技术的示范、推广和应用力度。加强革命老区、民族地区、边疆、贫困地区和农村留守人群、农村妇女等群体的科普工作。发挥全国科普示范县（市、区）的表率作用，促进基层科普示范体系建设和先进科普模式推广。发挥全国科普日等科普活动的引领作用，示范带动农村和社区等基层群众性、社会性、经常性科普活动广泛开展。

B.3

社区科普发展状况

朱洪启*

摘　要：　社区科普是我国科普实践的重要组成部分。多年来，尤其是2011年社区居民科学素质行动开展以来，社区科普工作的政策环境、硬件设施、队伍建设等不断改善，策划组织社区科普活动的能力逐步提升，社区居民参与社区科普的积极性得到较大提升，社区科普服务社区居民的能力不断提高。本文在对我国社区科普发展实践进行分析的基础上，对社区科普的发展提出对策建议。激发社区科普体制的活力，进一步提高服务社区居民的能力，是我国社区科普发展的重要方向。

关键词：　社区科普　服务能力　科普工作

与我国多年来城乡二元化的特点相适应，从工作区域来分，我国科普可分为城市科普与农村科普。社区作为城市的细胞，是城市科普的重要组成部分。社区科普主要以服务于社区居民的生活为主，以提高社区居民的科学素质为最终目的。多年来，我国社区科普工作得到了很快的发展，积累了丰富的经验，在服务社区居民生活、提高社区居民科学素质方面发挥了非常重要的作用。当前，随着城镇化的快速

* 朱洪启，中国科普研究所副研究员，研究方向为基层科普、科普理论等。

发展，我国社区科普又呈现新的特点，为城市新居民服务成为社区科普工作新的生长点。社区科普直接面向社区居民，对居民的影响直接而深刻，社区居民对社区科普的要求也越来越高，同时，随着我国科普环境的变化，尤其是媒介环境的变化，当前社区科普面临转型的重大挑战。

一　社区科普及其独特优势

简要来说，社区科普就是在社区开展的服务于社区居民的科普，是城市科普工作的重要组成部分，处于我国科普体制的末梢。广义来讲，社区包括城市社区与农村村庄，但由于我国存在比较明显的城乡二元化现象，城市社区与农村村庄差异较大，因此，本报告所讨论的社区科普，仅指城市社区科普。

城市社区，是城市的细胞。作为城市居民的聚居地，社区是开展城市科普工作的一个重要阵地和场所。社区科普的重要任务就是要面向居民提供高效的科普服务，提高社区居民的科学文化素质，倡导科学、文明、健康的生活方式，建设文明新社区。在社区开展科普工作，具有多方面的优势。首先，社区内人员集中，开展科普工作的影响面较大；其次，在社区开展的科普工作以面对面的交流为主，现在虽然各种媒体发展很快，在科普方面具有很多优势，但是它们不具备这种面对面交流的优势，面对面的交流既可开展知识的交流，也是一种富有人情味的交流，面对面交流的科普所产生的效果往往更加深刻；再次，社区科普直接面向公众，面对的是活生生的个体，可有效结合当地特点开展科普工作，提供个性化的科普服务；最后，社区科普工作是社区建设的重要内容之一，社区科普工作可有机纳入社区建设，尤其是社区文化建设，形成一盘棋，有利于资源的整合利用。社区科普既可服务于居民生活，促进居民科学素养的提升，也可促进居民间的交流，加强居民间的沟通，增强社区的凝聚力，加强居民对社区的认同。

二　我国社区科普事业的发展

多年来，我国各地以提高广大社区居民的科学素质为社区科普工作的出发点和归宿，努力开创社区科普工作群众化、社会化和经常化的良好局面，促使人们形成科学、文明、健康的生活方式，社区科普工作成效显著，形成了比较完善的社区科普政策环境，为社区科普的发展提供了有力的保障。社区科普工作的开展离不开组织体系的支持，组织体系的支撑为我国社区科普工作提供了发展动力。同样，社区科普工作离不开经费、人员队伍的支持。另外，从我国总体情况来看，社区科普工作中，阵地建设和活动的开展是社区科普工作的重要方面。因此，以下主要从这几个方面开展论述。

1. 政策与法规

社区科普是我国科普实践的重要方面，我国政府一直非常重视社区科普工作，为了引导、促进社区科普工作的开展，先后出台了众多相关政策与法规。2002 年，颁布实施的《中华人民共和国科普法》第 21 条规定，城镇基层组织及社区应当利用所在地的科技、教育、文化、卫生、旅游等资源，结合居民的生活、学习、健康、娱乐等需要开展科普活动。2007 年，颁布实施的《中华人民共和国突发事件应对法》，对社区在应急科普方面的职责做了明确的规定。2006 年，国务院办公厅印发《全民科学素质行动计划纲要（2006 - 2010 - 2020 年）》（以下简称《科学素质纲要》），社区科普成为城镇劳动者科学素质行动的重要组成部分。随着我国城镇化的快速发展，社区科普在社区建设以及服务城镇新居民适应城市生活方面的任务更加突出。2011 年，国务院办公厅印发《全民科学素质行动计划纲要实施

方案（2011－2015年）》，增加了社区居民科学素质行动，社区居民与未成年人、农民、城镇劳动者、领导干部和公务员等一起成为我国公民科学素质建设的五大重点人群，进一步凸显了社区科普的重要性。2016年发布的《全民科学素质行动计划纲要实施方案（2016－2020年）》，则把社区科普纳入社区科普益民工程，更加关注社区科普能力的建设与提升。2011年，国务院办公厅印发《社区服务体系建设规划（2011－2015年）》，其中提到，广泛开展社区教育，创新社区教育发展的体制、机制与模式，重点建设一批标准化、示范性的全民学习中心，普及科学文化知识，建设学习型社区。2015年10月，《国务院办公厅关于推进基层综合性文化服务中心建设的指导意见》中，将社区居民科学素质行动纳入。

各部门结合自身职能，根据《科学素质纲要》的要求，将公民科学素质建设有机纳入部门的业务，出台政策推动公民科学素质建设。在社区科普方面，有关部门出台的政策，进一步优化了我国社区科普的政策环境。科技部等八个部门2007年联合发布的《关于加强国家科普能力建设的若干意见》规定，将城市社区科普设施纳入城市建设和发展总体规划，将科普工作纳入社区工作的重要内容。文化部把科普工作纳入《关于加快构建现代公共文化服务体系的意见》。2014年8月，教育部等七个部委联合下发《关于推进学习型城市建设的意见》，将社区科普有机纳入其中。中国科协联合全国妇联印发《社区居民科学素质行动实施工作方案（2011－2015年）》。随着中国城镇化的快速发展，大量农民工涌入城市，应让这些城市新居民尽快适应城市生活，并提高处理日常问题的能力，社区科普在这一过程中应发挥非常重要的作用。据此，2013年6月，中国科协印发《关于加强城镇社区科普工作的意见》，对新形势下的社区科普提出了明确的要求，提出到2020年，社区科普服务能力应能够满足我国全面建成小康社会的需要。社区科普队伍有较大发展，社区科普设施基本完善，社区科普活动的覆盖面显著扩大和实效性显著增强，社会力量参与社区科普工作的积极性明显增强，社区科普工作常态化运行机制基本形成，社区居民科学素质明显提升，科学、文明、健康的生活风尚全面形成。

为了促进、引导基层科普工作发展，中国科协于2012年4月发布《关于组织实施“基层科普行动计划”的通知》，中国科协、财政部联合实施“基层科普行动计划”，该计划由“科普惠农兴村计划”和“社区科普益民计划”两个子计划构成。“社区科普益民计划”是指每年评选、奖励一批科普工作成绩突出、效果显著、居民认可、具有示范引领作用的国家级科普示范社区。每年奖补500个科普示范社区。实施该计划，旨在发挥国家级科普示范社区的示范引领和辐射带动作用，推动社区科普工作开展，提升社区居民科学文化素质。“社区科普益民计划”的实施，有效地推动了我国社区科普事业的发展。

各地结合当地实际，出台政策，推进和加强社区科普工作。例如，2011年，辽宁省出台《辽宁省科协关于加强和改进城区科普工作的若干意见》，对全省社区科普益民服务站的发展提出明确目标。宁夏回族自治区科协印发了《科普示范社区认定标准（试行)》，对进一步加强和规范社区科普工作，整合多方资源，建立联合协作的社区科普工作新机制具有重要意义。另外，各省发布的《全民科学素质行动计划纲要实施方案（2011－2015年)》中，对社区科普也都进行了详细的阐述。

2. 社区科普组织架构

在我国，社区科普工作的组织框架是开放性的，社区科普主要由社区居委会具体组织实施，街道办以及相关政府部门和社会组织等协助其发展。具体来说，社区居委会是社区科普工作的具体实施者，街道办对其进行一定的指导或资助，而相关政府机构，如科技局、计生局、环保局等政府部门，结合自身的业务要求，有时会在社区开展或

资助开展一些科普工作。另外，社会组织也是社区科普工作的重要力量之一，但涉足社区科普的社会组织目前数量有限，主要是科协组织涉足社区科普较多。鼓励更多的社会组织参与社区科普，也是社区科普发展的重要任务之一。综上所述，我国社区科普的参与方较多，有较多的单位将社区科普作为自身的职责之一，当然，不同的单位参与社区科普的程度存在着一定的差别。社区科普的开放性组织架构，有利于吸收多方资源汇聚到社区，丰富社区科普的内容，促进社区科普的发展。在多年的实践中，社区科普开放性组织体系不断健全，机制不断完善，有关单位参与社区科普的积极性进一步提升。政府主导与民间参与相结合，形成了良好的社区科普工作组织架构。

基层科协组织是社区科普的重要参与方，近年来，基层科协组织网的建设越来越完善，有大量街道、社区建立了科协组织，截至2014年底，我国共有街道科协（社区科协）11179个，个人会员达67万人。[①] 这使社区科普的开展有了专业力量的推动。

3. 人员队伍

社区科普的具体工作主要是由社区来承担的，但社区面临着人少活多的情况。社区承担了多个政府部门下派的任务，几乎是一个全能型的微型政府，但社区的人员数量却相对较少，这一状况使很多社区无暇开展科普工作，或者说，投入科普工作的精力相当少。为了应对这一状况，一些社区广泛发动社区内有时间、有能力、有精力、有意愿的社区居民，组建科普志愿者队伍，协助开展社区科普工作；也有些社区充分利用社会力量，尤其是附近的大学生志愿者，进社区开展科普服务。在现有人少活多的情况下，充分利用科普志愿者，是解决当前社区科普人员严重不足的有效办法，同时，也使社区科普人员能

① 中国科学技术协会：《中国科学技术协会统计年鉴（2015）》，中国统计出版社，2015，第11页。

够不断更新，不断有新的充满活力与激情的人加入，但是，从另一方面来说，这种开放性社区科普人员队伍的稳定性较差，专业性较差，应在制度上予以鼓励，提供必要的保障，以增强志愿者队伍的相对稳定性。

总之，从社区科普人员队伍来看，多数社区的科普工作有专人负责，虽然一般没有专职人员，但专人负责对于社区科普工作的开展也是非常有利的。并且，近年来，科普志愿者发挥着越来越重要的作用。充分利用专兼职科普人员，加强科普志愿者队伍建设，组建开放性的社区科普人员队伍，这是我国社区科普人员队伍建设的重要特征。

4. 场所和设施

社区科普工作的开展，离不开对场地的需求。各地结合自身的条件，以改造或新建等措施，开展社区科普场所的建设。社区科普场所主要包括社区图书室、社区科普活动室、社区科普画廊、社区科普活动广场等。社区科普阵地的建设，有利于社区科普活动的开展，有利于社区居民参与社区科普活动，有利于社区科普工作的稳定与持续。近年来，各地社区科普场地建设取得了持续的发展。例如，截至2014年底，全国共有城市社区科普（技）专用活动室8.58万个，比2013年增长2.30%。[①] 从全国的情况来看，经济较为发达的地区和对社区科普工作较为重视的地区，社区科普场所较为完备。另外，在社区科普场地的建设中，各地的机制也不尽相同，主要有科协、科技局等各自出资建设，科协或科技局等与各类企事业单位合建，街道（社区）自建等方式。从资金来源来看，主要还是来自政府财政，企业等社会资金近些年在逐渐增加。社区科普场所集休闲、科普的功能于一体，同时也具有装饰社区环境的功能。近几年，随着科普信息化

① 科技部：《中国科普统计（2015年版）》，科学技术文献出版社，2015，第50页。

的发展，我国一些社区已配有科普电子宣传屏，微信、微博等在社区科普中也开始得到应用，这也反映出社区科普场所伴随着媒介环境的变化而不断发展，线上社区科普场所也逐步发展。同时，随着科普信息化的深入发展，除传统的科普设施外，信息化手段也在社区科普中得到越来越多的使用。

5. 科普经费

我国社区科普工作的经费主要来自当地科协、科技局等相关政府部门以及街道办，有少数社区能够申请到中国科协或省市科协的项目资助。从全国来看，有些社区能够成功吸引一些社会资金的投入，但相对而言，这部分资金较少，只占较小的份额。总体来看，社区科普经费的数量存在着严重的不足，这在一定程度上制约了社区科普的发展。在争取更多政府资金投入的同时，各地也在尝试加大吸引社会资金的投入，以缓解社区科普经费的不足。

从全国总体来看，近年来，社区科普经费是不断增加的，但是不同地区之间，甚至同一城市的不同社区之间，社区科普经费存在着极大的不平衡。改变社区科普经费主要来源于政府的格局，吸引社会资金的投入，形成多元化的经费来源，是社区科普发展的重要任务。

6. 活动和内容

寓教于乐，融入生活，形式多样的科普活动增添了社区活力。科普活动是传统的社区科普形式，如科普报告、科普展览等，这些传统形式的科普活动，在当前的社会环境中，依然具有不可替代的作用，它们的最大优势就是可以开展面对面的交流。同时，随着社会的发展，社区居民对新形式的科普活动有着强烈的需求，科普活动的形式也在不断创新。例如，深圳市长期通过“大家乐科普舞台”开展科普活动，举办科普知识有奖竞答、科普知识讲座、科普录像放映等活动，寓教于乐，吸引数以万计的打工青年，丰富了他们的业余文化生活，提高了科学素养。多年来，“大家乐科普舞台”已成为众多外来务工人员周末精神文化生活的重要组成部分，也是深圳市科普工作的一大特色。上海有些社区根据居民的爱好，开展种植蔬菜的科普活动，这既符合居民的爱好，也产生了很好的科普效果。总之，结合居民的兴趣策划科普项目非常重要，这种科普项目可以娱乐的形式开展，也可以游戏的形式开展，可大大提升公众对社区科普的参与度。同时，我国有多地开办社区科普大学，使系统、全面的社区科普成为可能。

从近些年的实践来看，传统的讲座等科普活动依然存在，讲座的重点依然是健康等主题，但新的科普活动方式与主题，也逐渐被引入，如环保、新科技（机器人、3D 打印等）也成为社区科普的重要内容，一些参与型活动备受欢迎，如吸引社区居民开展种菜的实验活动等。科普活动的内容越来越新颖，科普活动的方式越来越强调居民的主动参与，越来越强调双向沟通与交流，强调知识的体验，强调在娱乐中参与科普，社区科普活动无论是主题还是方式，都在经历从一元到多元的演变，而这一过程中，社区居民参与社区科普的积极性也大大提升。

7. 受众和效果

我国社区科普工作的受众为社区居民。从各地实践来看，社区中的老人与儿童是社区科普的重点服务对象。近些年，青壮年参与社区科普的积极性也在逐步提高，有些社区还推出亲子活动类科普项目，有力地推动了青年人参与社区科普。与其他类型的科普不同，社区科普是在家门口举办的，是结合社区特有的需求举办的，所以，它是比较接地气的，它对于社区居民的吸引力较强，但是以往社区科普项目或活动方式的策划不能有效跟上社区居民的需求，内容过于陈旧，形式过于程式化，从而导致居民，尤其是青年人的参与度低一些。随着社区科普的深入开展，目前，各地也在创新科普形式、更新内容，使社区科普真正能够贴近居民需求，从而有效提高了居民的参与度。

社区科普工作的开展，直接服务于社区居民的生活需求，为居民提供方便快捷的信息服务，为社区居民的生活提供便利。同时，社区科普工作的开展，有利于社区居民养成良好的生活习惯，提升辨别是非、学习科学和应用科学的能力，提升社区居民科学素质。调查数据显示，2015 年，我国城镇居民的科学素质水平从 2010 年的 4.86% 提升到 9.72%，[①] 提升幅度非常大。虽然我国城镇居民科学素质的提升不完全是由于社区科普工作的开展，但是，社区科普工作作为我国城市科普工作的重要组成部分，也为城镇居民科学素质的大幅度提升做出了必要的贡献。我国社区科普工作的开展，也加强了社区居民间的交流与沟通，增加了居民对社区的认同感，促进了社区文化建设。在我国城镇化快速发展的今天，社区科普发挥着独特的作用。

三　我国社区科普事业发展的特性

公众参与科普成为社区科普发展的趋势。社区科普的显著特点是服务于社区居民，所以，它带有强烈的生活化特征。并且，随着我国社会媒介环境的变化，社区科普也在积极探索利用信息化的渠道与方法，社区科普信息化也逐步发展起来。经过多年的发展，我国社区科普也经历了由知识学习型、资源提供型等静态社区科普向互动型、参与型等动态社区科普的演变，公众参与科普成为社区科普发展的大趋势。

社区科普贴近当地生活，具有强烈的生活味。这是社区科普的法宝，也使社区科普比较接地气。社区的作用日益健全、日益深入，与百姓的关系日益紧密，社区科普是以服务社区居民的生活为主要目的，知识的传输是融入其中的。社区不同于学校、不同于单位，它的

① http：//210.14.121.9：8080/a/redianxinwen/2015/0922/5030.html.

成员非常杂，社区居民的工作单位不同、生活习惯不同、年龄不同、教育背景不同等，如何开展有效的社区科普以吸引社区居民的参与是个核心问题。所以，成功的社区科普要抓住为居民生活服务这一核心，如果仅仅向居民传输知识，往往是不会引起居民的兴趣的。而服务于生活，则会引起大多社区居民的兴趣，从而参与其中。因此，服务于生活是社区科普的第一要务。与此相一致，社区科普要紧抓居民生活，不能高高在上的宣讲，而是要融入居民生活，服务于生活。总之，社区是居民生活休闲的地方，社区科普理应具有生活味，这也是社区科普的应有之义。而生活味，也正是社区科普的优势。共同生活在一个社区中，面对面地开展具有生活味的科普，这样的科普无论是对于社区和谐家园的建设，还是对于科普的效果而言，都是其他科普形式不能比拟的。从当前的实践来看，社区科普所关注的重点还是老年人和青少年，在以后的工作中，其他人群如中青年、待业人员等也应引起更多的关注。而社区科普除了服务于居民生活外，对社区生活环境的塑造也发挥着重要作用，如各式科普画廊对社区环境就具有很明显的装饰功能。

社区科普具有明显的地方性特征。社区科普直接面向社区居民，它的服务对象是活生生的社区居民，而不同的地方，甚至同一城市的不同社区，其社区居民都具有不同的特点，抓住社区居民的整体特点来开展社区科普，是必然的选择。不同的社区，对社区科普的需求不同，如内容需求的不同、方式需求的不同。针对这些具体的需求，设计开展社区科普是必然的选择。社区科普的地方性，也与社区科普的特殊地位有关，社区科普作为我国科普工作体系的末梢，需要直接面对各式各样的公众以及各式各样的需求，这就使社区科普必须结合本地特点进行，从而实现国家科普战略与基层实际的融合。

社区科普的模式具有多样性。社区处于基层，面临各种资源短缺问题，各地根据自身的条件开展各种模式的社区科普，科普模式丰富

多彩。社区是我国城市中最基层的管理机构，它承接了多个政府部门的下派任务，从而使社区要在多个领域负有管理的责任，这导致社区工作人员的任务繁多，而人员又少。另外，由于社区处于最基层，其普遍缺乏高素质的人力资源，经费也是有限的。这些因素都限制了社区相关工作的开展。除此之外，社区又直接面向社区居民，居民的需求多样且要求越来越高，如何利用现有资源，为社区居民提供高质量的科普服务，是处于基层的社区所面临的难题。各地社区在实践中，贴近社区特点与需求，根据自身的资源条件，创造性地开展各种模式的科普工作，力争将现有资源的效果发挥到最大。此外，各地社区不同的特点，也催生了不同的社区科普工作模式。

社区科普的发展具有明显的不均衡性。各地的条件与重视程度不同，各地社区科普的发展具有很大的不均衡性。有些地方的社区科普工作开展得很少；有些地方建有社区图书室、科普活动室等硬件设施，但社区科普的吸引力还有待进一步增强；有些地方的社区科普工作开展得有声有色，吸引了大量社区居民的积极参与。总体来看，社区科普发展的不平衡，主要是由当地的重视程度以及经费、人员、科普资源等因素决定的。其实，社区科普工作开展得好，最重要的是要有好的活动方案，能够将公众吸引过来。

四　我国社区科普存在的问题与建议

近年来，尤其是《全民科学素质行动计划纲要实施方案（2011－2015年）》专门增加了社区科普行动以来，我国社区科普工作得到了快速的发展，使更多的公众受惠于科学的发展，对提高我国公民科学素质、建设和谐社区发挥了重要的作用。在城镇化的发展进程中，社区科普在服务社区居民，尤其是农民工等社区新居民方面，成效日益显著。但是，随着我国科普形势的变化，居民对社区科普提出了更高的要求，社区科普亟须在一些方面进行改革创新。

1. 社区定位模糊，工作过于繁杂，科普工作被边缘化，应进一步明晰社区的职责与定位

由于计划经济时期社区管理制度的影响，时至今日，我国的社区还是一个行政管理色彩很浓的机构。社区在法律上是一个自治性群众组织，但在实践中，社区执行了政府各职能部门下达的诸多具体任务，政府对社区的干预较为直接与具体。在这种制度背景下，我国的社区定位模糊，社区与政府职责关系不清，造成社区定位错误，几乎成为政府的派出机构，社区行政化现象严重，社区忙于完成各级政府部门交给的任务。而政府各职能部门，都把社区作为自己在基层的执行机构，过多地往下派送任务，形成了“社区是个筐，什么问题都往里装”的现象。这对于资源动员能力有限及专职人员较少的社区来说是难以承受的。

在社区繁杂的日常工作中，社区科普工作处于边缘地位，社区工作所投精力最多的地方，主要是社会综合治理、计划生育、安全等。受到科协或科技局等部门资助的社区，社区科普工作的积极性相对高一些，但这些社区的数量毕竟有限。科普工作在社区日常工作中的边缘化，不利于社区科普工作的深入开展，从而使一些国家科普战略在基层无法得到贯彻落实。为了克服以上弊端，应该明确社区的定位，明确社区与政府的职责分工，这是社区科普工作中的一个关键问题。这一问题得到解决，社区的日常服务包括科普工作，才会有一个更加有利的工作局面。

2. 社区科普工作行政化，应进一步强化社区科普为社区居民服务的意识，将社区居民的评价作为最高评价标准

与社区工作的行政化相伴随，我国社区科普工作也带有强烈的行政化色彩。在与社区工作人员座谈时，笔者发现各社区都有一个共同的体会，就是“科普搞得好不好，关键还得靠领导”，如果一些上级

部门，如科协、科技局等对于某个社区的科普工作比较重视，就意味着该社区能够获得较多的发展资源，尤其是经费的支持。正是由于资源主要来自于政府，社区科普工作的运行机制要依附于政府的运行机制，社区科普工作的理念也是一种行政化的理念，其工作方式也会带有强烈的行政化倾向。这种行政化社区科普工作，会比较注重典型的扶持与宣传，这也是一种注重政绩型工作模式的体现。同时，会比较注重场面效应。这种场面化的科普，便于应对上级政府的检查，但对于普通公众而言，其实际效果往往并不好。这种场面化的社区科普，属于叫好不叫座，虽然能有效应对各种形式的检查，却吸引不了公众的参与。

在现有条件下，我国应进一步强化社区科普对公众的服务功能，将社区科普工作有效地融入社区建设中，提升社区科普中公众的参与度，将公众的评价作为社区科普工作的最高评价标准。要找准社区居民的关切点，从百姓的需求出发，服务百姓生活，以此来开展相关社区科普工作。社区科普工作的出发点应是社区居民需求，最终的评价也应由社区居民来评价。

3. 社区科普资源不足，应加强社会资源的使用

在我国，社区科普更多地表现为一种政府行为。目前，我国的社区科普主要由对应的区科协和科技局、其他政府部门和社会组织（如卫生计生部门、文化部门、妇联、工会等）、街道和社区来组织和开展工作。不可否认，这是一种行之有效的工作方式，对调动国家资源开展社区科普工作发挥了一定的作用。但是，从另一角度看，这也反映了我国社区科普体系的封闭性，政府的角色没有很好的转化，社会力量的投入严重不足。政府无力为全国的社区提供充裕的人力与财力以及其他科普资源，而社会力量又没有被充分的调动，在这种情况下，我国社区科普工作的人力、财力与相关资源严重不足。

应加强社会资源的引入，充分利用社会资源，提升社区科普的活

力与效率。目前，多数社区组织开展社区科普的力量过于单一，活力不足，从而使社区科普的资源高度依赖于政府的提供。社区科普作为一项系统工程，不能只靠政府单方面的力量，只有整合社会资源，形成合力，才能推进这项事业顺利的发展。在有条件的地区，政府应该鼓励、接纳各类非政府组织介入社区科普工作，为它们的活动创造条件，并建立起合理的监督机制，对非政府组织加强监督检查，从而使它们在社区科普中更好地发挥作用。

五　新时期我国社区科普工作的展望

随着我国社区科普工作的深入开展，各地做出了许多有益的探索与尝试。目前，我国社区科普发展态势良好，但也存在一些深层次的问题，亟须解决。新时期，我国社区科普工作要在以下几个方面实现突破：第一，进一步增强社区科普体制的活力，优化社区科普的资源，增强利用社会资源的能力，提高社区科普资源共享的能力。第二，进一步提升社区科普项目的策划能力，切实关注社区居民的所想与所需，有针对性地开展社区科普工作，以公众参与科学为中心，提高社区居民对社区科普的参与度。第三，进一步关注新进城的社区新居民，帮助他们适应城市生活，关切他们的需求；进一步提升社区科普硬件设施的使用效率。当前，我国社区已基本完成一些初步的硬件建设，如社区科普活动站、科普图书室、科普画廊等，但如何采用一些有效的方式，使社区科普硬件设施的作用得到充分发挥，还需进一步探索。第四，抓住发展科普信息化的机遇，充分利用各类新媒体，改进社区科普的工作方式，提升工作效率。随着我国科普信息化的落地，社区科普信息化会得到快速的发展，从而会使社区科普工作产生深刻变化。

B.4
企业科普发展状况

何　丽*

摘　要：　企业科普是我国科普实践的重要组成部分。本文从人员组织、基本概念、作用、政策法规、企业科普场所和设施、活动内容、科普效果几个方面对企业科普发展现状进行了梳理。同时，对企业科普现存的问题进行了分析探讨，并提出了建议和对策。

关键词：　企业科普　企业科协　基层科普

企业是国民经济的基本单位，也是现代生产的主要组织方式。企业是以营利为目的，从事生产流通服务等活动的独立经济核算单位。[①] 企业既是社会物质财富和社会精神财富的生产者和流通者，也是国家科学技术创新与普及的推动者和承担者。在我国迈入创新型国家的进程中，离不开广大企业科技工作者的辛勤劳动，离不开企业科普的创造性实践。企业科普是全国科普工作的重要组成部分，是提高全民科学素质行动中不可或缺的。了解和掌握企业科普发展现状是企业科普自身发展的需要，也是国家科普事业发展的需要。

---

* 何丽，中国科普研究所副研究员，主要研究方向为科普评估、企业科普。

① 董福忠主编《现代经济管理大辞典》，中国经济出版社，1995，第184页。

一 企业科普发展现状

科技是第一生产力，在知识经济时代，科技已经成为推动生产力发展的关键性要素，但是科技的社会价值的实现取决于自身被传播的广度和深度。科普是促使科技转化为生产力的重要手段，再先进的科学技术，如果不被劳动者掌握并应用到生产实际中，不能被大众接受并造福于人民，就不能体现其真正的价值。在科技社会价值的实现过程中，企业科普发展现状如何是首先需要探讨的。

1. 企业科普的概念

"科普"是科学技术普及的简称，按照《科普法》第十九条规定："企业应当结合技术创新和职工技能培训开展科普活动，有条件的可以设立向公众开放的科普场馆和设施。"[①] 2008 年 7 月修订的《中华人民共和国科技进步法》规定："国家鼓励企业结合技术创新和职工技能培训，开展科学技术普及活动，设立向公众开放的科普场馆或设施。"[②] 因此，本文把企业科普定义为企业开展的普及科学技术知识、倡导科学方法、传播科学思想、弘扬科学精神的活动。其包含两个层次：一是企业结合技术创新、职工技能培训开展的科学普及活动，是对内部人员的科普活动；二是企业作为科技信息的供体，作为科技的传播者，利用自身的人、财、物等资源，结合自身的生产和营销需求，向社会和大众提供科普产品和服务，或者向目标消费群体提供与商品和服务有关的科普活动，是对外部社会的科普活动。第一层次的科普活动是企业基本科普，第二层次是企业科普拓展，完整的企业科普应该包括这两个方面。

---

① 《中华人民共和国科学技术普及法》，科学普及出版社，2002。

② 《中华人民共和国科技进步法》，http://www.gov.cn/flfg/2007-12/29/content_847331.htm。

2. 企业科普的作用

企业从事生产、流通、服务等经济活动，以生产或者服务满足社会需要，实行自主经营、自负盈亏、独立核算的具有法人资格的经济组织。一方面，企业的本质是以营利为目的，科普则追求社会公共利益，科普事业是公益事业，不以营利为目的。从表面上看，企业的目标与科普的宗旨是背道而驰的。另一方面，《科普法》明确规定“科普是全社会的共同任务，社会各界都应当参与”。企业的利益是包括员工、消费者、所在地在内的各种利益的集合，因此，企业在对股东负责的同时还要维护对企业产生影响的利益相关群体的利益，主动承担起应履行的社会责任。企业存在于社会，在获取社会资源、赚取利润的同时还要对社会予以回报和贡献，这就是企业应该承担的社会责任。主动承担社会责任越来越成为企业的共识，履行社会责任既可以为企业赢得良好的市场声誉，也可以为企业赢得更大的市场。企业科普就是企业承担的社会责任，科普与企业目标可以从表面上的背道而驰转向实际的共赢，企业科普是企业谋取经济利益和社会利益的结合点。

（1）在市场经济条件下，企业的发展需要数量充足、质量高、结构合理的科技人才，把当代最先进的科学技术应用到生产实际中，依靠科技增强企业的竞争力。我国有近2亿名企业职工，是一个庞大的科普群体。在市场经济竞争日趋激烈的今天，人才是最宝贵的。企业竞争归根结底是人才的竞争，在企业中普及科学技术知识，把企业的人力资源转化为企业的科技人才和科普人才，是培养企业科普人才必不可少的手段。

（2）提高消费者的科学素质。我国有庞大的消费者群体，企业科普既有宣传的功能，也有教育的功能。企业科普可以开拓市场，吸引更多潜在的消费者，培养广大消费者对科技的兴趣，提高消费者的科学素质，提高企业的经济效益。

（3）促进科技发展，有利于企业科技进步。普及是提高的基础，在科学发展的过程中，发现和发明不是偶然出现的，而是经历了继承、普及和创新的过程。没有继承就不会有创新，没有普及也不会有提高。企业科普在于培养职工对科技的兴趣，提高他们在生产中运用科技的能力，推动企业科技进步。

3. 企业科普相关政策法规

（1）关于企业科普的法制化建设，首先就是《中华人民共和国科学技术普及法》（以下简称《科普法》），这是世界上第一部科普专门法规，推进了我国企业科普法制建设的进程，《科普法》具有统领其他相关科普法律、条例的作用。其中第十九条规定："企业应当结合技术创新和职工技能培训开展科普活动，有条件的可以设立向公众开放的科普场馆和设施。"[①]《科普法》的颁布标志着企业科普步入法制化轨道。

（2）《全民科学素质行动计划纲要（2006－2010－2020年）》于2006年3月20日开始实施，在提高城镇劳动人口科学素质行动中，提出"在企业广泛开展科普宣传等活动，着力加强科学方法、科学思想和科学精神教育，提高职工的科学文化素质。鼓励群众性技术创新和发明活动"。"建立企业事业单位从业人员带薪学习制度，鼓励职工在职学习……在职业培训中，加大有关科学知识的内容。"对企业科普的做法做出了明确规定。

（3）为了充分调动企业科技人员在生产中的积极性，促进企业技术进步，1987年4月30日中国科协和国家经贸委联合颁发了《关于在全国厂矿企业工程技术人员中开展"讲理想、比贡献"竞赛活动的通知》。"讲比活动"由20世纪80年代以"节能、降耗、减排、

① 《中华人民共和国科学技术普及法》，科学普及出版社，2002。

增效"[①] 为重点，到 90 年代以"比专业技能、比创新思路、比合理化建议"为中心，再到 21 世纪以"提高企业素质、增强创新能力"[②]为主题，在实践中不断丰富完善，平均每年有 1 万多家企业、150 多万名科技工作者参与其中，为企业科技进步提出合理化建议，是我国科技工作者推动科技进步、服务经济社会发展的一个创举。

（4）2007 年 8 月 30 日颁布了《中华人民共和国突发事件应对法》，对应急科普的相关方面做了全面明确的规定："县级人民政府及其有关部门、乡级人民政府、街道办事处应当组织开展应急知识的宣传普及活动和必要的应急演练。……企业事业单位应当根据所在地人民政府的要求，结合各自的实际情况，开展有关突发事件应急知识的宣传普及活动和必要的应急演练。"[③] 这是国家对企业参加应急科普做出的明确规定。

（5）科技部、财政部、国家税务总局、海关总署、新闻出版总署《关于印发〈科普税收优惠政策实施办法〉的通知》（国科发政字〔2003〕416 号）第二条规定："科技馆、对公众开放的自然博物馆、天文馆（站、台）、气象台（站）、地震台（站）和设有植物园、标本馆、陈列馆等科普场所的高校和科研机构可以申请科普基地认定。"企业所属且对外开放的科普场馆的认定和享受的科普税收政策也是按照此政策的标准执行的。实施办法认定条件的颁布是为了遴选出政府所支持的科普场馆。认定为科普场馆后，可享受政府的减免税收政策。

（6）《财政部关于 2009 ~ 2011 年鼓励科普事业发展的进口税收

① 林高欣：《企业科协在促进科技人员服务企业中的经验和建议》，《台湾农业探索》2011 年 8 月 15 日。

② 李浩鸣等：《科技型企业科技传播形态与科技信息传播》，《科技传播》2014 年 1 月 23 日。

③ 《中华人民共和国突发事件应对法》，http：//wenku. baidu. com/view/c49abf6227d3240c8447eff2. html。

政策的通知》（财关税〔2009〕22 号）规定："经国务院批准，自 2009 年 1 月 1 日至 2011 年 12 月 31 日，对公众开放的科技馆、自然博物馆、天文馆（站、台）和气象台（站）、地震台（站）……从境外购买自用科普影视作品播映权而进口的拷贝、工作带，免征进口关税，不征进口环节增值税；对上述科普单位以其他形式进口的自用影视作品，免征关税和进口环节增值税。同样也包括企业所属科普场馆及其产品。"

（7）2011 年 7 月，国务院办公厅印发《全民科学素质行动计划纲要实施方案（2011 -2015 年）》，明确提出在实施城镇劳动者科学素质行动中大力开展各种形式的职业培训。在企业开展日常性职工科普教育和"讲理想、比贡献"等活动，组织专家团队深入乡镇企业和国有大型企业开展技术咨询服务等活动。在企业内部刊物、广播、闭路电视、局域网络上开办科普专栏，设立科普橱窗、职工书屋等，充分利用有关实验室、产品陈列室等建设科普宣传阵地。开展专业技术人员的继续教育和职业技能培训等，培养和造就企业实用科普人才。

（8）《中国科协 2014 年推进企业科协组织建设工作实施方案》（科协计函企字〔2014〕25 号）规定，2014 年企业科协组织建设的目标是：科协系统实现新建企业科协组织 6000 家以上；实现全国各类高新区、经开区等园区科协组织覆盖率达 25% 以上，其中国家级高新区、经开区科协组织建设覆盖率达 40% 以上。

（9）中国科协和国资委下发《关于加强国有企业科协组织建设的意见》（科协发计字〔2015〕27 号），认为加强企业科协组织建设是推动企业成为技术创新主体的重要举措，提出在科技人员总数达到 100 人以上、条件成熟的企业，应单独建立科协组织。

4. 人员和组织

科协组织是党和政府联系科技工作者的桥梁和纽带，是科技工作者的群众组织，是国家发展科技事业的重要力量。[①] 科协在企业的组织就是企业科协，企业科协是企业科技工作者的群众组织，是企业领导联系企业科技人员的桥梁和纽带，肩负着促进科技交流和为社会经济发展服务、为提高全民科学素质服务、为科学技术工作者服务（以下简称"三服务"）的工作。企业科协是企业科技工作者之家，其凝聚企业内外的科技人员，把握企业技术创新的难点和重点，进行有行业特点和鲜明组织特色的学术交流和技术创新活动，帮助企业科技工作者准确掌握科技发展和产业技术动态，有利于提高和增强企业的核心竞争力。目前，企业科协组织发展迅速，个人会员数量大幅度增加。2000 年，企业科协数量为 1583 个，到 2014 年底，企业科协数量为 21931 个，增加了 20348 个，15 年间增长了约 13 倍。个人会员数量也从 2000 年的 78 万人增加到 2014 年的 350 万人，增加了 272 万人，增幅达 348%（见表 1）。

表 1　企业科协和个人会员数量

单位：个，万人

年份	企业科协	个人会员
2014	21931	350
2013	21281	347
2012	20968	345
2011	20208	313
2010	17579	297
2009	16039	289
2008	13607	262
2007	13138	247
2006	12149	327

① 聂磊：《新时期企业科协开展科普工作的研究》，《科协论坛》2006 年第 4 期。

续表

年份	企业科协	个人会员
2005	4260	183
2004	5462	173
2003	5895	197
2002	3691	158
2001	3691	158
2000	1583	78

资料来源：《中国科学技术协会统计年鉴》（2001～2015）。

截至2014年底，企业科协21931个，比上年增加650个，个人会员350万人。其中高新技术开发区企业科协组织936个，占企业科协总数的4.30%；技术经济开发区企业科协组织1224个，占企业科协总数的5.60%（见表2）。

表2　高新技术和技术经济开发区科协组织

单位：个

年份	技术经济开发区企业科协组织	高新技术开发区企业科协组织
2014	1224	936
2013	968	718
2012	766	603

资料来源：《中国科学技术协会统计年鉴》（2013～2015）。

5. 场所和设施

企业科普的场所和设施主要有科普宣传栏、画廊、图书室、科技博物馆和媒体。

（1）科普宣传栏和科普画廊。公众可以依托科普宣传栏和科普画廊获得科技发展信息，因此，科普画廊和宣传栏是企业提供科普服务的重要平台，是基层科普工作的重要载体，直接面向受众。通过科普宣传栏和科普画廊的建设，可以有效提高城镇人口的科学文化素质。通过科普宣传栏和科普画廊的社会辐射功能，可加强对未成年人的科学教育，提高未成年人的科学素质。武汉钢铁集团公司2003年以来不断拓展科普领域，以学术交流为重点，把武钢科普宣传区和武钢科普画廊作为稳固的科普阵地，在三处地点设立了科普画廊，每两月一期的科普画廊共出刊99期、1180多个版面。[①] 2006年度全国示范科普画廊中，武钢科协有钢都花园124、128街两处科普画廊入选，一个企业，一次有两处科普画廊入选是件不容易的事。[②] 武钢科普画廊获得湖北省"十一五"期间优秀科普作品奖。[③]

（2）图书室。图书馆是以书为载体，通过开展多种形式的读书活动，向公众弘扬科学精神、传播科学方法、普及科学知识，以提高公众的科学文化素质。企业一般都有供员工学习的图书室，特别是规模以上企业，有专门的专业文献收藏和管理部门的图书馆，既满足职工的阅读要求，也可以丰富职工的业余生活，推动全民读书活动，增长职工的科学文化知识。部分企业除了有实体图书馆，还有数字图书馆。如坐落武汉红钢城十街坊武汉工程职业技术学院的武钢科技图书馆，现有科技、社科人文类图书及中外文期刊等35万余册。自1954年建馆以来，一直坚持"读者至上、服务为本"的办馆宗旨，不断提高服务水平和服务质量。图书馆自1993年开始利用自动化集成系统，通过自建馆藏图书和期刊书目数据库，已实现了计算机检索；并通过实行全开架的借阅方式，实现了读者与图书零距离接触。图书馆还通过编辑《书刊导读》双月刊向读者传递图书馆的服务内容和馆藏信息，并通过开展"你读书我买单"的读者荐购活动，让读者参

---

① 武汉钢铁集团公司科学技术协会内部资料，2014年9月17日。

② 《科技日报》2007年5月31日。

③ 武汉钢铁集团公司科协：《让科技工作者有家的感觉》，《科技日报》2007年5月29日。

与到图书馆的管理工作中，为读者提供一个相互交流的平台，实现图书馆与读者之间文献信息的共建、共知、共享。[①] 随着数字信息技术的发展，武钢与知网合作开办了数字图书馆，读者可以查阅最新的钢铁行业信息。

（3）科技博物馆。科技博物馆是科技文化的载体和传播机构，在科学普及和科学技术教育中占据非常重要的地位。企业办的科技博物馆是企业科普的重要场所，作为非正式科学教育的有益补充。如中国航天科技集团公司拥有的中华航天博物馆和中国空间技术研究院会展中心所属的博物馆、展厅，每年接待参观的人数有 10 万人次。[②] 四川长虹股份有限公司所属的长虹科技馆，占地面积 2200 平方米，展示能源、网络和能源产业的上千件产品。武汉钢铁集团公司所属的武钢博物馆建筑面积约 11000 平方米，展出面积 6000 多平方米，馆内采用高科技设备引导观众参观，共设置了 1 个触摸屏和 22 个液晶显示屏，滚动播出各个时代有关冶金的信息资料。武钢博物馆是中国首家钢铁博物馆，也是集展示、科普教育和接待等多功能于一体的综合性博物馆。[③] 2010 年 11 月，武钢博物馆挂牌为“省级科普教育基地”。武钢博物馆采用了高科技模拟声光电方法的仿真区向参观者介绍钢铁的冶炼过程，这种集声电光于一体的高科技钢铁冶炼仿真区，是目前国内最先进的高科技仿真展示厅。有“矿山采掘”“高炉出铁”“转炉炼钢”“热轧机”“硅钢轧机”等仿真生产工艺的演示，让参观者身临其境地感受钢铁冶炼的魅力和整个过程。观众一踏进展厅，就如同进入昏暗的矿洞中，这是按大冶铁矿矿区 1∶1 的比例仿

---

① http：//172. 16. 5. 55. http：//wenku. baidu. com/view/ab0e2340b307e87101f69630. html.

② 中国航天科技集团公司：《2014 年企业社会责任报告》，http：//www. spacechina. com/n25/n148/n280/c877087/content. html。

③ 《新中国钢铁工业摇篮的武汉钢铁公司之博物馆》，http：//blog. sina. com. cn/s/blog_50cd6eea0101noaj. html。

制而成的。传送车拉的铁矿石伴随着机器轰鸣声从幽暗的矿洞中运出来，几台仿真挖掘机械不停工作，观众站在旁边，可以感受到挖掘机带来的轻微震动。根据武钢博物馆工作人员的介绍，为了达到逼真的效果，负责建设博物馆的工程师亲自到冶炼车间现场观摩考察上百次，才做出如此逼真的效果。[①] 中国航天科技集团公司五院展厅建于2005年，布展面积2000平方米，分为通信卫星系列、气象卫星系列、返回式卫星系列、北斗导航航天工程、卫星应用、月球探测工程等15个区域，通过夹层、展台、展板设计，形成观众参观路线。展厅设备专业、庄重、现代的特点通过实物、模型和图片、文字、音频等多种形式展现出来，体现了时代特点，可满足100人以上参观。[②]

（4）媒体。媒体是企业进行科技传播和普及的重要方式，企业可运用不同类型的媒体达到企业科普的不同传播目的。企业科普的媒体主要有自办媒体、网络、行业媒体、大众媒体。

企业自办媒体是企业主办的刊物，包括期刊、书籍、报纸、内部广播和电视等媒体。如武汉钢铁集团公司主办的每两周一期的《武钢工人报》《起重冶金电机》，每季度编印一期的《武钢科普》；武钢电视台每周播放电视科普片；海尔集团公司主办的《海尔人报》；宝山钢铁集团公司的《宝钢技术》《宝钢培训》《世界钢铁》等刊物。华为技术有限公司主办的*WinWin*杂志定位于专家解读电信业的热点话题，发送到全世界的上百个办事处，发行量高达118000份。[③] 有些科技实力强的企业刊物还被科技部、新闻出版广电总局评为“科技核心期刊”，如中兴通讯股份公司主办的《中兴通讯技术》、中国电子信息产业集团主办的《电子技术应用》都是科技核

---

① 《新中国钢铁工业摇篮的武汉钢铁公司之博物馆》，http：//blog. sina. com. cn/s/blog_50cd6eea0101noaj. html。

② http：//www. spacechina. com/n25/n148/n280/c877087/content. html.

③ http//www. huawei. com.

心期刊。

部分企业网站开通了科技传播的栏目，通过网页的方式向消费者、用户和关注者普及相关行业知识。如中国南方机车车辆工业集团公司的“专题栏目”、中国南方电网有限责任公司的“电力科普”、上海贝尔股份有限公司的“专题栏目”、中国第一汽车集团公司的“用车宝典”、中国石油天然气公司的“石油百科”等。其中，中国南方电网的“电力科普”由“趣味电知识”“电网那些事”“电力科普行”三个板块组成，其形式新颖、互动性强。[①] 中国航天科技集团公司官网开办了网上展馆，有航天五院会展中心的虚拟展厅和中华航天博物馆虚拟展厅，观众从网上就可以看到北斗号航天工程、返回式卫星、探月工程等的图片和视频等。[②]

企业还可使用微博、微信、新闻客户端等新媒体技术进行科普传播。互动在线（北京）科技有限公司一直致力于采用新媒体技术发展网络科普事业，采用 Web2.0 网络技术形成了 HDWiki 平台，建成互动百科平台（www. hudong. com），这是全球最大的中文百科平台。微博又叫微博客，与传统博客相比，以“短、灵、快”为特点，微观改变世界，用 140 字左右的文字更新信息，并实现及时分享，在中国的代表性网站是新浪微博、腾讯微博。微博的使用使科技信息的传播具有便捷性，面对科技信息流的传播，平民和莎士比亚一样，既可以背对脸，也可以一点对多点，创新了交互方式。互动在线（北京）科技有限公司还将移动互联网用于科技传播，利用小百科手机客户端功能模块，形成小百科 APP，这是一款由近万个领域的专业行家编写而成的手机百科全书，内涵生活、娱乐、学习、健康等 15 个分类数千个小百科，读者对哪个话题有兴趣可以参加在线讨论，会有专业行

① http：//www. csg. cn/dlkp/dwnxs/.

② http：//www. spacechina. com/n25/index. html.

家为读者在线解答。[①] 利用流行的社交新媒体，部分企业开通了实名认证的新浪微博，如三一重工通过其官方微博向关注者介绍三一起重机的技术性能，三一重工的粉丝有 5 万名[②]。中国移动通信集团公司实名认证的微博有 954 万名[③]粉丝，粉丝数量名列前茅，有粉丝就有受众，粉丝是企业进行科技传播的新地带。中国航空工业集团公司的网页上有微信、新闻客户端，只要加关注就可以持续了解航空科普知识。

武钢在科普宣传上有武钢科协网站、武钢科普画廊、《武钢科普》宣传册、《科技之窗》电视片、《科技天地》专版、《科协简讯》《科技展板》七大科普宣传平台。载体有平媒、展板、影视、网络等，周期是每日、每月、每季各有侧重，形成了多层次的宣传平台。[④] 发挥了电视、互联网等新媒体的优势，传播科学技术知识，构建了多层次的立体传播平台。

企业利用大众媒体传播科技新闻是企业传播科技信息的重要组成部分，企业通过公共关系的方式争取大众媒体、行业媒体的新闻报道，既可以树立企业的品牌形象，也可以进行科技信息传播。企业科技信息传播的渠道非常丰富，形成了企业科技信息传播的复杂体系。同时，企业科技信息还通过内部隐性知识传播，所谓隐性知识是指深层次、个人拥有的知识，传播起来非常困难，不宜用语言来表达，是个人长期创造和积累的结果，只在员工之间交流。[⑤]

6. 活动和内容

企业科技传播和普及从广义上讲，包括学术交流、科技教育和科

---

① 互动在线（北京）科技公司内部资料，2014 年。

② 2016 年 3 月 5 日的数据。

③ 2016 年 3 月 5 日的数据。

④ 武汉钢铁集团公司科学技术协会内部资料，2014 年 9 月 17 日。

⑤ 张太生：《组织内部隐性知识传播模型研究》，《科研管理》2004 年第 4 期。

技普及三个部分，企业科技传播和普及的内容也围绕这几个方面，企业科普既包括以内部员工为受众的培训，也包括以社会公众为对象开展的与产品销售有关或结合热点话题的技术咨询和服务。企业科普具体活动和内容如下。

（1）“讲比活动”。国有企业科协为了响应中国科协和国家经贸委联合颁发的《关于在全国厂矿企业工程技术人员中开展“讲理想、比贡献”竞赛活动的通知》（以下简称“讲比活动”），在国有企业开展“讲比活动”，其主题和内容随着时代的变化不断变化，展现持久的生命力。1987 年，武汉钢铁集团公司联合其他企业率先向全国 100 多万名企业科协会员发起了“讲比竞赛活动倡议”，拉开了国有企业持续开展“讲比活动”的序幕，这也是最具中国特色的企业科普。

（2）技术创新方法培训班。企业科协对内部职工举办技术创新方法培训班，专业实用技能、操作技巧的培训是非常受企业科技工作者欢迎的培训，也着力体现科技是第一生产力，企业要有一流的科技人才，才能设计出一流的产品。太原重型机械集团公司共举办初高级创新方法培训班 24 期，800 多人接受培训，初步培养了一大批掌握创新方法、熟悉创新工具的技术研发人员，积累了技术创新方法应用推广经验。技术创新方法的应用，解决企业技术难题 109 项，专利申请 18 项，成立了 15 个创新技术方法应用小组，由技术创新带来的价值达 1 亿元，技术创新的经济效益显著。

（3）继续教育培训班。企业科协对内部职工进行非学历教育培训，采取讲座、教育、授课和培训等方式培训职工，是提升职工学历层次、拓展职工知识面的重要渠道。企业期望通过继续教育提高职工的科学文化素质，更好地适应岗位工作的要求，职工能力的提高可以为企业创造更多的产值。企业要有一流的技术工人，才能生产出一流的产品，才能确保供给市场的产品具有技术先进性。企业产品所含的附加值高，市场份额大，企业的经济效益才好。如2014年中国航天科技集团公司投入培训经费2.3亿元，培训职工61万人次。[①] 武汉钢铁集团公司规定科技人员每年脱产学习不得少于12天，每年用于岗位职工教育培训的经费达到5000万元。[②]

（4）组建专家服务团队和设立院士工作站。企业科协根据项目合作需要，按照专业特点牵头组织专家服务团队，开展科学普及、技术攻关等相关合作。中国科协根据企业技术创新需求，把院士专家引入企业进行相关课题研究，着力解决生产工艺中的技术难题，保障企业的市场竞争力和市场占有率，一般是针对大型骨干企业开展一对一的技术服务。同时，为企业引进和培养高精端技术人才；通过院士专家工作站这个平台和资源，招聘高端专业人员为企业服务，并选送企业科技人员到院所学习，深入了解院士专家的工作成果和研究方向，以便向本地区的企业转化技术成果和提升企业高端技术人才的培育能力。

（5）企业承办的学术会议。企业科协承办国内外学术会议和学术服务会议。科学技术发展离不开学术交流，学术交流是企业科协的基本职能之一。企业科协把学术交流作为科技进步、人才培养和为经济社会服务的手段。企业通过举办优秀论文评选活动，加强了企业内部科技人员的交流。

（6）企业开放日。企业开放日也是企业进行科普的有效方式，通过企业科技馆和博物馆向公众开放，进行相关行业的科学知识普及和宣传活动。如索尼探梦科技馆推出的“科学实验广场”系列科普互动活动；每年的5月12日是东方电器集团的公众开放日，参观者可以了解电器相关科学知识，了解我国工业的发展状况，亲身感受产

① 中国航天科技集团公司：《2014年企业社会责任报告》。

② 武汉钢铁集团公司科学技术协会内部资料，2014年9月17日。

品的制造过程；武汉钢铁集团公司开办的科普一日游活动，对游客开放。企业科普有走向科普产业化的趋势。

（7）企业参与科技周、科技节、科普日等科普宣传活动。企业通过承办或者合办的科技周、科普日和科技节活动进行科普，如2014 年 7 月中国航天科技集团公司在中国科技馆举办的为期一周的北斗导航、3D 打印、深空探测、载人深潜科学展活动深受好评。“武钢科技周”和“武钢科普日”已经连续举办了 20 届，成为武钢的一大科普品牌。“武钢科技周”期间，两院院士等知名专家学者的报告和讲座也扩大了科技周的影响力。2014 年，武钢与中国冶金学会联合开展了冶金科技周活动；与武汉市科协联合开展武汉市科普日活动。

（8）由企业冠名资助的大型科普活动和借助媒体的企业科普宣传活动。如中国移动《绿色奥运中学生环境教育读本》进校园活动，向北京、上海等五个奥运赛区城市的中学生免费发放读本；中国石化长城润滑油有限公司通过整合媒体，立体传播文明行车的畅行理念，产生了巨大的影响力。企业与当地学校的共建活动：企业利用自身科技优势与学校开展共建活动，培养学生对某一学科和技术的热爱。如中国航天科技集团公司与驻地学校共建的航校、业余航模小组、青少年航模兴趣小组。

（9）企业科技咨询工作和对外举办的科普讲座。企业开展有偿或者无偿的科技咨询工作，各级科协组织都有对应的科技咨询中心，联系和指导企业的科技服务工作。为产品服务的技术传播方式，也能够有效地传播企业产品和服务中的科技信息。企业对公众举办各种类型的科普讲座，如 2014 年 11 月 11 日，中国航天科技集团公司在珠海航展开幕式当天举办“航天科普大讲座”和“蓝沙发系列访谈”，由神舟十号载人飞船的乘组成员、中国首位太空教师王亚平为 3000 多名学生上了一堂生动的航天科普课。

（10）通过行业标准制定、承担国家科技课题等方式开展科普。

这是最具有企业特色的科普活动。标准是行业的法典，也是科技竞争的重要手段，关系企业的生存和发展。提高标准的水平才能提高国家的综合实力。标准一般由政府相关部门制定，如果企业积极参与制定行业标准，就有了“行业话语权”。有资格制定标准的企业一定是在业内享有较高声誉，某项先进技术得到市场充分认可的企业。哪个企业掌握了标准的制定权，哪个企业的技术成为标准，那么这个企业就掌握了市场竞争的主动权，这就是“得标准者得市场”。企业通过承担国家科技课题，可推进对先进技术的掌握，加速核心技术在行业中的普及。

（11）企业通过广告、产品说明书的方式传播科技信息，也是企业科普的范围。如联想集团的笔记本电脑说明书对电脑的故障和基本使用方法进行介绍；医药企业的广告用语更是奇思妙想，如“当你打第一个喷嚏时，请用康泰克”“雷洛考特，鼻炎治疗的首选药物”，这些都是通过企业广告用语传递科技信息。

7. 受众和效果

企业科协虽然作为企业的一个技术行政部门，但不完全等同于行政部门。部分企业有专职的科协人员，部分企业有兼职的科协工作人员。企业科协工作有其自身的特点：第一，科协工作服务于企业中心工作。企业科协要体现围绕企业中心工作服务的宗旨。不同的时间企业存在不同的中心工作，中心工作完成情况直接体现了企业的市场应变能力和发展后劲。企业科协的工作紧紧围绕企业的中心工作服务，与企业同舟共济，从而提高科协组织在企业的地位。第二，灵活的工作方式。作为企业的科技社团，可以利用面向企业全体科技人员服务的管理渠道，调动不同岗位、不同部门的会员为科协组织工作。第三，随机性、非计划性更强。企业技术行政部门有相应的责、权、利，突出计划性；而企业科协与科技人员之间是一种相对松散的组织关系，没有直接的会员制度。企业科协的工作以充分挖掘科技人员的聪明才智为目的，科技创新出现有时就在于灵光一闪，企业科协工作具有随机性、非计划性的特点。

表3　企业科普工作的效果

年份	开展“讲比活动”企业数（家）	参加“讲比活动”的科技工作者人数（万人次）	“讲比活动”中被采纳的合理化建议（条）	专家工作站（个）	经济技术开发区企业科协（个）	高新技术开发区企业科协（个）	专家进站的人数（人次）	企业科技工作者参加学术交流活动（万人次）
2014	31721	213	278273	4200	662	307	29080	95
2013	28030	176	224973	3323	570	203	26611	85
2012	29210	187	257899	2502	452	140	27081	86
2011	26965	204	188154					
2010	23772	195	203679					
2009	19099	146	182523					
2008	12839	118	168836					

资料来源：《中国科学技术协会统计年鉴》（2009～2015）。

如表3所示，2008～2014年的7年间，各种科普活动的数量都有增加。中国科协在国有企业科技人员中开展“讲理想、比贡献”活动，第一，在企业科协的实施过程中明确“讲理想、比贡献”就是“讲爱岗敬业理想，比科技创新贡献”，这样更加符合企业和科技人员的需求。第二，“讲比活动”在企业实际应用中都有量化的考核指标。如某大型国有企业在“讲比活动”中要求每年每位科技人员参加1个科技创新项目；有10个以上项目获得省市级奖励活动；每年完成科技创新项目100个以上；参赛的科技人员1000人以上；人均科技人员创造效益万元以上，即一、十、百、千、万的考核指标。[①] 第三，“讲比活动”中科技创新的内容与企业的核心技术紧密

① 王泽军：《“讲、比”活动在中国重汽的创新与实践》，中国科协2004年学术年会论文集。

联系，把实施技术创新的项目与知识产权和核心技术的保护、专利技术的申报结合起来。第四，“讲比活动”有统一的领导和管理组织，从而防止“讲比活动”仅仅流于形式。第五，企业广泛利用媒体传播，营造“讲比活动”的氛围。“讲比活动”是企业科协紧紧围绕企业中心任务开展工作的有效载体，企业通过“讲比活动”获得了巨大的利益，同时企业科技人员不断成长，“讲比活动”效果显著，促进了企业科技创新，增强了企业的核心竞争力。由于“讲比活动”带来的正效应，受到企业管理者、科技人员的认同、肯定和欢迎，参加“讲比活动”的企业数由 2008 年的 12839 家增加到 2014 年的 31721 家，7 年间增加了 18882 家企业，增幅达 147%；参加“讲比活动”的科技人员由 2008 年的 118 万人次增加到 2014 年的 213 万人次，增幅为 80%；“讲比活动”中被采纳的合理化建议由 2008 年的 168836 条增加到 2014 年的 278273 条，增幅为 65%。第六，“讲比活动”的方式不断创新，如广东省在院士工作站的基础上成立了“广东技术创新联盟”，联盟成员单位开展共性技术攻关，对广东经济发展方式的转变具有重要意义，对传统产业的升级起到了巨大的推动作用。①

作为“讲比活动”的发起者，25 年来，武汉钢铁集体公司积极探索“讲比活动”的内容和机制，活动内容不断丰富，工作层次不断提高，连续 12 年被中国科协授予全国“讲比活动”先进集体，并作为唯一的企业被中国科协授予“全国科协先进集体”。

企业科协把科技人才培训与企业自身工作紧密结合。企业科协通过组织学术交流等形式为科技人员提供发展空间，参加学术交流活动的企业科技工作者从 2012 年的 86 万人次增长到 2014 年的 95 万人

---

① 李役青、周小云：《推动企业自主创新，依托“讲比”活动平台》，《科协论坛》2012 年第 1 期。

次，增幅达10.5%。同时，企业发表的学术论文数量稳步上升，企业发表的论文数量如表4所示。

表4 企业论文发表数量

单位：篇

年度	企业论文发表数量	年度	企业论文发表数量
2007	14785	2010	19925
2008	15898	2011	21164
2009	18324	2012	22434

资料来源：根据中国科学技术信息研究所发布的中国科技论文统计结果（2008～2013）计算。

专家工作站、经济技术开发区企业科协、高新技术开发区企业科协、专家进站的人数都有不同程度的增加，特别是专家进站的人数从2012年的27081人次增加到2014年的29080人次，增幅为7.40%。

自从2007年国资委发布《关于中央企业履行社会责任的指导意见》，要求中央企业每年发布企业的社会责任报告，并纳入公司治理中，企业科普也被纳入企业的社会责任报告中。

此外，企业积极参与科普活动，在科普活动周（日）的活动中，企业资助的科普活动经费每年超过千万元，但是地区之间、行业之间企业资助的科普经费差别较大。

二 企业科普存在的问题

随着市场经济的发展，企业整体发展较快，但是企业科普工作还远远满足不了企业技术创新和知识创新的要求，还是企业科技创新的薄弱环节，通过企业途径向大众（消费者）传播和普及的科技知识还很有限，企业科普滞后于企业发展和经济发展，其表现在以下几个方面。

1. 企业科普体制机制有待进一步完善

企业科普发展机制就是企业科普在发展过程中各个要素的构造、功能、相互关系，各个要素的相互促进、相互制约的方式以及协调完成目标的运行方式和保障系统。在理想状态下，良好的科普发展机制可以使科普系统自我调节，即当社会经济条件变化时，科普系统能够自动调节策略和措施，实现科普发展目标。

2002 年，国家颁布了《科普法》，填补了我国科普发展的法律空白，但是此法并没有列明执行主体和监督机构，在执行中缺乏力度。国家缺乏企业科普的扶持办法和管理政策，缺乏具有可操作性和执行力的保障企业科普创新的政策和法规体系。科技博物馆的界定非常严格，某些民营企业科技馆缺乏标准和规范。

企业科普资金和物力的约束。企业科普的投入和动员机制不成熟，还未形成良好的企业科普投入机制和方式。出于体制和政策等原因，有钱的国有企业不敢投，没钱的企业不能投。

科普工作水平的约束。企业科普几十年不变的传统工作方式是企业科普创新的内部约束。

2. 企业科普组织建设需进一步加强

民营科协组织发展受限。企业科协是企业面向社会的窗口，企业管理者关心的技术信息、人才引进、资金支持、服务信息和产能不高的原因等，企业科协涉及不多，这也是企业科协在企业内部地位不高的主要原因。企业科协疲软，定位不明确。企业科协的主要工作是在企业内部开展“讲比活动”、科普、“建家”（建设科技工作者之家)、论文评选等工作。这些也取得了不错的成绩，但是仅有这些活动是远远不够的。企业科协作为群团组织，其社会形象并不鲜明，作为基层科协组织定位不清。在市场经济的条件下，企业科协的组织建设和外部的科普工作亟待加强，需要实现从内容到形式的转型。

3. 设施建设与经费保障有待加强

企业科普经费短缺。科普经费来源受限，一方面由于企业发展不景气不愿投入；另一方面受限于体制、政策和法律，有钱想投而不能投资。科普基地的内容陈旧，基础设施得不到更新，企业没有专项科普经费，如科协章程没有规定活动经费的投入比例，而同类的共青团和工会章程都规定了活动经费的比例。国有企业科普活动经费的投入必须有章可循，符合财务制度的规定，其科普经费主要来源于企业科协咨询费用和企业对科协活动的支持费用。

4. 企业科普人才严重匮乏

企业科普人才匮乏是制约企业科普工作开展的关键因素。企业科普人才是企业科普的重要力量。对河北省 50 家企业的调查显示，只有 12 家企业有专职科普人员，余下都是兼职的。[①] 不少企业一无科普人才的培养规划和培训计划，二无专业科普师资，三无培训的场地，四无培训的院校和机构。结果导致企业科普人才匮乏，数量不足，质量不高，制约企业科普的发展与创新。

5. 企业科普活动开展的质量需进一步提升

企业科普观念陈旧。为数不少的企业科普工作还停留在建板报、做画廊的阶段，新媒体的应用少。大多数企业从生产经营的角度开展外部科普活动，如产品推介和企业形象树立，模糊了企业科普公益性和社会责任的概念。还有企业打着科普公益的旗号，夸大宣传，兜售假冒伪劣产品，欺骗、误导消费者，大肆做违反经营理念和社会文化道德的事情。

6. 企业科普对公众的影响力不强

企业科普活动由于经费、人员、场地和内容的限制未能如期举办

---

① 王建楼、赵红昌：《河北省企业科协科普基础设施建设调查研究》，《中国科普理论与实践探索》，中国科普出版社，2013，第 341 ~ 348 页。

或者举办后未达到预期的效果。有些企业的科技馆地域偏远，宣传工作不到位，参观者寥寥无几。科普产品单一，质量低、价格高，没有吸引力，公众不喜欢。不同企业的科普信息化程度不一，或在信息化过程中存在阻碍，或在科技信息资源的共享方面存在障碍。截至2014年12月，我国的网民规模达到6.49亿，新增网民3117万人，互联网的普及率为47.90%，较2013年提高了2.1个百分点。[①] 互联网已经从深度和广度两个方面影响大众的生活，与传统的科普相比，企业科普利用网络开创了科技传播的新模式。但是网络科普的知名度和可信度方面不及传统科普，并且网络科普存在趣味性不足，原创性不多，转载多；“科学腔”过重，过于强调科普教育功能，对受众的服务意识不强；对深奥的科学知识，只有数字公式，受众接受困难等现象。科普网站在一定程度上实现了对稳定受众在态度和行为层面的传播效果，但稳定受众对当前我国科普网站建设的满意度不高。[②]

三 对策和建议

在市场经济条件下，企业面向员工和社会的科普活动是一项长期的工作，企业科普的进一步发展有赖于突破企业科普创新的约束机制。

1. 加强企业科协组织建设，保障企业科普的运行机制

（1）健全组织，积极发展会员，特别是非国有企业个人会员。近15年来，科协组织和个人会员的数量迅速增加，但是其中绝大部分在国有企业，非国有企业的科协组织和个人会员数量增长较慢。发展规模以上非国有企业的科协组织和增加个人会员是未来科协组织建

① 中国互联网信息中心（CNNIC）：《第35次中国互联网络发展状况统计报告》，2015。

② 罗佳：《我国科普网站传播效果研究》，电子科技大学硕士学位论文，2013。

设的重要任务。哪里有科技人员，科协的工作就延伸到哪里。做好企业科协组织建设，也就做好了企业科普的组织保障工作。只有建立了科协组织，才谈得上开展工作，开展科普活动。

（2）明确职能，为企业技术进步和科技创新服务。中国科协关于加强企业科协工作的意见中提出“围绕科协发展，搭建服务平台，建立长效机制，推动资源共享，提升服务能力，务求工作实效”的36字方针，这也是企业科协组织建设的指导方针。加强企业科协组织建设，积极发展会员，通过会员的带动，充分发挥企业科协联系企业科技工作者的桥梁纽带作用，着重解决企业在科学技术创新过程中出现的重点和难点问题，为企业技术进步服务，为企业科技创新服务。加强企业科协组织建设，为企业技术和学术搭建交流平台，促进企业科技成果转化为生产力，提高企业在市场竞争中的生存和发展能力。有为才能有位，有了位置才拥有话语权，才能更好地发挥企业科协的作用。

（3）为企业科协合理定位，促进企业科协工作方式的有效转变，增强企业科协组织的凝聚力和吸引力。企业科协是企业科技工作者之家，是企业科技工作者的群众组织。科技会团不同于单纯的行政部门，不要搞强迫命令，不要劳民伤财，不要做表面文章，不要搞花架子。采取和会员座谈、开会、调查等方式，及时了解会员的想法和需求，把握企业科协员的最新动向，向有关部门反映企业会员的建议和意见，解决科技人员工作和生活中的实际困难，帮助会员维护好合法权益。通过企业科协自身的有效工作，把企业一线科技人员团结和凝聚起来，发挥他们的主观能动性。

（4）认识到位，理顺不同企业科协的隶属关系。我国企业由于规模和所有制不同，从地方到中央的各个层面都和企业有一点关系。在现实中，都想管而都不管的事例比比皆是，应在建立企业科协之初就理顺企业科协的隶属关系，按照谁隶属谁负责建立和管理的方式，明确一个上级科协负责指导、管理和跟踪所属企业科协的工作。实际工作中隶属关系主要有区域隶属、地方隶属、系统隶属和属地管理。

2. 推进网络化工作模式，建立科技资源共享机制

（1）企业科协虽然无权、无钱，但是有网络的优势。省级科协组织可以利用科协网络的桥梁作用，将省内企业科协串通起来，互通有无，省科协和相关部门应把所在省的高校、国企和研究所串起来，建立技术创新方法普及和应用的开发网络平台，打破行业壁垒，提供销售信息、技术服务，把分散的科技力量凝聚起来，形成省内的系统科技能力。

（2）以行业龙头为首，建立行业企业技术创新方法普及和应用平台网络，以大企业带动中小企业，促进科普人才培训师资、资源和技术创新方法的普及和应用。推动行业内科技资源和信息共享，在省内、行业内建立科普网络化工作模式，实现科技信息和资源互联互通。

（3）企业科普的发展需要拓展社会各界的力量。除了依靠政府和科协组织的支持外，还要借助社会组织机构的力量如医院、学校、社区、志愿者团队、媒体等，构成社会网络力量，只有全社会的支持和全民的参与，才能最大限度地推动企业科普的良性发展。

（4）促进新媒体的科技传播。互联网的到来改变了大多数人的生活，互联网已经成为大众获取科技信息的主要方式之一。企业网络科普和数字科普已经成为普遍的科普形式，企业应积极广泛地利用新媒体如微博、微信、QQ、手机客户端等网络工具传播科技信息。但是网络科普的知名度和可信度还不如传统科普，网络科普应该和传统科普结合起来，互联互通，共同开发线下科普活动。企业进行的科普工业游可以结合企业的发展建设、科普知识、旅游等，在旅游过程中提高大众的科学素质。对科普网站的受众进行定位，展现其独特的风格和特色，实现有效传播。同时，加强企业网络科普的服务功能，吸

引更多的受众关注。

3. 加大企业科普的投入，健全企业科普的激励机制

（1）拓宽企业科普经费的来源，实现企业科普经费来源的多元化。修改中国科协章程，把科普活动经费的投入比例（如企业销售收入的1%～4%）明确写入中国科协章程，为国有企业科普经费的投入提供依据，为企业科普工作和经费投入提供制度保障。

（2）在企业科普的投入方面遵循“谁贡献，谁受益”的基本原则，形成一个投入、贡献与受益相平衡的机制，平衡各方的利益关系。同时，引导和鼓励社会资本参与企业科普活动和企业科普资源的开发。

（3）加速企业科普人才的培训和培养，促进企业科普工作更好地为企业技术创新服务，培养一批高质量的企业科普人才队伍是提高企业科普工作的关键所在。面对企业科普人才匮乏的现实，可以挖掘企业中愿意为科普事业做出贡献的优秀人才，把他们吸收到科普队伍中来，通过适当的培训，转变成科普人才，承担适当的企业科普任务。在科普人才培养方面，2012 年中国科协和教育部在 6 所高校开展联合培养高层次科普专门人才活动，就高层次科普人才培养进行了有益的探索。

4. 建设企业科普工作的约束机制

（1）完善法律和法规，法律法规是基础，可以保障政策的实施，起着根本性作用，而目前企业科普方面的法律法规仍然薄弱。应对企业在广告市场中打着科学和科普旗号进行虚假宣传，欺骗消费者的行为和欺诈性广告进行治理和清除。

（2）《科普法》规定对科普事业实行税收优惠，企业在科普公益活动方面享受专项资金的扶持、国家的免税制度和税收优惠政策。国家应该尽快出台相关政策，制定和完善与企业科普有关的法律法规，支持和重视企业特别是中小企业的科普创新公益活动。

5. 利用市场机制发展企业科普

科普是社会公益事业，企业是追求盈利的，企业科普是追求社会效益的公益事业与追求经济效益的经营性科普产业的结合点，科普公益事业并不排斥市场经济，科普事业的可持续发展需要引入市场机制和手段；企业经营也非完全唯利是图，在企业发展到一定阶段后，企业成为社会公民，也同样追求社会效益，只有实现了社会效益最大化才能实现企业经济效益的最大化。在市场经济条件下，建立企业科普与企业发展相互促进、互利互惠的机制也是企业科普的创新机制。近年来，运用市场机制发展科普产业得到国家鼓励，形成的共识是公益性科普事业和经营性科普产业共同发展。

6. 建立企业科普的评价反馈机制

企业科普创新是在企业科普结果评价基础上的创新，建立企业科普创新的评价反馈机制，才能实现企业科普的目标创新、组织创新、制度创新和体系创新，从而衡量企业科普在企业技术创新中的作用。现有的科普评价对企业科普创新的关注不够，缺乏企业科普创新的评价反馈机制。

专题篇

Special Reports

B.5

社区科普场所资源配置标准研究

陈玲　张锋　李红林　高健*

摘　要：　本文对我国社区科普场所资源配置基本情况及存在的问题进行了梳理，提出社区科普场所资源优化配置的对策建议，包括出台社区科普场所资源配置指导性方案；建立多渠道、多层次的科普资源共建共享模式；利用权威信息渠道，加强内容建设；推动社区科普工作融入社区整体建设；完善相关机制，为社区科普场所资源建设提供政策支撑等。研究提出社区科普场所

* 陈玲，中国科普研究所研究员，理论室主任，主要研究方向为科普发展战略、科普理论等；张锋，中国科普研究所副研究员，研究方向为科学传播普及战略规划、农村科学传播与普及等理论与实践研究，公民科学素质监测、科技评估等理论与实践研究；李红林，中国科普研究所副研究员，研究方向为应急科普、科普理论、科普期刊评价等；高健，中国科普研究所博士后，研究方向为国外科学传播理论与实践研究、基层科普理论与案例研究、凝聚态物理－纳米复合功能材料、储氢材料等。

资源配置指导性方案。

关键词: 社区科普 科普场所 资源配置

2012 年 4 月，中国科协和财政部联合实施了“社区科普益民计划”，该计划每年评比表彰 500 个全国科普示范社区。截至 2014 年，全国科普示范社区已达 1500 个。社区科普场所是社区科普的重要阵地。如何配置社区科普资源，把有限的经费利用好，更有效地为提高社区居民科学素质服务是示范社区科普工作者反映的迫切需要解决的问题。2014 ~2015 年，中国科普研究所联合中国科协科普部、中国科协科普活动中心、北京科普发展中心对部分全国科普示范社区进行了调研。本文对社区科普场所资源配置标准进行了专题分析。

一 我国社区科普场所资源配置基本情况

《2014 年全国科普统计》显示，2013 年我国共有城市社区科普（技）活动专用室 8.39 万个。省、市（地）、县均建设了城市社区科普（技）活动专用室，其中县一级建设的占 78.43%；从部门来看，科协系统建设的活动室数量最多，共计 34203 个，占全国总数的 40.77%。

（一）社区科普场所面积较大，资源配置数量近年呈下降趋势

2012 ~2014 年，全国科普示范社区申报科普场所资源配置的 2000 多个社区基本资料显示，面积在 100 ~200 平方米的科普场所最多，约占总数的 24%；其次是 0 ~100 平方米的科普场所，约占

16%；第三位是200~300平方米的科普场所，略低于16%；第四位是面积在300~400平方米的科普场所，约占10%。资料还显示，2012年以来，科普场所配置的图书、光盘、科普展板、科普展品、设备等资源，总体上呈下降趋势（见表1）。

表1 2012~2014年全国科普示范社区申报社区资源配置情况

年份	科普场所室内面积(平方米)	科普图书(册)	科普光盘(张)	科普展板(块)	科普展品(件)	科普设备数量(个)
2012	506	4786	194	62	115	60
2013	499	4326	183	56	85	24
2014	512	4198	146	45	80	17

（二）社区科普经费主要用于社区科普场所建设和资源配置

根据中国科协科普部、中国科普研究所和中国科协科普活动中心《2012年“社区科普益民计划”实施情况调查报告》，全国科普示范社区奖补资金支出的50%~80%用于社区科普场所建设和科普资源配置，主要用于购置电视机、电脑、投影仪、相机等科普宣传设备，建设科普画廊，购买科普图书等。在2015年中国科协科普部举办的社区科普工作者培训班座谈会上，多个省科协的社区科普工作管理者和中国科协社区项目管理部门反映，一些获得奖补资金的社区对这笔经费的使用方向不明确。社区科普场所如何配置既能受老百姓欢迎又能提高科学素质的科普资源，需要规范和指导。

（三）社区科普场所资源配置不平衡、差异大

社区科普场所科普资源配置质量和数量差异较大。调查的北京28个社区，平均配置科普图书3471册，但也有超过20%的社区科普

图书不足1000册；平均配置科普光盘157.6张，但超过四成的社区不足40张；平均配置科普展板31块，最多的达100块，而最少的仅为2块；平均配置科普展品46.1件，最多的达236件，最少的仅为1件；科普设备数量最多的为28个，最少的仅有1个。配置较多的有“科普视窗”“LED显示屏”等。

社区科普场所资源配置的不平衡，究其原因，一是地区间、城乡间经济社会发展水平的差距，使不同地区科普事业的发展水平差别较大，从而影响了社区科普资源的投入情况；二是不同地区对社区科普的重视程度不同，从而在社区科普资源的划分和配置上有所差异；三是不同社区的规模、条件、发展程度不同，科普人才的配备不同，在科普场所资源配置上呈现不同的分配特点。

（四）一些地区对社区科普场所资源配置提出明确要求

《浙江省基层科普行动计划实施方案（试行）》提出科普示范社区申报条件为，“社区科普活动站，配有一定数量的科普器材，科普读物（图书）1000册以上；建有一座10米以上的标准科普画廊，人均科普经费5元以上”。苏州社区科普惠民服务站拟2015年实现全覆盖，并规定“服务站面积原则上不少于100平方米，科普图书数量1000册以上，科普影视片300部以上，科普宣传员及志愿者队伍20人以上，每年活动时间1000小时以上，参与活动的居民不少于辖区内居民数的20%”。[①] 2012年，宁波市质监部门发布《宁波市江东区社区科普服务规范》（DB330204）。2014年，杭州市质监部门发布《杭州市上城区社区科普服务规范》（DB330102）。区域标准和规范的出台在很大程度上促进了社区科普的发展。

---

① 纪顺俊：《浅谈实施社区科普益民计划苏州模式》，《科协论坛》2012年第9期。

二　社区科普场所资源配置存在的问题

（一）不能有效满足居民需求

2015 年全国社区科普培训会上，对社区科普管理者的问卷调查数据显示，“当前社区在科普工作中最迫切需要解决的问题”中，首先是“加强政策、经费及硬件条件方面的保障和支撑，形成各层面对科普工作的重视和长期稳定的支持”；其次是“社区科普工作的规范化建设，形成一些资源建设标准和管理规范，加强指导，形成示范”；再次是“强化社区科普工作特色，结合社区特点，开展更能满足公众需求的活动”。调研过程中，江苏省科协和北京市科协的同志都表示，“经费、场地等都不是问题，就是有了钱和场地以后该怎么做，配置什么东西老百姓喜欢，看了、听了、用了以后还能提高科学文化素质?”；安徽省合肥市瑶海区明光路街道社区科普场馆负责人介绍，2012 年该馆建成后大半年时间都在考虑配置什么，为此做了社区居民调查，召开了科普产品设计公司和社区居民共同参加的座谈会，初步解决了这个难题。

（二）配置的科普资源不能长期吸引老百姓

社区调研访谈中了解到，“建起来的社区科普场所开始很受欢迎，来的人也很多，但老百姓来看过几次后就不感兴趣了，一年半载后来的人就很少了”，安徽省合肥市蜀山区奥林社区作为合肥市第一个“科普之家”对此很有感触。这种现象在调研的北京、南京、四川的社区也同样存在。问卷调查显示，“加强对社区科普基础设施建设及管理的规范化指导，加强对现有设施的整合利用、有效利用”，“加强对内容的更新和维护”，“兴建更多面向公众需求的信息化科普基础设施”是社区科普工作者和管理者对社区科普基础设施的迫切需求。

（三）科普信息资源的权威性缺乏保障

问卷调查中，在信息化建设方面，“加强社区信息化平台建设及开放共享”，“建立信息推送制度，保障权威科普信息实施长期推送”，“加强社区科普工作人员的信息化服务能力建设”是社区科普工作者和管理者表达的迫切需求。合肥市蜀山区奥林花园社区工作人员说，“新媒体是老百姓喜欢且比较便捷的科普方式，在利用新媒体科普的过程中，内容的权威性、科学性是困扰我们的最大问题。”在安徽、四川等中西部地区的调研中，多数社区科普工作人员都表示有同感。

（四）科普资源难以长期有效运营

社区科普场所管理、维护、运营费用较高，人员、水电、展品维修和信息更新等费用都是制约社区科普场所，尤其是中西部社区科普场所可持续发展的重要因素。所调研社区中，一些科普场所为节约成本，通过预约每周集中开放 1 ~ 2 天。如何管好、用好配置的科普资源是社区科普工作面临的难题。“加强对现有科普资源的保存、整合与有效利用”，“增加更多信息化科普资源”和“建立并实施区域内科普资源开放共享制度”是调查中社区科普工作者和管理者对社区科普资源建设的建议。

三　推动社区科普场所资源优化配置的对策建议

（一）出台社区科普场所资源配置指导性方案

基于调查和研究，出台社区科普场所资源配置指导性方案。指导性方案需充分考虑群众需求和社区资源特点。一要重视社区居民科普资源需求调研工作，充分关注社区科普重点人群如老人、孩子、进城务工人员等的特点，根据百姓需求设计社区科普场所、配置资源。二要在一定区域内打造社区特色，防止千人一面，形成区域内社区科普资源互补的集成优势。三要充分考虑不同地区社区条件的差异，科普资源配置要根据实际情况实现分级目标、分级评价。

由于全国各地影响社区科普场所建设和运营的因素差异大，《社区科普场所资源配置指导性方案（讨论稿）》（见附件）采取功能导向、模块配置、便于移动、菜单式选取的原则，主要体现框架和思路。在此基础上，进一步调研相关企业，并根据科学教育原理，细化资源组合，草拟《社区科普场所资源配置指南》。

（二）建立多渠道、多层次的科普资源共建共享模式

通过政府购买服务，吸引企业和创新创业人才参与社区科普场馆资源开发、设计。利用学（协）会、高校科协、企业科协等共建社区科普资源。建设国家级、省级、地市级、区县级科普资源库，建立社区科普资源共享机制，建立社区科普资源配置的交流机制，健全完善资源网络体系。

（三）利用权威信息渠道，加强内容建设，扩大辐射效果

利用中国科协大力建设的科普信息化平台，为社区提供权威科普资源。鼓励各地建设特色科普资源库，建立一套行之有效的遴选和准入机制，使之纳入国家平台，实现全国范围内的资源共享和优势互补。中国科协每年推荐一批优质科普信息渠道和科普资源库，供各地参考。

（四）推动社区科普工作融入社区整体建设

如苏州市推动社区科普纳入社区总体规划。《关于推进现代公共文

化服务体系建设的实施意见》（苏府办〔2015〕94号）中提出“到2020年，苏州100%的村、社区要建有集基层宣传文化、党员教育、科学普及、体育健身于一体的综合性文化服务中心”。将科普工作纳入社区整体工作，有利于整合各部门资源，促使工作开展得到多方支持。

（五）完善相关机制，为社区科普场所资源优化配置提供政策支撑

加强国家、省、市、区多层面的社区科普场所资源配置规划，统筹协调；完善投入机制，多渠道筹措资金；制定地方标准，实施规范化管理；引入市场机制，推进科普社会化；完善评优机制，加强交流与示范，为社区科普场所资源优化配置提供良好的政策环境和社会氛围。

附件　社区科普场所资源配置指导性方案（建议稿）

为更好发挥社区科普场所作用，为科普资源配置和开发提供参考，根据功能导向、模块配置、菜单式选取的原则，设计社区科普场馆资源配置指导性方案。

基础模块为社区科普场所必须配置的科普资源。标准化模块为选择配置科普资源。优化模块可根据社区特点，利用企业和其他社会资源，流动展出，共建共享。

建议100平方米以下的科普场所，配置基础模块；100平方米至200平方米的场所，建议配置基础模块+至少2个标准模块+至少1个优化模块；200平方米以上场所建议配置基础模块+3个以上标准模块+2个以上优化模块。

科普服务平台

功能：信息获取、互动。购置经费：约2万元/模块。基础模块每年需要更新费用。

模块 1：触控立式大屏 + 内容服务。【标准化模块】

模块 2：互动投影系统 + 内容服务。【标准化模块】

模块 3：触控台式一体机 + 内容服务。【标准化模块】

模块 4：社区科普资源库平台。整合资源，体现区域特色和群众需求，突出互动特点的网站内容和 APP 内容建设。【基础模块】

模块 5：科普资源实物包 + 展架。如科普挂图、科普折页、科普读书、科普展品等。【基础模块】

科普体验平台

功能：通过科普展教设备操作，了解科学原理、科学知识、科技发展。购置经费：约 2 万元/模块。

模块 1：健康科普相关展教及测试设备。【标准化模块】

模块 2：安全科普相关展教设备。【标准化模块】

模块 3：科学原理展教设备。【基础模块】

模块 4：科技前沿展教设备。【优化模块】

模块 5：社区特色展教设备。【优化模块】

科普阅读平台

功能：了解科学知识、科学方法，培养科学思维、科学兴趣和阅读兴趣。购置经费：约 1 万元/模块。

模块 1：青少年科学书籍。【基础模块】

模块 2：健康、教育、科普、创新创业类书籍。【基础模块】

科学教育及创新创业服务平台

功能：通过活动、讲座等为青少年提供科学教育服务，为中青年提供创新创业服务。购置经费：约 1 万元/模块。

模块 1：科学教育小实验资源包。【优化模块】

模块 2：创新创业相关资料及信息资源包。【优化模块】

支撑维护平台

功能：维护社区科普场所日常运转，适时更新。经费：1 万元/

模块/年。

模块1：科普活动培训资源包。制作社区科普活动开展所需的科普资源、活动方案、演示案例、培训教程。【基础模块】

模块2：科普体验平台维护。【优化模块】

模块3：科普阅读平台更新。【优化模块】

模块4：科学教育及创新创业服务平台维护更新。【优化模块】

B.6
社区科普场馆建设运营现状分析及发展建议

社区科普场馆建设运营研究课题组*

摘　要：　社区科普场馆，是社区科普宣传的重要载体和阵地。从各地调查情况来看，社区科普场馆无论是从数量、质量、规模，还是从建设与管理水平等方面，与公众实际科普需求都存在差距。社区科普场馆不同程度地存在着低水平规划建设、低效率管理、资源配置不合理、公众参与度不高等问题，影响了社区科普场馆展示教育功能的有效发挥。在此基础上，本文对城镇社区科普场馆的发展提出系列对策建议。

关键词：　社区科普　科普场馆　科普宣传

社区科普是城镇化背景下社区居民服务的重要内容，是城镇化发展的必然要求。社区科普通过制订计划，整合资源，广泛开展科普活动，与社区其他社会服务结合，实现优势互补，满足公众科普需求，促进社区居民科学素质提高，促进社区和谐发展。加强社区科普工

---

* 课题指导单位：浙江省科学技术协会；课题承担单位：杭州市西湖区科学技术协会、浙江工商大学、浙江天煌科技有限公司；课题组成员：孔村光、季良纲、向荣、潘湘虹、宋进潮、陈成进。

作，对促进人的素质提升、增强城市创新创造活力、丰富居民精神文化生活具有重要的现实意义。社区科普场馆，是社区科普宣传的重要载体和阵地。科普馆从规划、设计、建设到活动组织，都与公众科普宣传的理念、组织、方式、手段等密切相关。从各地调查情况来看，社区科普场馆无论是数量、质量、规模，还是建设与管理水平等方面，都与公众实际科普需求存在差距。社区科普场馆不同程度地存在着低水平规划建设、低效率管理、资源配置不合理、公众参与度不高等问题，影响了社区科普馆展示教育功能的有效发挥。

本报告在文献阅读、问卷调研、社区实地走访的基础上，分析城镇社区科普馆建设现状和存在的不足，对城镇社区科普馆的科学规划、建设与运营、展品配置、展示方式、活动组织和绩效评估等进行逐一探讨，以期为社区科普馆建设管理乃至整个社区科普工作提供思路。

一　社区科普工作的价值与意义

依照《科普法》的表述，科学普及是指利用各种浅显的公众易于理解、接受和参与的方式、向普通大众介绍科学技术知识、推广科学技术、倡导科学方法、传播科学思想、弘扬科学精神的活动。社区科普面向社区公众，结合城镇社区居民生活生产特点，用通俗易懂的方式、手段和载体，开展科学知识的教育、传播与普及，包括科技展示、科普报告、科普活动、科学体验等。社区科普的蓬勃发展，有助于提升公民科学文化素质，促进社会和谐发展。

1. 提升社区居民科学素质

《全民科学素质行动计划纲要（2006－2010－2020 年）》（以下简称《纲要》）指出，科学素质是公民素质的重要组成部分。公民具备基本科学素质一般指了解必要的科学技术知识，掌握基本的科学方法，树立科学思想，崇尚科学精神，并具有一定的应用它们处理实际问题、参与公共事务的能力。

2015 年中国科协第九次公民科学素质调查显示，全国公民具备基本科学素质的比例为 6.20%，比 2010 年的 3.27% 提高了 2.93 个百分点，但依然远低于欧盟、美国、日本、加拿大等发达国家和地区的水平。我国公民科学素质总体偏低的现状，直接影响到城市化发展水平，影响到创新型国家的建设。大力开展科普宣传，提高公民的科学素质，成为当前一项紧迫的任务。这对于增强公民获取和运用科技知识的能力、改善生活质量、实现人的全面发展，对于提高国家自主创新能力、建设创新型国家具有重要的意义。

社区科普的主要任务，是把科技知识和生产技能及从科学实践中升华出来的科学思想、科学方法和科学精神，通过各种有效方式和途径广泛传播到社区中，为社区居民所了解和掌握，以增强社区居民科学、理性地解决生产生活中出现的问题，用科学的知识正确应对和处理实际问题，提高参与社会事务管理的能力，提高公民科学素质，实现人的现代化，适应现代城市发展需求，倡导并形成科学健康文明的生活方式，促进社区和谐发展。

2. 促进社区精神文明建设

科普教育作为提高全民科学素质的重要活动，是精神文明建设的重要内容。《纲要》强调促进和谐，认真落实科学发展观，以人为本，实现科学技术教育、传播与普及等公共服务的公平普惠，促进社区精神文明建设。

科普作为一种社会教育方式，通过经常性、广泛性的科普教育宣传活动，有效整合社区资源，促进社区学习环境和社区良好学习氛围的形成，产生强烈的认同感和归属感，鼓励社区成员积极自主学习，为社区成员的终身学习提供有效保障。

借助社区科普构筑终身学习体系，把科普教育贯穿于人的一生，针对青少年、老年、妇女群体，开展科普知识竞赛，举办科普文艺表演、社区科普论坛、专家科普讲座等，广泛开展现代科技知识的教育宣传，提高社区居民学习科学文化的热情，创造出探索、发现的学习氛围。

3. 推进社区特色文化形成

社区是居民生活生产的场所，不同的区域条件、人文历史和微观环境等形成了独特的文化积淀。社区文化建设要立足这些资源，善于挖掘社区教育的科技英才、历史文化遗存等，进行展示宣传，丰富科技文化特色，提高社区文化的品位。科普作为科技文化的重要组成部分，是社区文化建设的重要内容。要从社区文化建设的角度，经常性地举办以科技文化教育为主题的表演、展示、体验等活动，并努力形成社区科技文化特色，提升社区文化水平，丰富社区文化生活，满足社区精神文化需求。社区文化特色，要突出弘扬科学思想、崇尚科学精神，提升社区成员科学文化素质，并自觉运用于实践和生活中，抵制封建迷信、伪科学和邪教的侵蚀。

社区科普注重科技文化传播，丰富社区居民的文化生活。社区科普融入社区文化建设，依赖于社区文化建设，又促进社区文化建设。要提高活动的科技含量，依靠现代科技手段，传播现代知识的正能量。科技文化要与社区文化结合，借助社区文化建设的机制优势，提高社区居民学习科学文化知识的热情，形成具有社区特色的文化精神内核。

4. 激发未成年人科学兴趣

未成年人是国家未来的主人。面向未成年人普及科学知识，传播科学思想，激发科学兴趣，对于未成年人世界观、方法论的形成具有重要的意义。提高未成年人的科学素质，激发青少年科学兴趣，是提高整个民族科学素质的重要基础。

社区是未成年人生活的主要场所，是接受校外科学教育和培训的理想之所。提高未成年人科学素质，是社区科普工作的价值体现。利用社区资源与条件，动员大学生、科普志愿者、退休科学教师、医生等，担任科技辅导员，举办符合未成年人兴趣的科技小发明、科技小制作、科技竞赛等活动，激发未成年人的科学兴趣，从小培养爱科学、学科学和用科学的好习惯。社区科普教育，重视创新意识和能力的培养，重视基础知识与实践知识的结合，通过家庭、学校、社区三位一体，发挥家庭教育和学校教育的桥梁作用。

二　社区科普馆与社区科普宣传

加强社区科普场所建设，将其纳入城市建设和发展总体规划，是城镇社区服务的重要内容。规划建设社区科普馆，可为社区居民提供科普类讲座、展览、培训及各类演出、竞赛等，满足社区居民的科普需求，营造社区居民科学素质的浓厚氛围。

社区科普馆建设，以科学性、实用性、互动性为原则，达到兴趣培养与体验互动结合、科学展示与生活知识需求结合，成为社区科普教育的重要形式和手段。社区科普馆要与完善社区科普益民服务站、社区科普大学、科普画廊、科普图书室等设施有机融合，形成整体配套，努力打造社区科技教育、传播与普及的坚强阵地，成为社区居民科学素质提升的重要渠道与途径。

1. 展示最新科技成果

传统社区科普设施，包括科普橱窗、画廊、宣传栏等以及发放科普资料、举办科普活动等，具有简单、经济、实用等特点，在社区科普中发挥了积极作用。随着经济社会的发展，人们对于科普从内容到形式、从手段到载体都有新的要求。最新科技发展成果、重要科技事件，如航天航空、基因技术、核电、新材料等科技新知，需要有新的展示手段与方式，传统的科普方式亟须改进，不仅要直观、形象、生动，而且要实现互动、体验、参与效果，用最新的科技手段、方式做科普，增强科普效果。

社区科普馆通过展品或新技术手段进行科技展示，使科普内容科学、生动、形象地展现出来，达到更好地传播效果。社区科普馆将抽象、不易理解的科学知识和技术，用具体、可感知的方式呈现，使公众更加全面地了解科技成果，体验科技魅力。同时，传统社区科普重在普及生活常识、健康、养生、饮食、安全等知识，缺乏对前沿科技成果、最新科技热点等的普及宣传。社区科普馆作为一个常设的科普展示场所，为公众了解现代科技发展创造了条件，通过介绍光学、电学、声学、力学等基础知识，展示航天航空、通信、能源、新材料等科技知识，解读科技事件、科技热点，运用计算机、网络、移动终端等新手段，有效扩大公众视野，增强社区科普效果。

2. 体验科学趣味活动

以中小学生、社会公众和大学生三类人群为研究对象的调查发现，三类人群中不愿意参加科普活动的比例都非常低，总体上公众对科普活动非常感兴趣，但公众对科普效果的满意度评价又是相对低的。这说明，科普工作与社会公众的实际需求存在距离。

社区科普馆通过参与式科普体验活动，在引导、宣教科学知识的基础上，增加了趣味性、可观赏性，更受社区公众的欢迎。社区科普馆常设的人机工程学展品，符合人性化设计，寓教于乐，体验效果明显，能够带来较好的体验感，提高科普活动参与度。依托社区科普馆的设施，经常性地开展科普教育与培训、科技专家交流座谈、科技报告等，增加了社区居民学习科学的机会，能有效引导居民告别陋习、崇尚科学，自觉接受现代科技文明的熏陶，成为社区居民自我教育的生动课堂。

3. 接受科技教育培训

面向社区居民开展科技教育培训，是社区科普的主要内容。科普教育是社会教育，用群众喜闻乐见、深入浅出的传播方式，有针对性地开展培训活动，形式多样，内容丰富，雅俗共赏，吸引公众参与，培养社区居民对科学的兴趣。利用场馆设施，开设科普讲座，设置科普橱窗、科普读物，开辟科普基地、社区科普大学、科普公园、科普角、科普小径，评选科普达人、科普楼道、科普家庭等，是科普教育行之有效的方式。

在新形势、新条件下，社区需要进一步创新和提升，发挥社区行政单位、企业、学校等的资源优势，联合开展面向社区居民的科技教育、培训、传播与普及活动。社区科普馆大多具有组织、人员、场地、管理、设施等，也有一定的科普工作计划与任务，可以较好地完成面向社区公众、老年群体、青少年等开展的科普宣传任务。尤其可以与中小学校配合，实现校外第二课堂的辅助功能，为培养未成年人科技兴趣、开展校外科技活动等做好服务。

4. 开展科普信息交流

社区科普馆不同于大中型科技馆的规模，属于身边的科技馆，与居民生活密切相关，容易得到公众的认可。建设和管理好社区科普馆，是社区服务的一种重要形式，其为社区居民提供了科普交流的平台。

社区科普馆以居民需求为起点，内容贴近居民生活，展品展项以体验为主，有利于调动居民参与的积极性，提高科普工作效益，实现科普活动的常态化。吸引退休老师、医务工作者、科技工作者等科普志愿者加入，开展有计划、经常性、有特色的科普活动，可以形成社区科普文化氛围，增强社区公众的自豪感。

一个高质量、高水平的社区科普馆，是社区服务、信息交流、知识学习的重要场所，是具有社区工作特色的重要展示平台。社区、居民可借助社区科普馆，开展参观、观摩、体验活动。实现社区间资源互补，促进社区工作交流、居民情感交流，真正实现社区服务、社区文化、社区情怀的交流，促进城市社区更好的发展。

三　社区科普馆现状及运营基本情况

本课题调研对象，即城镇社区科普馆，指的是面向所在社区居民，开展公共科技教育、宣传和普及的公共设施。根据《中国科协关于加强城镇社区科普工作的意见》（科协发普字〔2013〕21 号）中的有关说明，考虑到我国基层社区科普馆的实际状况，本次调研涵盖了社区科普图书室、科普活动中心、社区科技馆、青少年科学工作室等不同形式的社区科普馆，也包括与已有的科技、教育、文化、卫生等活动设施场所共享的科普场馆。

1. 问卷基础统计分析

本次调查历时 4 个月，涉及 16 个省市，包括浙江、江西、天津、安徽、湖南、北京、河南、河北、黑龙江、甘肃、山西、重庆、福建、江苏、四川、湖北。受访对象是各省市的城镇社区科普工作人员。共发放问卷 1000 份，收回 779 份，问卷回收率 77.9%。其中，浙江省内回收 387 份，其他省市回收 392 份（见表 1、表 2）。问卷完整性较好，具有较高的参考价值。

表 1　全国各地 16 个省市的问卷回收情况

单位：份

省市名称	回收问卷份数	省市名称	回收问卷份数
天津市	13	江西省	60
安徽省	53	重庆市	20
湖南省	18	福建省	20
北京市	20	江苏省	9
河南省	40	四川省	21
河北省	31	浙江省	387
黑龙江省	28	湖北省	10
甘肃省	20	总　计	779
山西省	29		

表 2　浙江省 11 个地级市的问卷回收情况

单位：份

城市名称	回收问卷份数	城市名称	回收问卷份数
杭州市	87	衢州市	14
宁波市	102	台州市	19
绍兴市	28	舟山市	20
嘉兴市	45	丽水市	20
湖州市	19	温州市	22
金华市	11	总　计	387

（1）受访社区基本情况

在受访的全部社区中，超过 60% 的受访社区的建成年限在 10 年以上，部分社区是市级及以上科普示范社区。

根据图 1，42% 的社区年专项科普经费在 1 万元以下。总体看来，

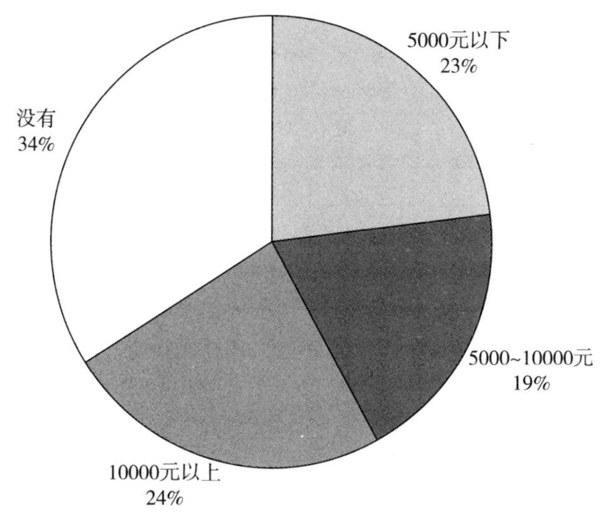

	5000元以下	5000~10000元	10000元以上	没有
社区数量	176个	149个	183个	258个

图 1　受访社区每年科普专项经费情况

注：回收问卷中部分题项未作答，故社区总和不等于回收问卷数。下同。

基层城镇社区科普经费相对短缺。同时，社区科普人员也比较匮乏，54%的受访社区只有1～2名专业的科普工作人员，34%的受访社区甚至没有配备专业的科普工作人员（见图2）。调查显示，经费不足以及科普人员短缺，是当前社区科普工作深入开展的主要瓶颈。

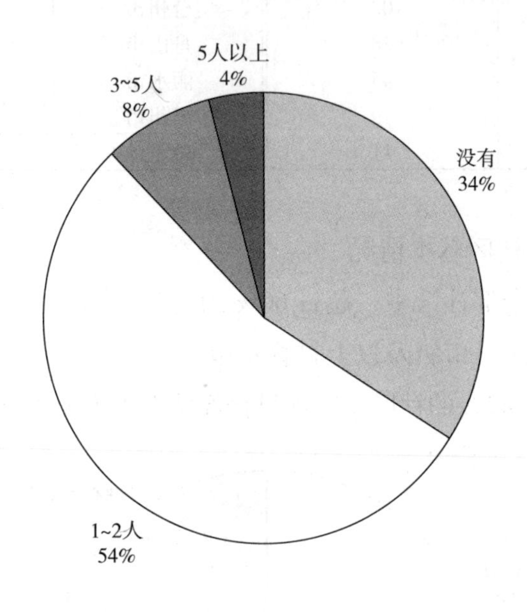

	没有	1~2人	3~5人	5人以上
社区数量	258个	406个	56个	30个

图2　受访社区配备专业科普工作者情况

关于社区配套的科普场馆，45%的受访社区没有配套的社区科普馆，42%的受访社区表示具备和正在建设配套的社区科普馆（见图3）。这说明，近年来我国基层社区科普馆建设有较大进展，在大型科普场馆建设存在人员和资金困难的情况下，建设资金需求少的社区科普馆也不失为良策。

在对建设基层社区科普馆的必要性认识上，调查表明，认为没有必要和对此问题不清楚的只占15%，85%的受访人员认为有必要和

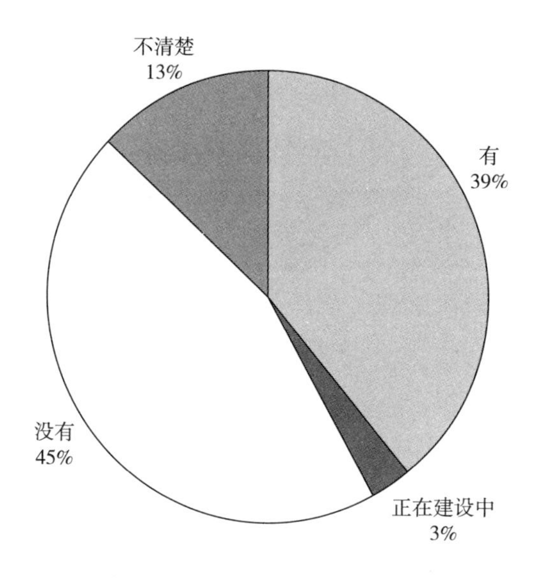

	有	正在建设中	没有	不清楚
社区数量	291个	24个	343个	97个

图3 受访社区附近是否有配套科普馆的情况

非常有必要建设社区科普馆（见图4）。这表明，绝大多数人对社区科普馆建设持赞成的态度，并基于长期的工作经验认为，建设社区科普馆的需求是非常迫切的。

调查显示，目前拥有社区科普馆的社区仅占39%，从笔者调研和走访得到的反馈来看，其原因有多方面：一是资金的缺乏导致社区科普馆的建设和运营存在较大困难；二是人才的短缺，当前社区科普人员科学素质普遍较低，缺少高素质且对口的专业科普人才；三是基层科普队伍缺乏积极性，对社区科普进一步的发展缺乏创新意识；四是不同区域之间科普事业发展不平衡，东部发达地区如上海、浙江等在社区科普馆的建设与管理上比中西部地区领先较多，并由此导致科普工作的起步时间各不相同，在居民中的影响力也不同。

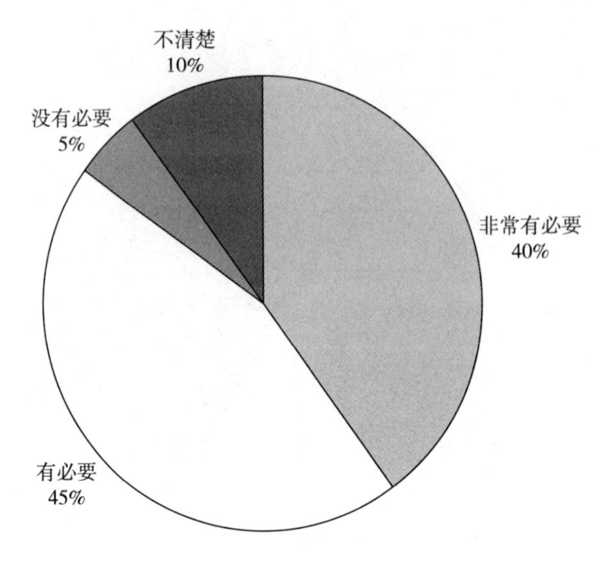

	非常有必要	有必要	没有必要	不清楚
社区数量	296个	333个	38个	69个

图 4　受访社区认为是否有必要建设社区科普馆的调查情况

（2）受访社区科普馆的基本情况

本次调研主要从社区科普馆所占面积、建成时间、展品展项拥有量、展品展项更换周期、科普馆开放时间和开放对象等方面，了解受访社区科普馆的基本情况。

调查显示，当前社区科普馆所占面积主要集中于 50 ~ 100 平方米，大约有 40%。另外，19% 的社区科普馆面积小于 50 平方米；25% 的社区科普馆面积在 100 ~ 200 平方米；16% 的社区科普馆面积在 200 平方米以上（见图 5）。

图 6 表明，64% 的社区科普馆是近五年落成的，只有极少部分社区科普馆建成时间超过 20 年。说明近 5 年来，我国社区科普馆发展迅速，各地加大了对社区科普场馆的投资建设力度。

从展品展项保有量和更换频率来分析，仅有 10 件以内展品展项

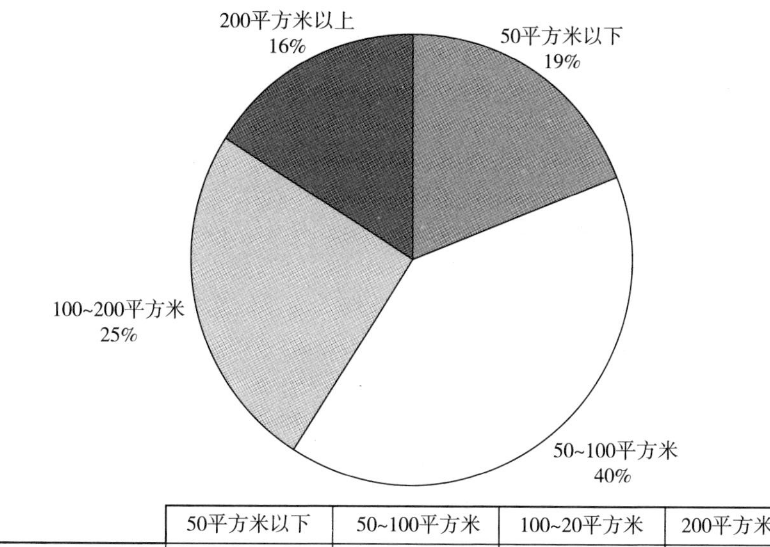

	50平方米以下	50~100平方米	100~20平方米	200平方米以上
社区科普馆数量	77家	163家	103家	67家

图5　受访社区科普馆所占面积情况

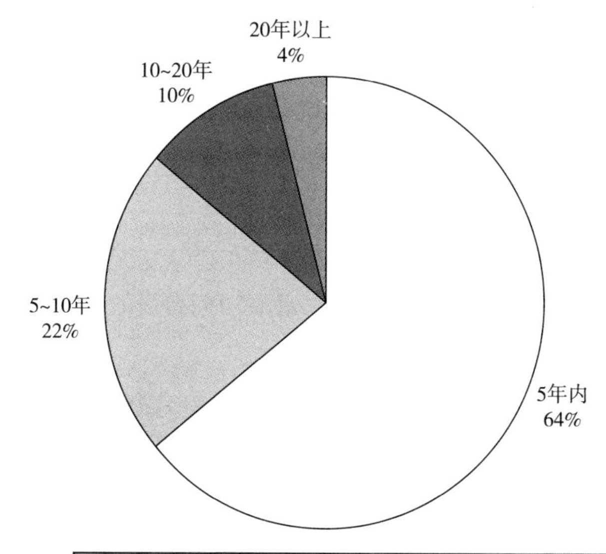

	5年内	5~10年	10~20年	20年以上
社区科普馆数量	233家	81家	35家	16家

图6　受访社区科普馆建成时间分布情况

的社区科普馆占26%，有十几件展品展项的占38%，20%的受访社区科普馆有20～50件展品展项，仅有16%的科普馆有超过50件的展品展项（见图7）。受场地和经费限制，社区科普馆展品展项数量相对有限，因此社区科普馆需要更加注重特色化和专业化，有针对性地进行社区科普馆资源的配置。

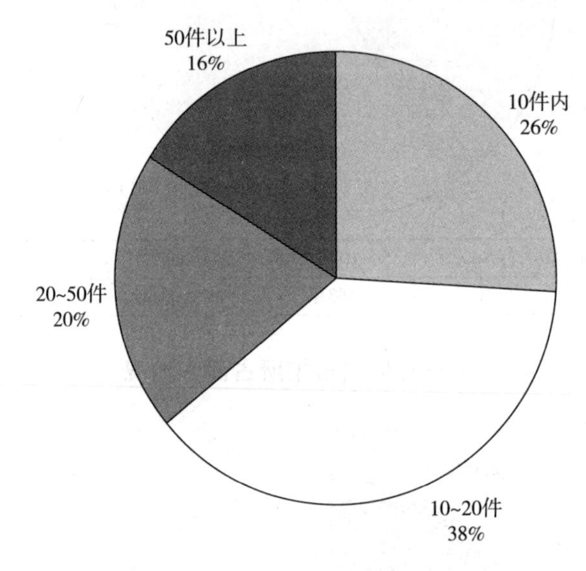

	10件内	10~20件	20~50件	50件以上
社区科普馆数量	101家	147家	79家	62家

图7　受访社区科普馆展品展项拥有量的情况

从展品展项的更新情况看，基本是三分天下的格局：每年更新的社区科普馆大约占33%，2～3年更新的大约占32%，展品展项更新和相关人员表示不清楚的共占35%（见图8）。总体看来，我国基层城镇社区科普馆的展品展项更新不够及时。由此可能导致社区居民对展品展项有一定了解后，兴趣会随之减弱，到访人数会明显下降。

在社区科普馆的对外开放方面，65%的受访社区科普馆面向社会开放，并不局限于本社区居民；每天开放和工作日开放的社区科普馆

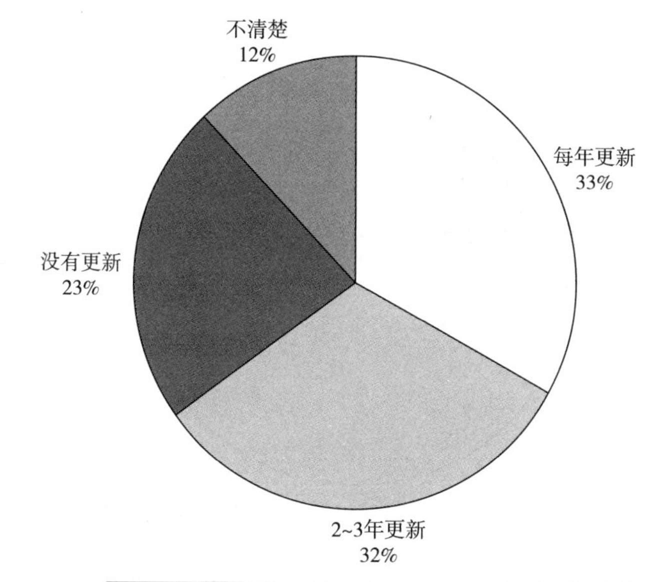

	每年更新	2~3年更新	没有更新	不清楚
社区科普馆数量	125家	123家	86家	45家

图8　受访社区科普馆展品展项更新情况

占62%（见图9和图10），这说明在我国基层社区科普馆的开放度比较高。

（3）受访社区科普馆人员配备情况

图11显示，社区科普馆的人员配备情况不容乐观。在全部受访社区中，仅有158家（39%）社区科普馆的管理人员有专业的社区科普工作人员，有178家（44%）社区科普馆的管理人员是兼职的社区科普工作人员，有58家（14%）社区科普馆的管理人员是志愿者，还有22家（3%）社区科普馆没有相关的管理人员。兼职管理人员和志愿者管理人员较多，而兼职和志愿者管理人员的流动性和不稳定性强，且科普专业性知识不足，这会影响科普工作的效果。

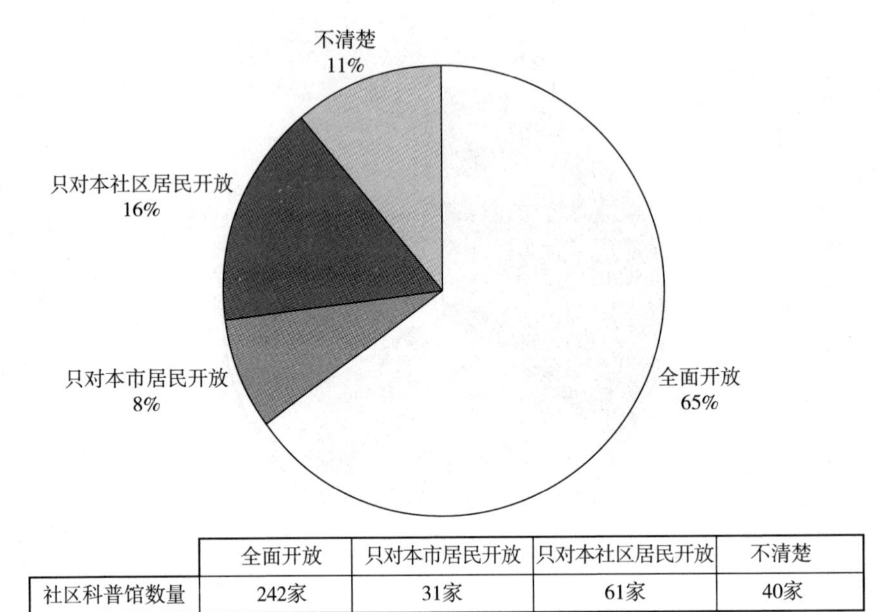

	全面开放	只对本市居民开放	只对本社区居民开放	不清楚
社区科普馆数量	242家	31家	61家	40家

图9　受访社区科普馆对外开放情况

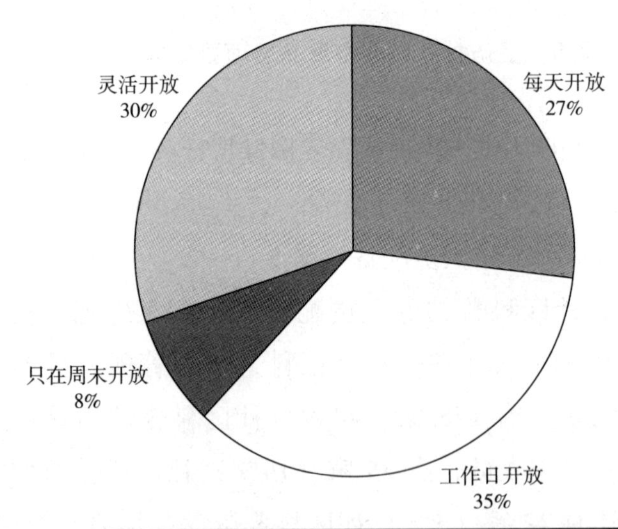

	每天开放	工作日开放	只在周末开放	灵活开放
社区科普馆数量	108家	140家	30家	120家

图10　受访社区科普馆开放时间情况

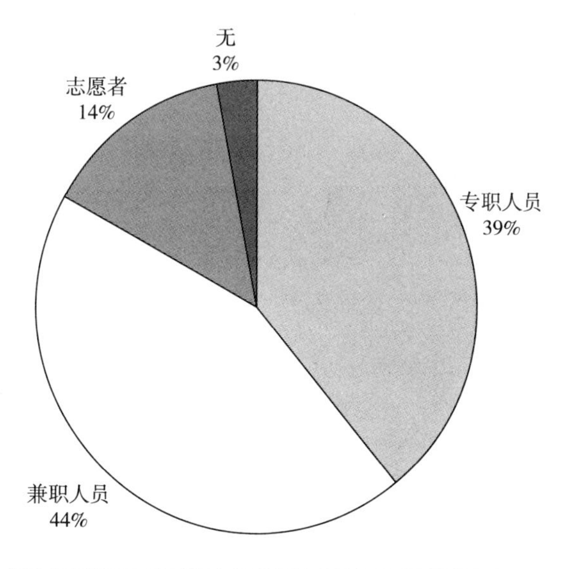

	专职人员	兼职人员	志愿者	无
社区科普馆数量	158家	178家	58家	14家

图 11　受访社区科普馆管理人员所属类型情况

关于社区科普馆管理人员的培训情况，调查表明，65%的科普管理人员可以得到每年一次的轮训机会，每季度、每月都有培训机会的大约占24%（见图12）。基层社区科普馆管理人员接受培训的频度更高，将更有利于提高社区科普馆的服务效果。

在对受访社区科普馆展教人员是否有现场服务的调查中发现，近半数的社区科普馆有现场展教服务（见图13）。还有近一半的社区科普馆时有时无和没有现场展教服务。一方面，硬件设施的缺乏导致缺少展教机会；另一方面，社区科普馆的人员短缺现象比较普遍，人手不够，尤其是专职人员短缺严重，也会导致现场展教人员短缺的情况。

（4）社区科普馆经费情况

经费不足是基层社区科普馆面临的主要问题之一。图14显示，

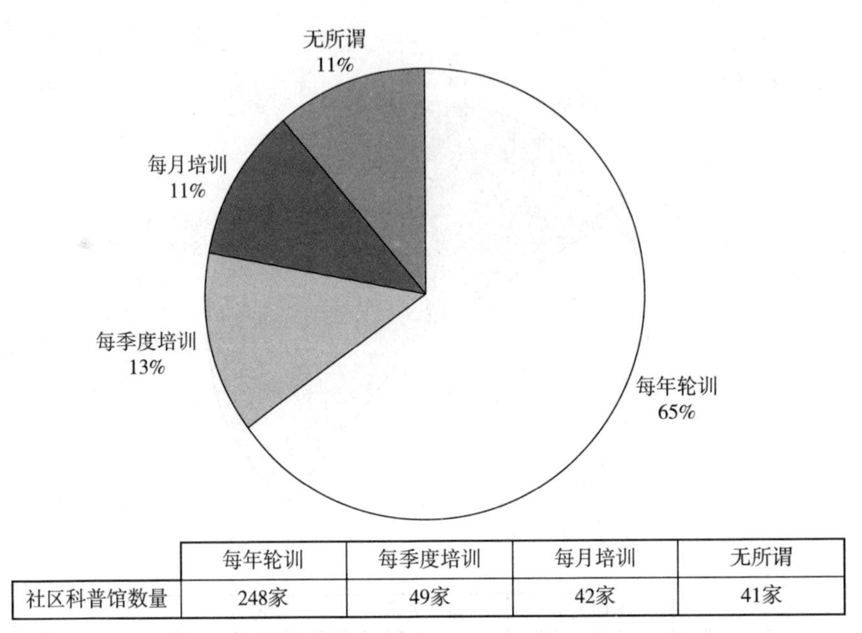

	每年轮训	每季度培训	每月培训	无所谓
社区科普馆数量	248家	49家	42家	41家

图 12　受访社区科普馆管理人员培训情况

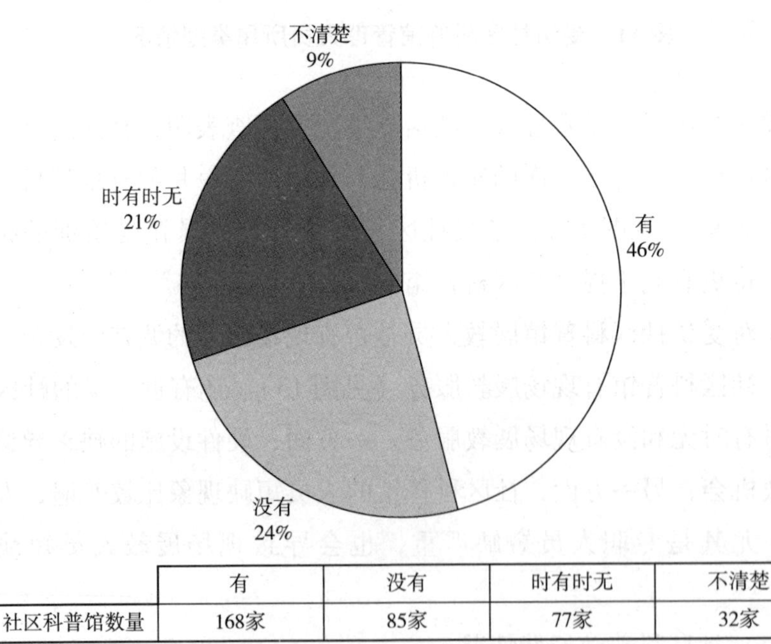

	有	没有	时有时无	不清楚
社区科普馆数量	168家	85家	77家	32家

图 13　受访社区科普馆展教人员有无现场服务情况

财政拨款和上级科协补助等来自政府财政的投入仍然是基层社区建设科普馆的最重要经费来源，占82%。其他如企业捐赠和社区自筹仅占18%。

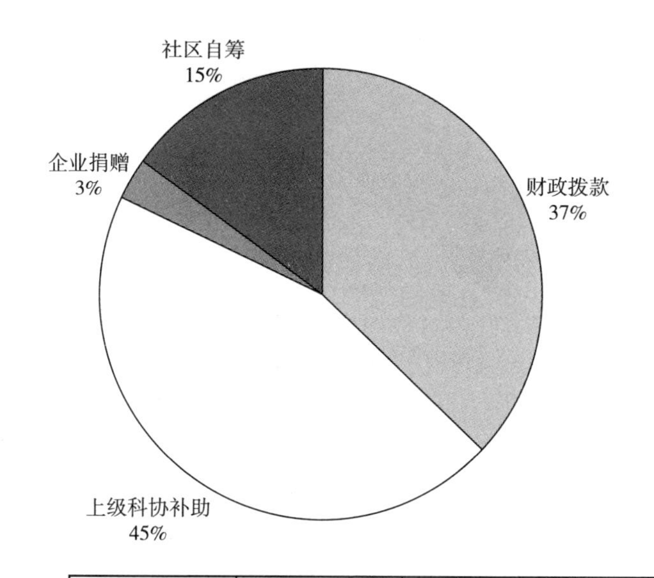

	财政拨款	上级科协补助	企业捐赠	社区自筹
社区科普馆数量	164家	200家	12家	69家

图14　受访社区科普馆建设经费主要来源情况

而社区科普馆的运营经费，也主要来源于政府财政投入（见图15）。发达国家的科普经费主要来源于科技基金会、其他民间组织和企业捐助。社区科普馆的建设经费和建成后的运营经费，需要进一步拓宽筹集渠道，优化资源的有效配置。

（5）受访社区科普馆活动开展情况

组织和开展各类科普活动，是社区科普馆的重要工作之一。调查显示，有45%的受访社区科普馆每月组织开展科普活动，45%的受访社区科普馆偶尔组织开展科普活动，还有10%对开展活动的情况不清楚（见图16）。这说明，当前社区科普馆在组织和开展科普活动

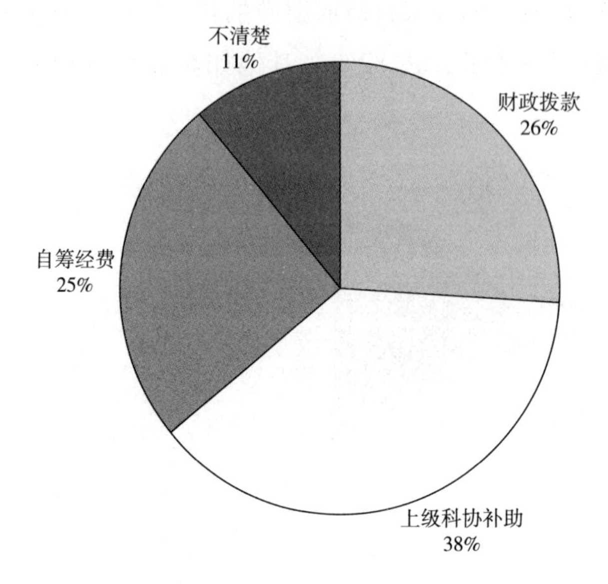

	财政拨款	上级科协补助	自筹经费	不清楚
社区科普馆数量	107家	158家	102家	45家

图 15　受访社区科普馆运营经费主要来源情况

方面还有较大的提升空间，包括科普活动质量不高、频率偏低等。

青少年是社区科普馆的重要传播对象，同时周边社区也是其重要的覆盖区域。不同社区、社区与学校之间的科普共享交流，有利于推进科普事业的有序发展，更好地传播科学精神。

根据笔者的调查，只有 14% 的受访社区科普馆每月组织科普专题活动进学校、街道及周边社区，而高达 70% 的比例是偶尔组织（见图 17）。这与发达国家普遍注重社区科普教育和学校教育，实现互补与融合明显不同，说明馆校合作、馆社合作等方面还需要提升与改进。

（6）受访社区科普馆考核情况及具体指标分析

合理有效的绩效考核体系有利于社区科普馆长期有序和规范的运

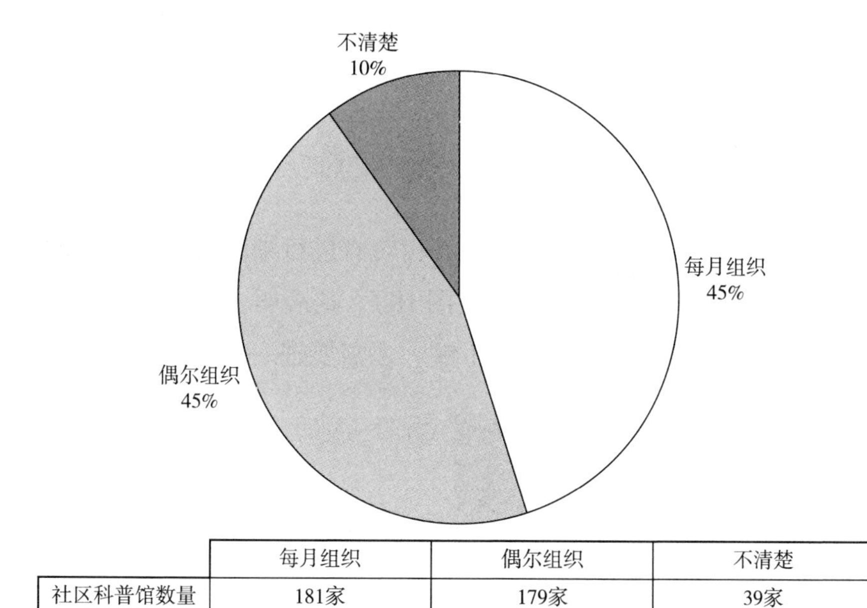

	每月组织	偶尔组织	不清楚
社区科普馆数量	181家	179家	39家

图 16　受访社区科普馆开展科普活动情况

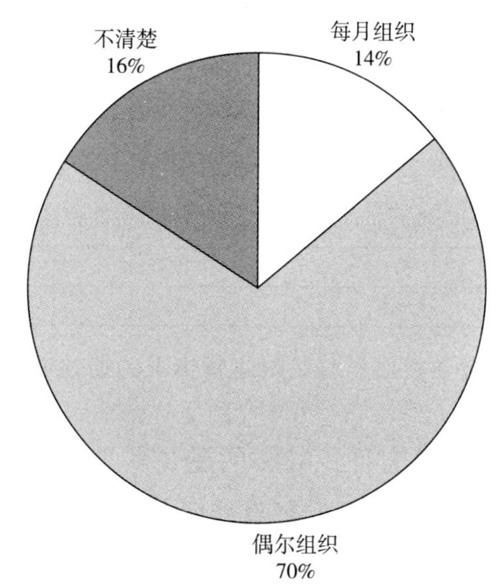

	每月组织	偶尔组织	不清楚
社区科普馆数量	54家	262家	58家

图 17　受访社区科普馆组织科普活动进学校、街道及周边社区情况

营。本次问卷调研在社区科普馆考核方面，主要涵盖了以下内容：是否对社区科普馆运营情况进行绩效考核、是否有各类规章制度建设、是否制订合理的年度计划、是否进行年检、是否申请对科普馆进行级别认证等考核信息。

调查显示，40%的受访社区科普馆没有进行绩效考核，37%的受访社区科普馆进行了绩效考核（见图18）。这表明，当前社区科普馆对运营方面绩效考核的重视程度不够，还需要进一步加强。

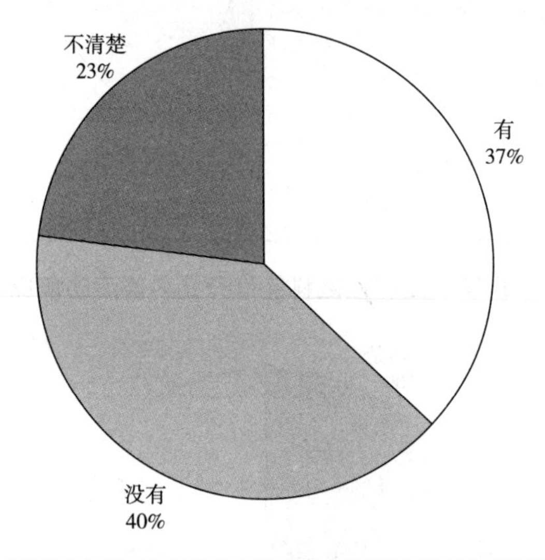

	有	没有	不清楚
社区科普馆数量	136家	145家	85家

图18　受访社区科普馆对运营情况的绩效考核情况

在规章制度的建设方面，82%的受访科普馆有规章制度，只有5%没有规章制度（见图19），表明社区科普馆的规范化、制度化逐渐形成，但制度效果还有待考量。

在是否年检的问题上，39%的受访社区科普馆没有进行年检，39%进行了年检（见图20）。社区科普馆参加年检有利于其增强运营的规范性并提高运营效率。

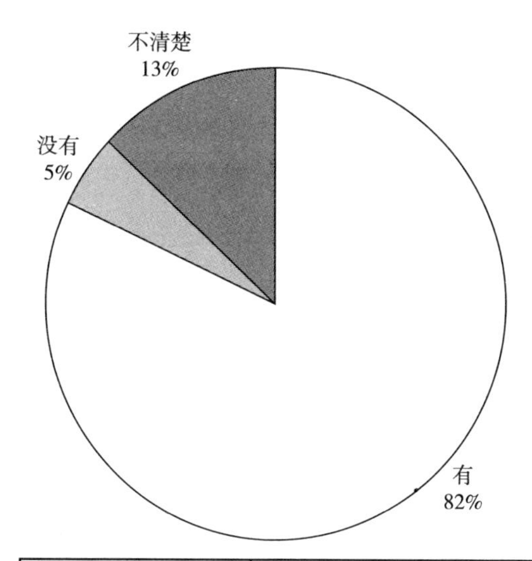

	有	没有	不清楚
社区科普馆数量	284家	18家	46家

图19　受访社区科普馆各项规章制度建设情况

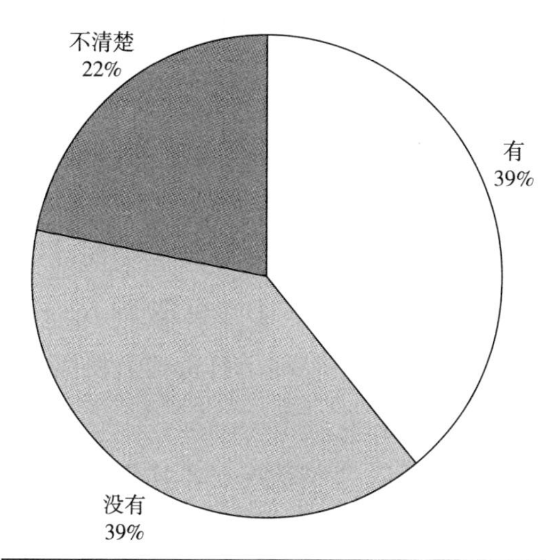

	有	没有	不清楚
社区科普馆数量	142家	142家	83家

图20　受访社区科普馆是否进行年检情况

在是否制订合理的年度计划的问题上，74%的受访社区科普馆制订了相应合理的年度计划，另有26%表示不清楚和没有制订（见图21）。

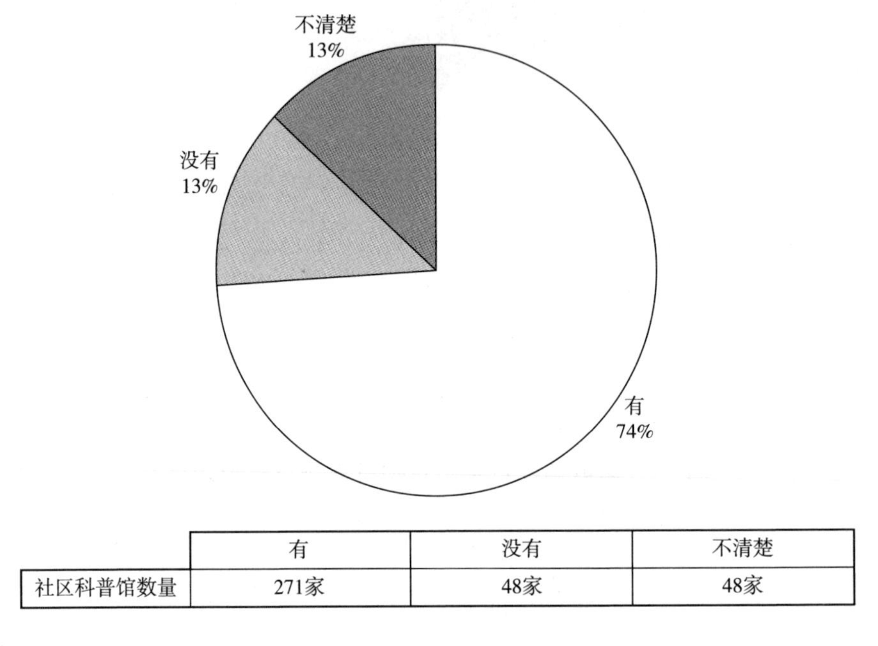

	有	没有	不清楚
社区科普馆数量	271家	48家	48家

图21　受访社区科普馆制订合理的年度计划情况

在是否申请级别认证的问题上，21%的受访社区科普馆申请级别认证，还有53%没有申请级别认证（见图22）。社区科普馆级别认证有利于科普馆的长远发展，有利于打造科普品牌，有利于规范运营和管理。

关于社区科普馆的绩效考核情况，本次调研涉及下列具体考核指标：实际开放时间、人流量、开展活动次数等。

调查显示，仅有24%的受访社区科普馆根据实际开放时间进行绩效考核（见图23），21%的受访社区科普馆根据实际参观人数进行绩效考核（见图24），26%的受访社区科普馆以每月一次以上的频

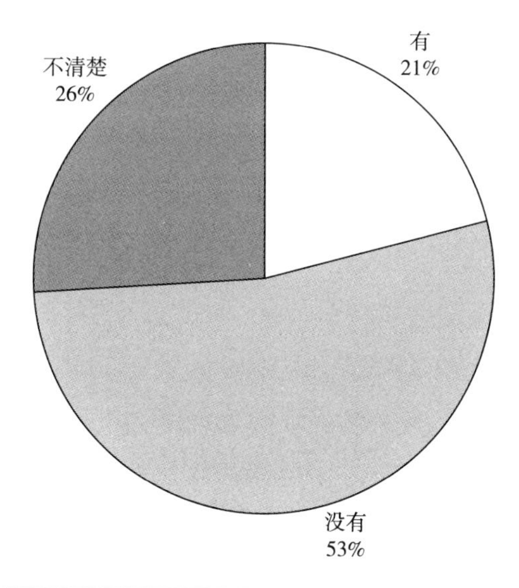

	有	没有	不清楚
社区科普馆数量	71家	182家	89家

图 22　受访社区科普馆是否申请进行级别认证情况

率，对组织科普主题活动次数进行绩效考核（见图 25），这表明在对社区科普馆的日常运营考核方面，我们做得还不够。需要克服困难，安排人手进行相应的日常运营考核。

对社区科普馆人、财、物的考核，也是绩效考核的重要部分，人、财、物涵盖了社区科普馆运营的所有先决条件。

调查显示，50% 的受访社区科普馆缺少对展教人员专业水平的考核，仅有 26% 进行了考核（见图 26）。

资金是社区科普馆的重要运营基础，资金短缺对社区科普馆的健康有序发展影响重大。资金的合理配置、使用和及时考核，有利于提升资金利用效率，提升社区科普的效果，更好地传播科学精神和科学理念。

图 27 显示，有 43% 的受访社区科普馆对资金使用情况进行考

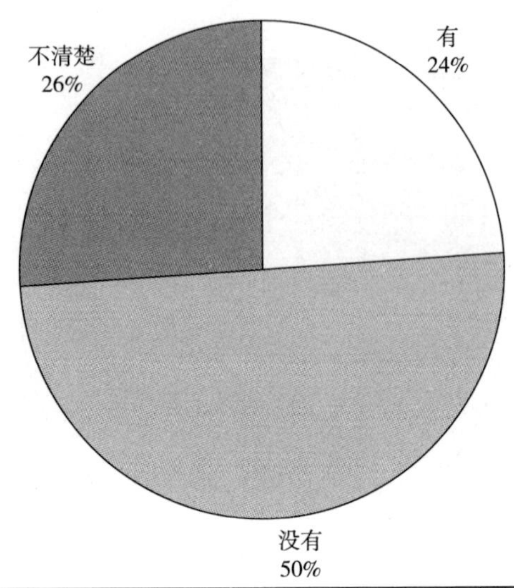

	有	没有	不清楚
社区科普馆数量	85家	175家	89家

图 23　受访社区科普馆按实际开放时间进行绩效考核的情况

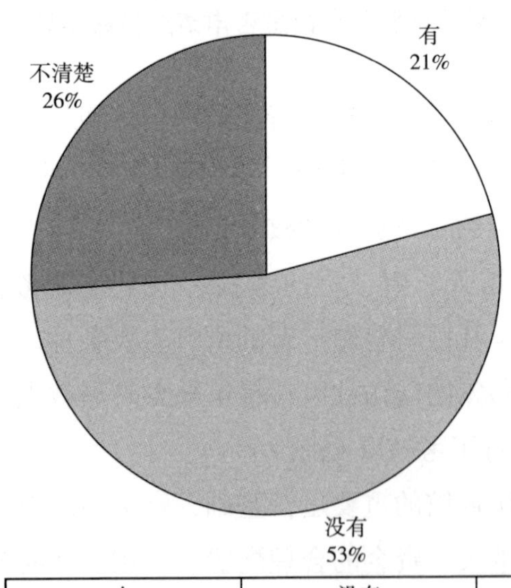

	有	没有	不清楚
社区科普馆数量	73家	183家	88家

图 24　受访社区科普馆按实际参观人流量进行绩效考核的情况

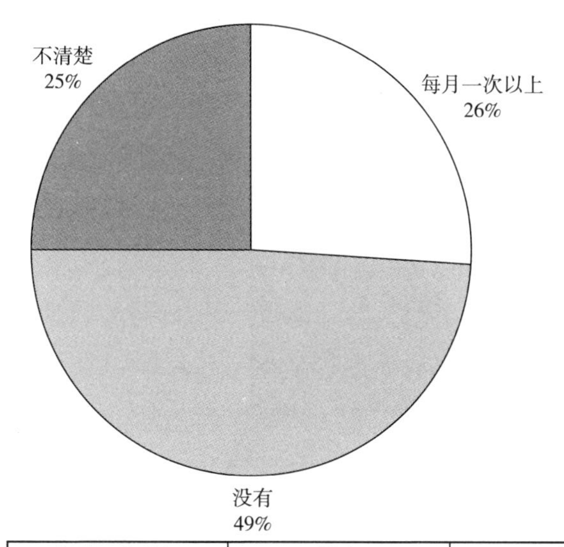

	每月一次以上	没有	不清楚
社区科普馆数量	94家	176家	92家

图 25　受访社区科普馆按开展主题科普活动次数进行绩效考核的情况

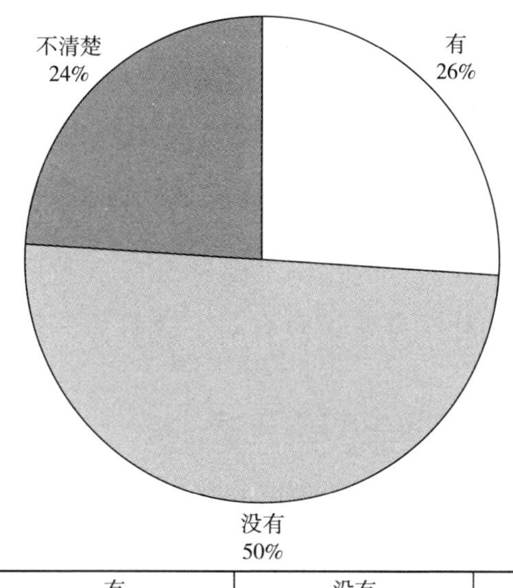

	有	没有	不清楚
社区科普馆数量	88家	173家	82家

图 26　受访社区科普馆对展教人员专业水平考核的情况

核，还有33%没有对资金使用情况进行考核，剩下的24%表示不清楚。这反映出当前社区科普馆在资金使用情况的考核方面还有诸多不足，需要加强，以促进资金使用效率的提升。

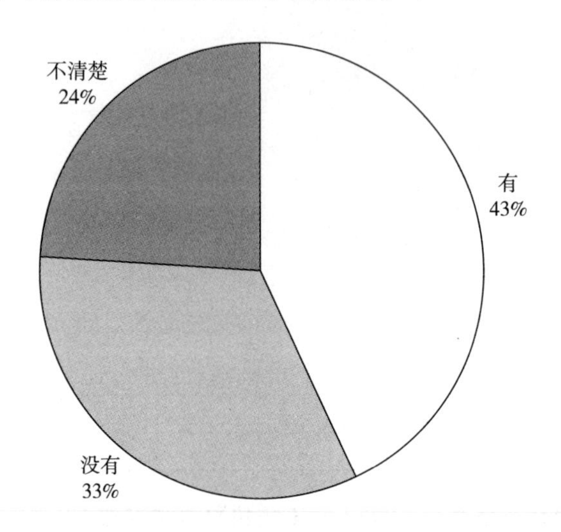

	有	没有	不清楚
社区科普馆数量	157家	120家	87家

图27　受访社区科普馆对资金使用情况考核的情况

调查显示，在全部受访社区中，对社区科普馆设施的维护和更新记录情况进行常规检查的比例都超过50%（见图28、图29）。这说明，还有一半的社区科普馆没有对上述日志开展日常检查，这种情况需要尽快改变。

2. 社区科普馆建设管理存在的主要问题

当前，各地对建设社区科普馆的热情和人财物投入都显著提升，但是建好的社区科普馆开馆之初，往往人潮涌动，过一段时间后很快就会冷清下来，居民参与的热情消退，普遍存在“头年火，二年温，四年五年闲得慌”的情况。根据本次调研，当前科普场馆的建设和管理存在以下需要改进和解决的问题。

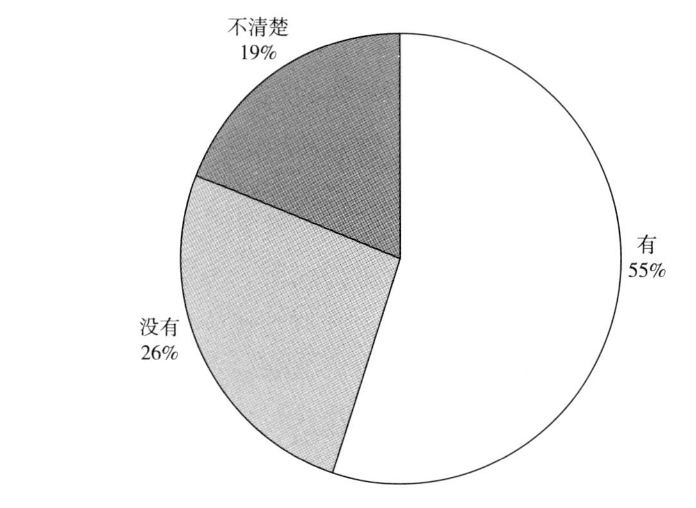

	有	没有	不清楚
社区科普馆数量	196家	94家	69家

图28　受访社区科普馆设施维护记录检查情况

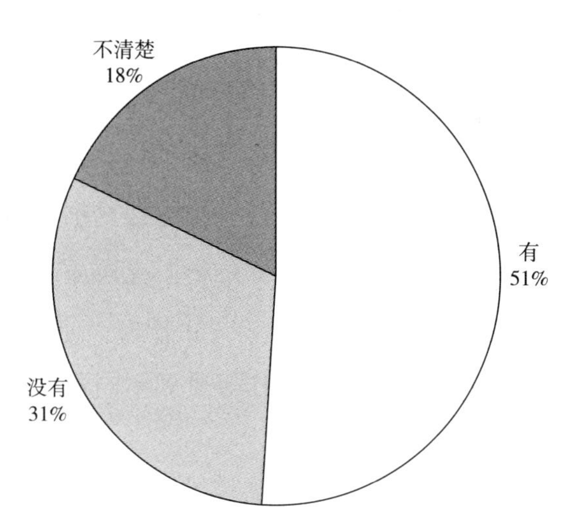

	有	没有	不清楚
社区科普馆数量	180家	111家	64家

图29　受访社区科普馆设施更新记录检查情况

（1）认识有偏差

对社区科普馆的认识存在偏差，主要表现在对社区科普馆的功能定位上。社区科普馆是综合科技馆的补充，具有“小而灵”的特点，不要求“大而全”，其活力体现在社区特色和主题特色。需要避免“千馆一面”、居民参与程度不高和覆盖面有限等问题。从调研来看，不少社区科普馆被当作陈列场所，没有发挥资源优势和科普馆的展教作用，只见物，少见人，只重物的投入，不重视软件建设，重知识介绍，轻科学思想引导。在管理运营上，没有注意到其所承担的责任在于使公众在活动、体验、学习中了解科技进步对于人们生活、社会变革的巨大影响，感受科技魅力，从而进一步树立科学精神，形成科学理性的态度和价值取向，更好地参与公共事务。

（2）投入应加大

科普经费投入不足，且投入渠道单一，是当前社区科普馆建设的主要问题。大部分社区缺乏经常性的科普经费预算，主要依靠政府财政渠道的拨款，投入渠道单一。相对于数量众多的社区及不断增长的公众科普需求，有限的政府投入只是杯水车薪，中西部地区尤其如此，覆盖面狭窄。社区科普馆属于公益性设施，需要多元化的资金注入，建立健全多元化投入机制，不断探索市场运作的模式。社区科普馆的经费不足，影响社区科普馆的运营和管理，使展品展项的更新、大型科普活动的举办、科普交流工作等受到不同程度的制约，影响科普宣传的效果。

（3）内容要优化

当前，基层社区科普馆科普专职人员相对缺乏，有限的专兼职从业人员接受系统的专业培训不足，迫切需要在知识维度、技术维度和价值维度等方面对科学形成整体性认识。社区工作人员对科普的认识和定位不清晰，使其含义无限扩大，从唱歌、跳舞到书法、绘画，从健身、太极拳到编织、手工艺，无所不包，甚至民俗活动、节庆、体育锻炼、残疾人保障等也被列入科普范畴，曲解了科普的真正内涵，达不到提高科学素质的效果。当前，基层科普工作普遍缺乏内容上的有效供给与支撑，同时又存在着科普内容资源利用率低下、浪费严重的问题。除此之外，社区科普资源储备有限，缺少与周边社区的共享意识，缺乏社区相互之间的横向交流互动机制。科普展品的更换时间基本都在半年以上，宣传栏、展板、科普橱窗等的更换频率也比较低。

（4）创新需加强

由于认识、经费、场地等诸多因素，社区科普展示普遍存在展示内容单一、展品简陋陈旧、布展随意、缺乏科学性等情况。一些建设多年的科普展馆，展品陈旧，展品的更换时间太长，展厅多年不变，缺乏吸引力；有限的体验互动设备出于维护投入大、成本高、管理维护难等原因，也很少重新添置。

互联网时代，基层社区科普馆也可以尝试融合互联网，打造信息化、数字化、虚拟化的社区科普模式。

（5）人力要跟上

《中国科协科普人才发展规划纲要（2010－2020年）》规定：“科普人才指具备一定科学素质和科普专业技能、从事科普实践并进行科普创造性劳动、做出积极贡献的劳动者，其中把科普人才分为农村科普人才、城镇社区科普人才、企业科普人才、青少年科技辅导员、科普志愿者以及高端和专门科普人才六大类。”本次调查显示，各地科普人才严重短缺，专职科普人才数量不足，兼职科普人才队伍不稳定。由于缺乏专业人才参与科普馆的建设管理，科普活动组织策划等同于一般社区活动，缺乏科技含量。

（6）管理待规范

完善和规范的基础管理制度，是保证运营效率的重要制度基础。

基于本次调研，大约一半的社区科普馆管理和绩效考核制度不健全；大约一半的社区科普馆缺乏专职人员，导致开放时间、活动组织、展品更新、展示规划等都缺乏整体安排。大多数社区科普馆的活动数量、开放时间明显不足，有的只是配合领导调研或碰上大型活动才开放，平时则关门大吉。同时，还没能形成一套适合社区科普工作的管理机制、考核机制和奖励机制。

四　社区科普馆建设与运营的对策建议

通过上述基于问卷数据的整理分析，结合实地调研情况，参考全国各地社区科普馆的经验与做法，提出以下七条建议。

1. 细化建设标准

社区居民是我国公民科学素质提升的五个重点人群之一，社区科普馆的合理建设和有效运行是重要的载体。当前，社区科普馆的建设仍不容乐观，表现在：第一，缺少明确的标准指导，在占地面积、总体布局、设施展品摆放、展品维护和更新等方面缺少明确的参考指导；第二，缺少专门的社区科普馆，相当数量的社区科普馆与社区其他综合性娱乐场所共用有限的场地，使用矛盾频出，也影响了科普的最终效果。

2. 明确功能定位

社区科普馆的基本功能应定位于对社区居民进行科普教育，提高居民科学素质。社区科普馆作为居民参与体验科学活动、接受科技教育培训和科普交流的重要场所，在社会服务中发挥着独特作用。社区科普馆的规划与建设，必须符合社区居民的科普需求，贴近居民生活实际。要坚持“资源利用最大化、社会效益最大化”的原则，打造具有社区特色的科普馆，发挥其应有的作用，不追求“大而全”，而强调特色与“小而精”。

3. 优化建设投入机制

虽然政府越来越重视社区科普工作，投入经费逐年增加，但仍存在重一次性投入、轻持续性投入，重基建投入、轻后续投入等问题。在加大投入的同时也需要优化使用。鼓励多渠道筹集资金，发挥辖区政府部门、学校、医院、科研院所、大中型企事业，甚至民间团体、社会人士的资源优势，投资建设科普类场馆。

提倡社区科普馆建设与现有公共设施建设结合，利用现有的公共资源、老旧厂房以及辖区内企业体验馆等，实现共建共享。结合国家推进基层综合性文化服务中心建设，依托农村文化礼堂、社区文化家园等公共文化设施，促进社区科普馆和文化礼堂的科普功能相融合。

4. 创新展示内容和方式

创新社区科普馆展示方式和展示内容，是社区科普持续发挥作用的关键。社区科普馆应在硬件和软件两个方面不断完善，不断用新的形式与手段，尤其是运用社区居民乐于接受的科普方式，展示科技发展魅力，传播科学精神，让社区居民真正受惠于科学。认真分析社区居民特点，弄清社区居民人口构成、职业、受教育程度等信息以及居民生活需求，包括最喜欢的接受方式等，以社区居民需求为导向，及时更新并优化展示内容，有针对性地开展科普活动，实现精准推送和精准服务。建立起社区之间、场馆之间、居民之间的科普活动交流机制，推行展品在社区之间、场馆之间的轮换，促进社区科普资源的流动和高效利用。

5. 提升组织管理水平

社区科普馆普遍存在重硬件、轻软件的现象，重视场馆建设、馆舍设计、资金投入、展品展项等工作，但专业队伍、管理体制、目标实施、展教服务等方面非常薄弱，使得社区科普馆在高调投入运营后，短时间内就遇到诸多困难，集中体现在社区科普馆的组织管理水平不高。要建立健全考核与激励机制，提高社区开展科普宣传的主动性和积极性，增强科普的最终效果。要细化考核指标，强调社区科普馆的持续有效运行，强调科普馆的社会效益，将考核结果与福利待遇、职位升迁等联系起来，实现社区科普馆管理运作的现代化，发挥出社区科普馆的服务功能。要健全社区科普人员的继续培训机制，提高从业人员的专业素质和水平。要完善设施和展品的管理制度，包括维护保修制度、消防管理制度、设备运行保养制度以及文字和影像资料的档案管理制度等，任务到人，责任到人。

6. 提高员工整体素质

专业素质是社区科普馆科普效果的基本保证。要加强社区科普人员的队伍建设，加强业务培训，提高工作能力和水平。要积极鼓励相关专业的大学生加入社区科普组织，当好科普活动的组织者、宣传者和参与者。拓展渠道，壮大科普志愿者队伍，形成专兼职科普工作者队伍，为社区科普提供优质高效的服务。

7. 树立“互联网＋”思维

互联网已经成为传播科学知识的重要载体，具有大容量、个性化和交互性等特点，在一定程度上弥补了社区科普馆场地狭小、专业人员有限等不足，是实现“小馆大世界”“小馆大展示”的重要途径。要充分利用虚拟展示、数字化技术等来表现现代科技主题，突破社区科普馆场馆面积较小、资源有限、展品不足、主题匮乏等局限，增强互动性和参与性。利用互联网技术，打造网上社区科普馆，最大限度地发挥社区科普馆的资源优势，借助移动互联网，使社区科普馆与大中型科技馆等有机结合，融入现代化的科技馆网络体系。

五　社区科普场馆绩效评估与标准建设的思考

对社区科普馆的建设和日常运营进行有效考核，对科普效果进行科学评估，是提高科普馆工作效率、有效传播科学精神的必然要求。

1. 科普馆绩效评估的特点

社区科普馆是科普活动的重要载体和传播场所。加强社区科普馆的科普绩效考核有重要意义。当前，我国社区科普馆的绩效评估具有以下特点：第一，复杂性。需要考核的项目种类繁多，硬件方面涉及设施维护和更新、展品管理、专题活动开展等；软件与服务方面涉及基础管理制度的完善、专兼职工作人员的考核、与周边学校及其他社区的交流活动等。从考核项目到考核内容都具有一定的复杂性。第二，公益性和社会性。社区科普具有较强的公益性，绩效考核侧重于从社会效益方面入手。第三，具有专业性和科学性。科普馆的管理需要一定的专业知识，其绩效评估应由专业机构或组织进行，科学规范操作。

2. 社区科普馆绩效评估的意义

社区科普场馆绩效评估的目的是高效利用社区科普馆，与社区居民的实际科普需求匹配，同时改进科普的方式和手段，提高科普场馆自身的运营效率，更好地发挥科普场馆传播科学精神与理念的作用。

对社区科普管理制度、内容、方法、手段和形式等进行评估，可更好地为社区居民服务。通过评估，了解科普效果、看到成绩、发现问题，提高科普工作者的积极性，推动政府、社会和企业加大对科普的投入，引导社区居民热情参与科普活动。科普场馆的绩效考核，既是压力也是动力，可以有效促进科普工作的开展。

3. 社区科普馆绩效评估的内容

通过笔者的问卷调查和城镇社区实地走访，社区科普场馆绩效评估考核重点应在以下几个方面：科普场馆设施展品考核、运行制度考核、专题活动组织考核和社会影响力考核。

（1）设施展品考核

科普场馆的硬件考核包括场馆布局、设施、展品、规模等刚性指标。第一，社区科普馆布局的合理性考核。根据前文的调研统计，当前社区科普馆场的面积相对有限，如何有效利用，整体布局非常重要。第二，社区科普馆展品数量和质量、展品维护及更新频率的考核，这也是保证科普效果的重要载体。第三，社区科普展品互动性、趣味性和影响力的考核。

（2）运行机制考核

除硬件方面外，社区科普馆的软件建设，对最终的科普传播效果也具有重大的影响。如展品维护和更新制度、参观人数及效果考核制度、展教人员培训制度、工作人员绩效考核制度、对外交流制度、展教服务制度、开放制度及文字和影像资料的档案管理制度等。

第一，相对完善的各类规章制度是科普场馆日常运营的基础，建立健全并完善合理可行的规章制度有利于科普场馆日常的有序运行和未来的可持续发展。第二，上述规章制度的执行效果需要长期跟踪并及时反馈和改进。

（3）专题活动组织考核

组织专题科普活动是城镇社区科普馆增强科普效果、扩大科普影响的有效渠道之一。需要从三个方面对此进行考核：第一，对专题科普活动开展次数的考核。作为对社区科普馆展览教育职能的补充，需要对科普活动开展的次数、覆盖人群、完成情况及效果进行跟踪评估。第二，科普活动质量的考核，包括活动的数量、质量、参与人数、社会影响等。第三，对志愿者情况的考核，关注并考核志愿者的人数、服务时间、专业匹配程度等。

（4）社会影响力考核

社区科普场馆的社会影响力，主要指在本社区及周边学校和社区的影响力及社会评价等。其包括以下四点：第一，对社区科普馆总体满意度的考核。第二，对科普场馆的媒体宣传报道情况的考核。第三，对科普馆参加各级各类科普工作评优情况的考核。第四，对外合作交流情况的考核，包括与周边社区科普馆、学校、企事业单位合作开展活动等情况。

B.7

社区应急科普的探索与思考

李红林*

摘　要： 随着应急事件的频发和新媒体形式的发展，应急科普作为社区科普的一项重要内容，已经形成了迫切的现实需求。以常态化的应急科普为着力点着重培养社区居民的应急防范意识，以参与式演练为形式增强社区居民的科学应对能力，并逐步形成应急相关的知识体系，是社区应急科普发展的可循之道。

关键词： 社区科普　应急科普　科学素质　科普活动

随着我国城镇化进程的推进，社区已经发展成为我国居民的重要生活单元，关系我国公民科学素质整体提升、社会发展、小康社会和创新型国家建设，社区科普也因此成为我国科普工作的重要方面。同时，伴随新媒体形式的快速发展，公众获取信息、传递信息的形式发生了重要变化，科普走上了信息化的道路。在这个过程中，越来越多的科学问题更加快速地发展为公众关注的热点焦点，由此形成新的、更加迫切的科普需求。这种新的变化和需求，使社区科普工作面临新的内容和挑战。

* 李红林，中国科普研究所副研究员，研究方向为应急科普、科普理论、科普期刊评价等。

一 社区科普内容的新趋势：从“生活科学”的普及到“应急科普”

自2002年全国性“科普进社区”行动开始，全社会对于“社区科普”的关注逐渐加强。尤其是《科普法》规定城镇基层组织及社区应根据需要开展科普活动后，社区科普便以各种形式得到繁荣发展。在城镇化的快速发展时期，国务院办公厅印发的《全民科学素质行动计划纲要实施方案（2011－2015年）》中还专门增加了“社区居民科学素质行动”。纵观十多年来社区科普的发展，可以发现，社区科普活动长期围绕社区居民的生活需要而开展，如膳食营养、健康保健、睡眠养生、运动养生、老年常见病康复与保健、节能常识、环保知识等，从生活常识的讲述到各种生活问题的解决。有研究者基于对北京市多个社区的科普实践调研指出，“社区科普中的‘科学’是为丰富社区居民生活，营造一种健康向上的生活氛围而传授给居民的一种可以满足其生活需要、以解决实际问题为目的的有条理的知识体系和可以正确处理日常事务的方法。它具有功利性的特点……建立在朴素的工具主义基础上。”[①] 而胡俊平、石顺科等对社区居民开展的问卷调查结果也证实了这一点，如图1所示，医疗保健、食品安全、营养膳食排在居民感兴趣的科普话题的前列。[②]

2015年，我国第九次全民科学素质调查也显示，“生活与健康”在我国公众感兴趣的科技类新闻话题中居于首位[③]，如图2所示。

---

① 高建中：《社区科普实践研究——以北京社区为例》，清华大学硕士学位论文，2005。

② 胡俊平、石顺科：《我国城市社区科普的公众需求及满意度研究》，《科普研究》2011年第5期。

③ 何薇：《加强公民科学素质监测，为实现“十三五”建设目标提供决策支撑——在第二十二届全国科普理论研讨会上的报告》，2015年10月。

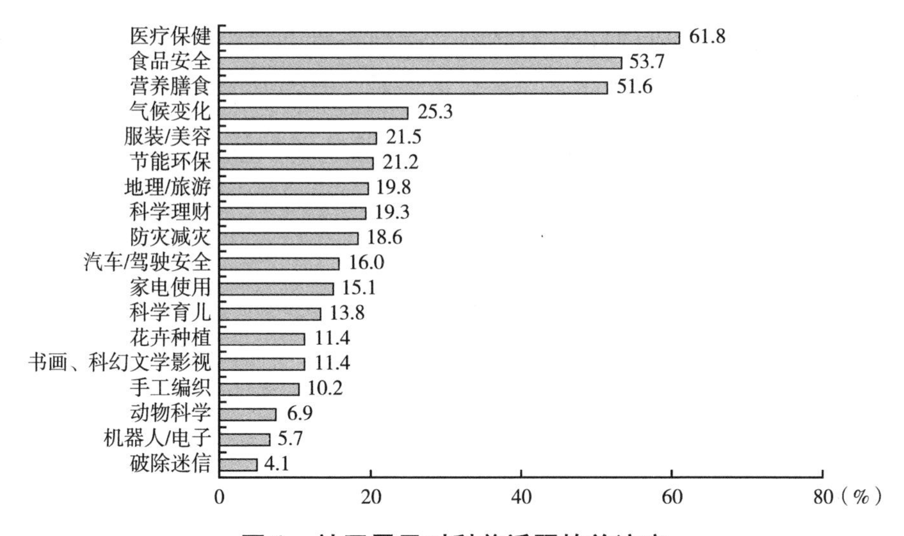

图 1　社区居民对科普话题的关注度

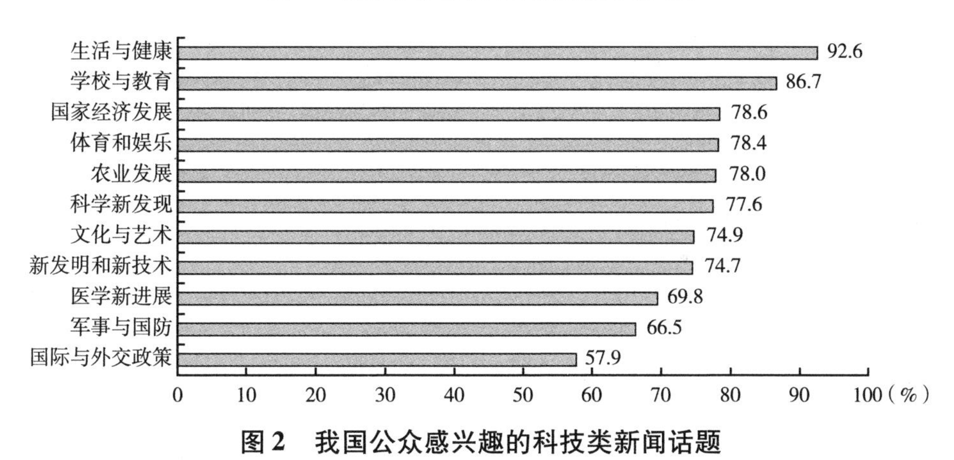

图 2　我国公众感兴趣的科技类新闻话题

有学者在分析我国公众感兴趣、关注以及理解的科学时，进一步将社区科普的主要关注内容概括为区别于学院科学或后学院科学的“生活科学”，并指出它几个方面的典型特征：与生活基本需求密切相关、强调易接近与直接感知、与社会知识密切联系、将实用性和工具作用置于优先位置、与文化传统底蕴内在相关。[①]

① 曾国屏、李红林：《生活科学与公民科学素质建设》，《科普研究》2007 年第 5 期。

同时，我们也看到，在社区科普不断推进的过程中，其内容呈现新的趋势。有研究者指出，“从总体上看，具有科技内涵的‘热点’问题，将是今后社区科普活动内容的主要选择趋势。”这样的判断，与近年来我国各类突发公共事件或热点焦点事件频发密切相关。有研究对2009～2011年11月我国发生的主要社会热点焦点事件进行详细的筛查，搜集到与科普相关的社会热点焦点事件达380件（不完全统计），具体分类如图3所示。[①] 安全生产事故、交通事故、自然灾害、食品安全等成为热议重点，而以这些事件为契机的相关科学问题，成为科普工作关注的重点。从图1也能看到，食品安全是社区居民第二关注的科普话题。可以说，围绕这些问题的应急科普作为社区科普的一项重要内容，形成了迫切的现实需求。

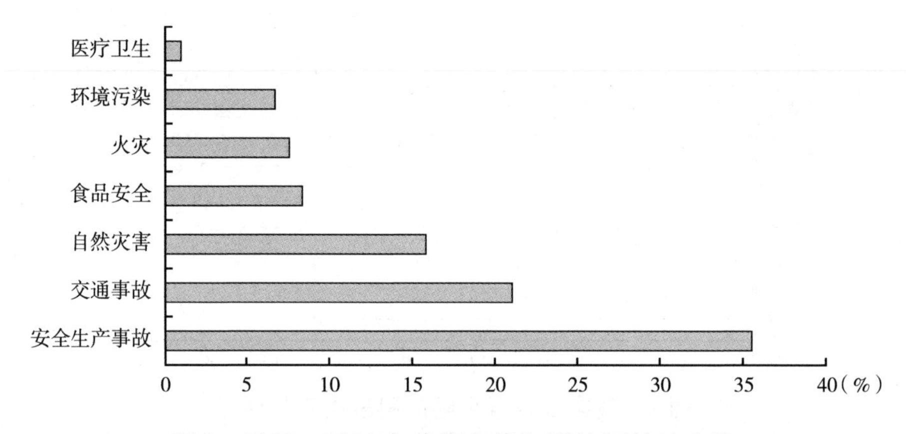

图3　2009～2011年我国各类与科技相关的突发或热点焦点事件类型分布

在全国社区科普工作的部署中，各级科协组织也充分认识到应急科普的重要性。2013年6月，全国城镇社区科普工作会议明确提出

① 任福君、李红林、李蔚然等：“结合社会热点焦点问题开展科普活动的形式、途径及机制研究”项目，2010。

"要针对人们关心的自然现象和自然灾害、生命现象和疾病疫情等问题，加强科学解释，普及相关知识，引导人们正确认识自然、正确认识自身，消除恐慌心理。要大力宣传与群众日常生活密切相关的科学知识，重点普及食品安全、生态环保、节能降耗、安全生产、交通安全、应急避险、娱乐健身等方面的科学知识，促进人们养成科学健康文明的生活方式"①，应急科普和生活科学的科普成为社区科普工作的两大重点。

二 应急科普的概念及特征分析

1. 应急科普的概念

关于应急科普的概念，上文已有所涉及，也有很多学者做出了积极探讨。"应急科普就是针对突发事件，根据公众关注的热点问题所开展的科普"②，这一定义强调了应急科普的特定内容；"应急科普指的是应急条件下开展的科普活动，应急主要指应对公共突发事件的状态、过程或能力"③，这一定义则强调了应急科普的特定时机；"应急科普，实际上就是要通过普及、传播和教育，使公众和青少年了解与应急相关的科学技术知识，掌握相关的科学方法，树立科学思想，崇尚科学精神，并具有一定的应用它们处理实际突发问题、参与公共危机事件决策的能力，实现其在紧急状态下沉着冷静、科学应对的目标"④，这一界定比较全面地指出了应急科普的对象、内容和目标。

上述概念的界定各有侧重，本文比较赞同最后一种界定，并对其

① 申维辰：《加强社区科普工作 不断提高全民科学素质》，《人民日报》2013 年 6 月 20 日。

② 朱登科：《突发公共事件中网络媒体应急科普的作用分析——以人民网、新浪网对汶川地震、甲型 H1N1 流感相关报道为例》，《科技传播》2010 年第 2 期。

③ 石国进：《应急条件下的科学传播机制探究》，《中国科技论坛》2009 年第 2 期。

④ 《应急科普："体验"中求生存》，http://www.zskj.gov.cn/Application/FramePage/CommonArticle.jsp?ArticleID=6032，2010 年 12 月 6 日。

进行补充和扩展，“应急科普是围绕应急事件开展的科学传播、普及和教育活动，使公众和青少年了解与应急相关的科学技术知识、掌握相关的科学方法、树立科学思想、崇尚科学精神（四科），并具有应急防范意识（一意识）、应对突发事件和问题的能力以及参与相关事务的能力（两能力）”，其目标可简要概括为“四科一意识两能力”。

需要指出的是，应急科普中的应急事件通常包含两种类别的事件：一类是突发性公共事件，这类事件通常指“突然发生，造成或者可能造成重大人员伤亡、财产损失、生态环境破坏和严重社会危害，危及公共安全的紧急事件”，包括自然灾害、事故灾难、公共卫生事件和社会安全事件等，是非特定的人为因素造成的突发性事件[1]；另一类则为热点焦点事件，即“在社会现实生活领域中某一时期引起众多社会成员普遍关心、持续关注、激烈议论并产生重要影响的冲突或失调现象，集中体现了一定时空范围内公众的利益、兴趣和趋向”[2]，这类事件与第一类事件最大的区别在于，它通常是由于人为因素而形成的一段时间内的热点话题。随着新媒体形式的发展、信息传播速度的加快和范围的急速扩展，这类事件已经越来越成为应急科普的重要方面。

2. 应急科普的特征分析

应急科普，因其特定的内容和部分特定的时机而不同于一般科普。一般科普是长期性、持续性、系统性的工程，围绕各种科学技术问题开展常规性的科普传播、普及活动和教育，是科普工作的主要立足点。而应急科普，以应急事件的发生或兴起为契机，具有特定的指向，包括特定的科学技术问题和特定的人群、地域、时空等，是一种非常时态的科普工作。对于一般科普与应急科普之间的关系，中国科

① 《中华人民共和国突发事件应对法》，2007 年 8 月。

② 尹继佐主编《体制改革与社会转型：2001 年上海社会发展蓝皮书》，上海社会科学院出版社，2001。

技馆原馆长王渝生指出，“（一般）科普工作是一项长期的、持续的社会文化工程，但应急科普是一个非常时态的科普工作，这两者是一种普遍性和偶然性、一般性和特殊性的关系”。因此，应急科普呈现一些与一般科普不同的特性。有研究者指出其具有时效性强、针对性强、富有挑战性等特点。[①]

此外，由于应急事件的发展特性，应急科普也呈现阶段性特征。根据应急事件的不同阶段，应急科普的内容、渠道等都有不同的侧重。突发事件的发展，通常分为事前、事发、事中和事后四个阶段，而热点焦点事件则有出现、发展、波动和沉寂四个阶段。相对应的，应急科普的工作重点分别为应急预防、准备、处置和恢复重建。在应急预防阶段，工作重点多为对可能的突发事件和热点焦点事件进行监测及预判，并围绕可能发生的应急事件进行基本的科普宣传，增强公众的应急防范意识；在应急准备阶段，则主要围绕应急事件主题，积极组织科学家、媒体及相关力量，及时做出有效的反应；在应急处置阶段，主要为配合相关部门采取救援及处置措施，组织输送针对性的科普资源及服务，帮助公众获取相关的科技知识，掌握科学的应对方法，提高应对能力，最大限度地救助生命、减少损失；在应急恢复重建阶段，主要为总结、评估、整理以形成对其他可能发生的应急事件具有参考价值的科普资源和服务，满足更广泛群众的需求。这四个阶段的应急科普工作形成了一个有效的闭合回路（如图 4 所示），并且，应急预防和恢复重建阶段的工作，通常被纳入一般的常态科普中，以及时满足应急时段的科普需求。

值得一提的是，在不同的阶段，应急科普的渠道也有不同的侧重。在应急预防和恢复重建阶段，应急科普的渠道呈现多样化的特

① 《抗震救灾中的应急科普——科普专家王渝生、苏青访谈》，《大众科技报》2008 年 7 月 6 日第 A03 版。

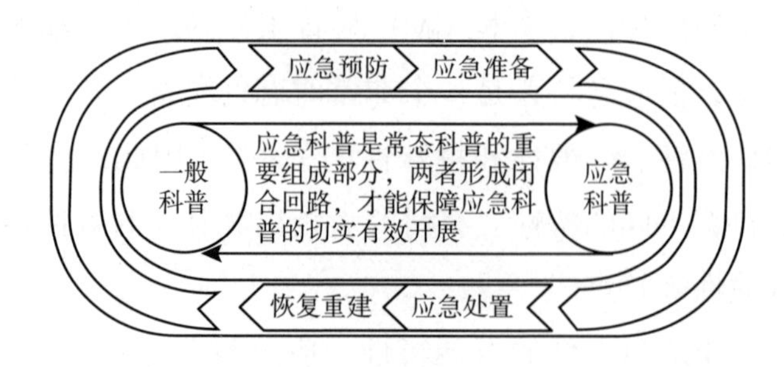

图4　应急科普的阶段性及其与一般科普的关系

征，且以学校、科技类场馆、社区等实体渠道为主，通常与一般的常态科普融为一体；应急准备和应急处置阶段，由于事件的实效性和紧迫性等，多以大众媒体（尤其是广播、电视）等为主要渠道，新媒体的作用也日趋显现。

由此，我们也可以看出，社区应急科普的着力点在于应急预防和恢复重建阶段的常态化应急科普工作，这也是本文的核心观点。

三　社区应急科普的实践：国外经验

社区应急科普实践已有开展，但有关的专门研究和总结还相对匮乏。从一些已有的应急科普实践中，我们能得到开展社区应急科普的有益借鉴。

1. 美国：以社区为单元的标准化跨区域演习

美国加州是一个地震多发地区，因此，加州对地震灾害的应急管理和应急科普极为重视，经过几十年的建设和完善，已经形成了一套完善的应急管理与应急科普体系。尤其是，加州形成了常规化、以社区为单元的标准化跨区域地震演习与应急科普活动（开始于 2008 年的南加州地震演习，之后确定每年 10 月的第三个星期四进行），最大限度地动员了最广大的社区居民参与应急科普活动中，以教育市民如何在大地震中保护自己以及如何做好准备应对地震。目前，这一应急科普模式（如图 5 所示）已在北美全面推广。

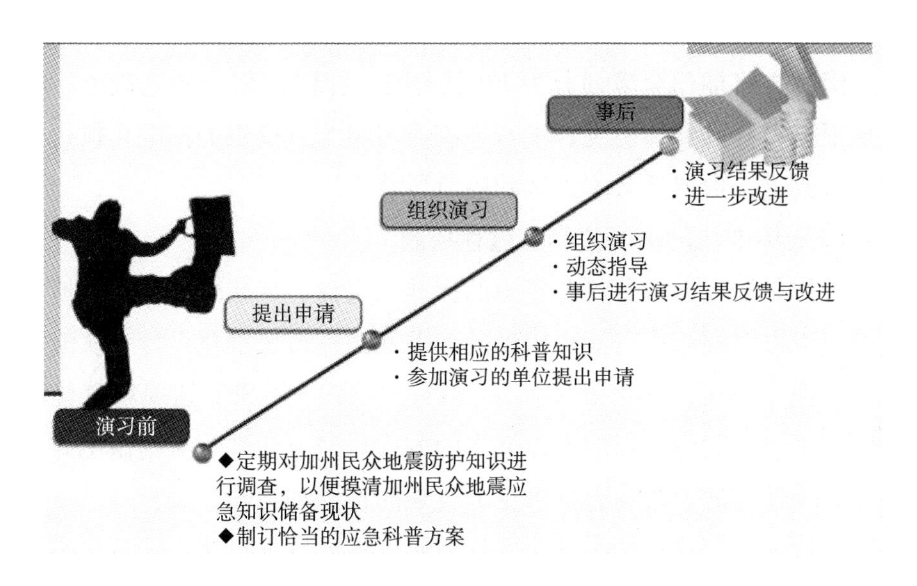

图 5　加州地震应急演练的流程

该应急演练模式至少在以下两个方面具有借鉴意义。

（1）面向需求，因地制宜的区域化管理

加州年度跨区域地震演习组织方会定期针对加州民众的地震防护知识进行调查，以便摸清加州民众地震应急知识储备现状，从而更好地制订应急科普方案，以满足民众的切实需求，达到更好的效果。例如，2010 年 3 月 6 日的调查报告显示，加州人防震意识仍显不足，60% 以上的民众只会做简单的防震准备；80% 以上的家庭在家中备有急救用品等，但仅有 40% 的民众安排了家庭灾难应变计划；仍有一些民众相信一些不实传言，例如地震时逃离建筑物比躲在就近坚固桌底更安全，等等。①

① http：//ww1. prweb. com/prfiles/2010/03/05/648954/SurveyFacts. pdf.

除了演习前调查现状，加州年度跨区域地震演习还采取因地制宜的区域化管理方式，制订符合本区域特点的演习执行方案，以达到良好的演习效果。为适应各地区不同的人口、教育、财政、地形等差异，组织方将加州全境划分为 11 个大区。在区域划分的基础上，各区域根据自身的具体情况，参考地震演习组织方提供的标准化执行文件进行改进，形成适合本地区的应急科普方案。

（2）标准化的演习流程及过程控制

首先是演习前应急科普资源的标准化设计。加州年度跨区域地震演习组织方对演习中可能会用到的各类资源进行标准化设计，从演习册和其他规划文件到多媒体演示资料，从宣讲会 PPT 到现场宣传海报无所不包。同时，组织方以文本的方式对演习活动的流程做出详尽说明，为地震演习参与者提供更为直观的帮助和指导。

其次是演习流程的标准化。加州年度跨区域地震演习涉及加州全境所有的市县，为了统筹加州全境进行跨地区大规模演习，组织方注重流程的标准化设计。先是社区、学校、个人和家庭等采取自主申报的方式，加入跨区域的演习。申请得到组织方确认后，各参与者即可下载相关的标准化文档，并根据各区域自身的具体情况，制订符合本区域特点的演习执行方案。演习过程中，组织方会给予实时指导。演习结束后，组织方还会根据演习现场的实地观察和演习后针对演习参与者的问卷调研，对年度演习进行归纳总结，并在此基础上提出改进意见。

最后是演习的过程控制。为了保证演习的质量，组织方对演习过程进行了相应的控制和指导，包括核心内容的强化及演练、地震防护知识综合宣传、多组织（政府团体、医疗机构等机构和组织）的综合强化演练等。

2. 日本：包含社区的常态化应急科普教育体系

日本也是一个地震多发国家，在长期应对地震灾害的过程中，构建了常态化的应急科普教育体系。结合社区应急科普，其至少在三个方面形成了良好的借鉴。

（1）从学生到成人的全民灾害教育体系

日本的防灾救灾教育实现了从正规教育到非正规教育、从幼儿到成人的全覆盖，而且针对不同时期的不同特点，教育内容具有很强的针对性。譬如，针对幼儿园及小学低年级学生，以强调灾害的危险性、不可预测性以及做好防灾准备和灾害救助的重要性为主，注重培养孩子的灾害意识；针对小学高年级学生和中学生，则以对各类自然灾害的科学阐释和实用防护技巧为主，注重培养学生的科学知识和救护能力。面向成人，重点则从个体防护转向家庭防护和社区互助，通过各种形式指导人们做好家庭防灾救灾的预案、灾害发生时做好自救，并尽可能地开展社区互救工作。

（2）以防灾演练为核心的多途径灾害教育

日本通过各种活动形式，常年不断地进行全民防灾教育和培训，其中尤以防灾演练为重要方式。在每年法定的“防灾日”，日本全国上下都会动员市民参与大规模的地震防灾演练。除每年的全国性训练外，各地方、机关、公司、学校、街道社区、农村等都要组织各类有针对性的培训或训练，针对不同专业或一般民众，针对消防、医疗、排险等不同救灾措施。近年来，除了事先安排的训练程序外，还增加了仿真训练，即事先不通知的应急训练，以更真实地了解公众的应急应对能力。

（3）平震结合的防震救灾基地建设

日本在阪神大地震后着力开展防灾基地的建设[①]，这些防灾基地通常也与平时的社区科普活动进行了很好的衔接。以兵库县三木震灾

---

① 侯建盛：《日本新潟地震救灾行动及对我国地震应急工作的启示》，《防灾技术高等专科学校学报》2005年第3期。

公园基地的设计和建设为例，其反映了日本防灾基地建设的新思想，即平震结合，综合利用。该公园选择在离开市区一定距离的基岩和硬土场地，交通便利。平时，它为县民提供运动休闲等活动场所，可以对防灾救灾人员进行培训，并具有进行防灾科学研究的功能；震时，作为应急救灾的基地，以消防学校为中心，为集结的救灾队伍提供食宿，调度和停放直升机和车辆，集散和调配救灾物资与人员等。该防灾基地集应急救灾、培训、科研、运动、休闲、教育展览于一体，震时作为现场救灾指挥部，平时也可以充分利用基地传播防震救灾知识，使当地的居民可以通过基地获得震时物质上的救助与防震救灾指导。

四　我国社区应急科普面临的困境

我国的社区科普工作，依托社区居委会，以市、区县和街道科协为领导和指导单位，联系其他相应部门，通常借助科普志愿者开展活动。社区作为城市管理体制中的基层单位，也是政府各项职能在基层的最终落实和执行机构，执行着各部门下达的诸多任务，科普工作只是社区诸多工作中的一项。

在社区科普工作的实际开展中，面临人、财、物等各方面的困境。首先，由于社区居委会人员编制的有限，少有专职科普工作人员来组织相关工作，而科普志愿者作为外部力量，难以有长期稳定的保障，在专业性方面也有待加强。其次，我国社区科普工作的经费主要来自科协，科技局等相关政府部门和街道办偶有少量补充。总体来看，社区科普经费存在严重的不足，这在一定程度上制约了社区科普的发展。最后，虽然当前社区科普画廊（宣传栏）、科普活动室、科普书屋以及一些电子化的社区科普基础设施得到了长足发展，但是，依托这些基础设施，及时有效地面向居民提供科普资源和服务方面，还存在明显不足。

社区应急科普，需要对突发事件和热点焦点问题做出及时、有针对性的快速反应，以上社区科普工作中普遍存在的问题在社区应急科普中表现得更甚，尤其是人的问题和资源问题。笔者在 2014 年江苏省社区科普员培训会的多场报告中，通过与社区科普工作人员的访谈了解到，社区对应急科普有越来越迫切的需求，但是在实际工作开展中，面临着一些具体的问题，主要表现为两大难：一是难在应急事件发生时，及时找到相应领域的专家进行科学的解读；二是难在找到契合需求的围绕应急事件的科普资源。以社区有限的人力、经费和科普资源，要在应急准备和应急处置，尤其是应急处置阶段，做出应急响应，开展及时的科普工作具有极大的困难。

五　应急科普常态化：我国社区应急科普开展的着力点

要化解社区应急科普面临的这些问题，一个基本的着力点在于——应急科普常态化，即以有限的人力、财力、物力资源，达到“四两拨千斤”的效果，在应急事件的事前和事后，即应急预防和应急恢复重建阶段做好工作，将应急科普作为重要内容纳入日常的一般科普工作中，做好“养兵千日”的基础性工作，以在应急事件发生的关键时刻发挥作用，“用于一时”。正如学者指出的，“我们在应急科普中开展的一些工作也应该纳入日常性、经常性的科普工作中。日常性、经常性的科普问题如果考虑得比较多，应急科普时就可以信手拈来。”

应急科普的常态化工作，也要突出重点领域，着重培养社区居民的应急防范意识、增强社区居民的科学应对能力和参与相关事务的能力，并逐步建立形成应急相关的知识体系，在应急事件发生时能从容应对。

1. 面向需求，进行有针对性的应急知识体系建设

社区应急科普工作，尤其需要突出重点，有的放矢，面向需求是首先需要考虑和掌握的，不仅要洞悉社区居民关注的重点领域，而且要对社区居民在该领域的应急知识储备现状做一定程度的了解，正如美国加州的地震演习中所做的事前调查。因而，社区科普在制订年度工作计划时，可开展相关的调查，了解社区居民的需求，做整体的规划；同时，在工作开展的不同时间段，结合当时的突发或热点焦点事件，进行及时的调整，以充分满足公众的需求。

面向需求，针对性显得尤为重要，需要充分结合本社区的区域特点、工作开展的时间点、针对居民的需求极其薄弱环节等，开展相关工作。诸如，在福建等常年会面临台风、洪水等问题的地区，以防水防风为重点开展应急科普工作；在四川、青海等地震多发地段重点开展地震应急科普工作；在春季的湖南、湖北等地，重点开展防洪的应急科普，在夏季则重点开展应对极热天气的应急科普，等等。

应急知识体系的建设，不仅仅只是了解应急事件的种类、特点、危险等知识，预防和避险的方法，而且还包括如何获取准确的信息，如何理性地甄别一些热点焦点事件中的信息并理性地参与其中，以及如何科学理性地对待应急事件中的各类状况，等等。应急知识体系是包含了应急科学知识和方法，以及科学理性的态度、思想和精神在内的更广泛意义上的知识体系。

2. 应急前置，培养居民的应急防范意识

在我国的应急科普能力建设中，一个突出的问题在于，公众危机意识的淡薄。当应急事件发生时便会毫无准备、手足无措、立即陷入恐慌之中，这样不仅给自身带来更大的危险，也给政府救援带来极大的困难。因此，提升公众的危机意识及进一步的应急防范意识，将这种意识内化于公众之心，可以更有效地防患于未然。

社区应急科普的常态化中，需要加强警示宣传，通过多种手段增强公众的警惕感，强化危机意识，从而促进公众自觉地强化正确应对突发事件的学习意识，并有意识地提升自身的应对能力。

3. 创新形式，以参与的方式加强科学应对能力

日常的社区科普工作，通常以科普展示、专题讲座等主要形式开展，这类形式实质上仍是灌输式的，一股脑儿向公众灌输各种科学知识、方法等。

由于突发事件的特殊性，公众需要在短时间内做出迅速的反应，这些涉及应急知识、方法、技能以及心理等多方面的综合能力，具有很强的实践操作特性，单靠灌输很难起到良好的效果。因此，探索并创新社区居民参与式的、危机应对的情景仿真教育和演练体系，尤为重要，日本的地震灾害应急科普和美国加州的地震演习都给了我们很好的启示。

结合地域应急特点，围绕频发自然灾害事件，如台风、地震、洪水等进行救灾反应培训和演练，训练公众在危机撤离和救援中的处置能力和应对能力，训练社区、应急处置机构等的组织应变能力，训练救援机构等的应急反应能力，等等。

此外，围绕社区可能突发的应急事件，譬如火灾、传染类疾病偶发期等，开展“体验式”“互动式”的强化教育。[①] 通过设置模拟场景，组织社区群众亲身参与，调动公众参与的主动性、积极性，积累应对不同突发事件的实战经验，不断提升自救和互救能力。

---

① 张小明：《加强社区应急科普教育体系建设》，《学习时报》2010年6月7日第006版。

B.8
全国基层农技人员能力提升需求研究

同方知网（北京）技术有限公司*

摘　要：随着“互联网+农业”的发展，农技人员的能力要求日趋多元化，本报告通过开展全国范围的大样本调研，经过数据分析提出当前农技人员需要从三个方面提升个人能力：技术服务能力，包含种植、养殖、农机、信息等服务能力；经营管理服务能力，包含营销类、管理类、品牌建设、标准化生产、经营类等服务能力；产业规划服务能力，包含乡村旅游、产业化技术、创业规划等服务能力。

关键词：基层　农技人员　能力提升

一　研究背景及意义

（一）研究背景

党和国家十分重视农业科技的转化与应用，2015年我国农业改革进入深水区，农业发展被纳入国家总体经济发展战略中。国家主席习近平说：“科技是国家强盛之基，创新是民族进步之魂。科技创新

---

* 课题组联系人：顾君，gujun@cnki.net。

是提高社会生产力和综合国力的战略支撑。”他明确指出：要“消除科技创新中‘孤岛现象’，破除科技成果转移扩散的障碍。”目前，生产中大面积应用农业科技成果的只占30% ~40%，农业科技成果的转化应用率较低，农技人员需要加强农技推广服务、提高服务的效率。

在新的经济和政策环境下，农技人员的服务对象日益多样化，农技人员能力要求日趋多元化。在为新型农业经营主体提供服务的同时，农技人员需要掌握并传授经营管理技能；在农业产业化实施过程中，农技人员需要向服务对象传授产业规划知识和技能。

（二）研究意义

农业技术推广服务工作需要农技人员①与农民沟通交流，指导并传授农业生产实用技能，需要具备一定素质和综合能力才能胜任。调查全国农技人员能力提升的需求，进而通过信息化手段提高农技人员的能力，不仅符合“互联网+”行动计划的要求，而且有助于推进“五步同化”。因此，本次调研意义重大。

1. 区/县农业单位人才建设的需要

从区/县农业单位②领导的角度看，领导思考的层面广，要考虑农技人员发展、农户发展、本区整体农业经济发展。农技人员的工作与农户直接对接，通过为农户开展培训，从观念上引导农户个人的多元化发展；通过为农户提供农业生产指导，提高农户的农业生产技能，提高农户的收入，带动本地农业经济的发展。针对农业机构开展调查，了解区/县农业单位整体状况与能力提升需求，为本区/县农业单位人才建设、为领导规划本区农业经济发展和科学决策提供可靠的依据。

2. 农技人员个人发展的需要

从农技人员个人角度看，新型农业经营主体的涌现，促使服务对

① 本文“农技人员”泛指在市、区、县、乡镇、农村提供农业技术服务的从业人员。

② 本文“区/县农业单位”指农业局、畜牧局、水产局、农机局等单位，含农技推广机构。

象越来越多样化，对农技人员的能力提升要求日趋多元化，农技人员需要不断提升自我，丰富个人能力，来应对新的形势。针对农技人员个人开展调查，了解个人基本情况及能力提升需求，可为个人规划与发展提供科学依据。

二　问卷设计与样本情况

（一）问卷内容

通过查阅相关主题文献，征求北京农林科学院、北京农业职业技术学院专家小组意见，设计调查问卷个人版、机构版；通过电话沟通随机调查20名不同地区的农技人员，结合反馈意见，修改问卷题项；咨询专家顾问，结合专家意见，最终确定2份问卷。问卷内容包含：农技人员个人基本情况、区/县农业单位基本情况、知识更新情况、推广服务情况、考评情况、急需的实用技术及技能、创业需求等。

（二）问卷可行性验证

为了保证调研的科学性与有效性，在正式开展调查之前，验证了问卷可行性。6月9日、12日，调研小组成员顾君、吴亚男等人实地走访了北京市密云县农业服务中心、密云镇李各庄村、密云县河南寨镇、东邵渠镇东葫芦峪村、大兴农委、大兴区安定镇后安定村、大兴区庞各庄镇丁村7家单位，调查了专家、全国农业技术指导员、科技示范户、农技推广管理人员、新型职业农民等不同类别的人员共13人，调查了农技人员的实际需求，证实了问卷的可行性及合理性。

（三）调查方法

采用问卷调查法，结合农业科技网络书屋用户群体的特点，开展个人、机构调查：个人书屋用户问卷调查通过网站在线填写提交个人问卷表，区/县书屋管理员通过网站下载填写机构问卷表并盖单位公章，发送至活动邮箱。针对参与个人调查的农技人员给予积分奖励，参与机构调查的用户给予物质奖励。

（四）样本情况

18 个省份 112 家农业单位参与机构调研；东部地区北京、天津、河北、辽宁、江苏、福建、山东、广东，中部地区黑龙江、吉林、山西、江西、安徽、湖北、湖南、河南，西部地区内蒙古、广西、重庆、四川、贵州、云南、陕西、甘肃、青海、宁夏、新疆等全国 27 个省/直辖市/自治区的 884 个区/县 10627 人参与个人调研。

（五）主要采用的统计软件

本研究在计量运算过程中，主要采用了 excel 和 tableau 等数据统计分析软件。数据详尽可靠，能够比较全面、真实地反映全国基层农技人员能力提升的需求。

三　机构调研分析

（一）基本情况

1. 学历情况

调研单位农技人员学历平均占比：初中及以下为 1.68%，中专为 21.63%，高中为 7.90%，大专为 36.91%，本科为 30.27%，研究生为 1.58%。其中，大专及本科占 2/3，这部分农技人员是农业单位的主体，研究生很少。

2. 年龄情况

参与调研的单位农技人员年龄结构平均占比：20 ~ 29 岁为

7.64%，30～39岁为26.82%，40～49岁为42.67%，50岁及以上为22.90%，40岁及以上的占比为65.57%。以上数据说明农业单位农技人员老龄化比较严重。

3. 职称情况

调研单位农技人员职称平均占比：初级为38.15%，中级为37.49%，副高级为11.78%，高级为1.65%，无职称为11.04%。数据分析得出大多数农技人员为初级或中级职称，副高级及正高级职称很少。

4. 职能情况

调研单位农技人员职能分配：农业推广指导人员占77.07%，农业技术推广专家占11.84%，农业技术推广督导人员占9.35%，其他占1.74%。其中人数最多的是农业推广指导人员，区/县农业单位中绝大多数农技人员从事农业技术推广服务。

5. 从事农技推广工作的年限

调研的112个区/县中从事农技推广工作的平均年限为17.96年，农技人员具有丰富的从业经验。

6. 新进人员情况

调研的区/县农技人员从事农技推广工作的平均年限为17.96年，近5年平均每年新进农技人员2.75人。如图1所示，新进人员学历要求为大专、本科的居多，引进研究生的比例很小。

（二）知识更新情况

1. 知识更新途径

农技人员知识更新途径平均排名[①]如表1所示，最主要的途径是会议培训和同事传授。

---

① 本文平均排名＝Σ（人次×排名位数）/本题填写人次。

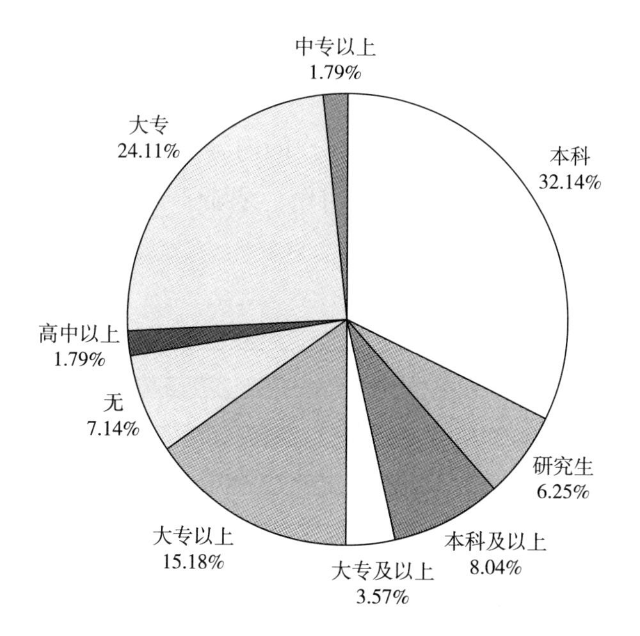

图 1　新进农业技术推广人员学历要求占比

表 1　知识更新途径人数与比例统计

单位：%，人

知识更新途径	第 1 位	第 2 位	第 3 位	第 4 位	第 5 位	第 6 位	平均排名
函授进修	24. 11	13. 39	13. 39	16. 07	25. 00	8. 04	3. 29
	27	15	15	18	28	9	
同事传授	18. 75	21. 43	30. 36	17. 86	11. 61	0. 00	2. 82
	21	24	34	20	13	0	
会议培训	42. 86	34. 82	11. 61	7. 14	2. 68	0. 89	1. 95
	48	39	13	8	3	1	
报纸杂志	2. 68	16. 96	20. 54	35. 71	23. 21	0. 89	3. 62
	3	19	23	40	26	1	
广播电视网络	11. 61	12. 50	24. 11	21. 43	30. 36	0. 00	3. 46
	13	14	27	24	34	0	
其他	0. 00	0. 89	0. 00	1. 79	7. 14	90. 18	5. 86
	0	1	0	2	8	101	

2. 培训农户

（1）培训内容

如图 2 所示，农技人员培训农户的内容主要是：农业生产技术培训、农业政策或法律法规宣传与讲解、农业产业化/规划指导、经营管理培训。

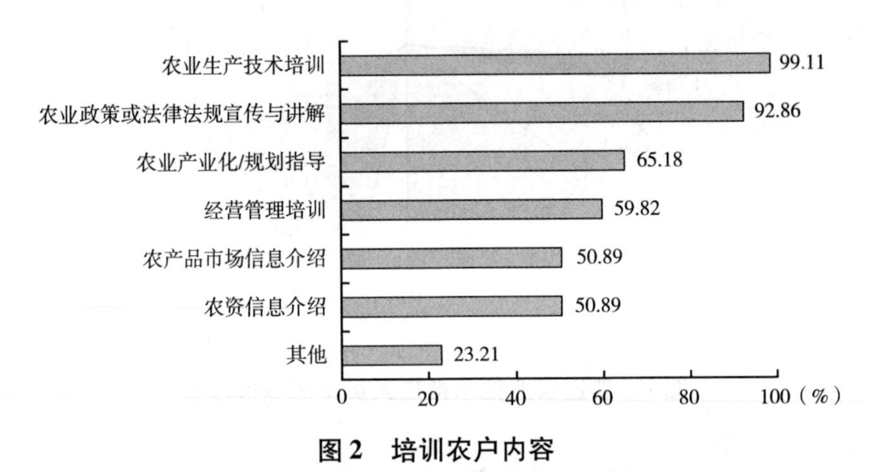

图 2　培训农户内容

（2）每年培训农户平均次数

如图 3 所示，所有农技人员都有给农户培训的经历，每年给农户培训 4 ~ 6 次的农技人员人数最多。

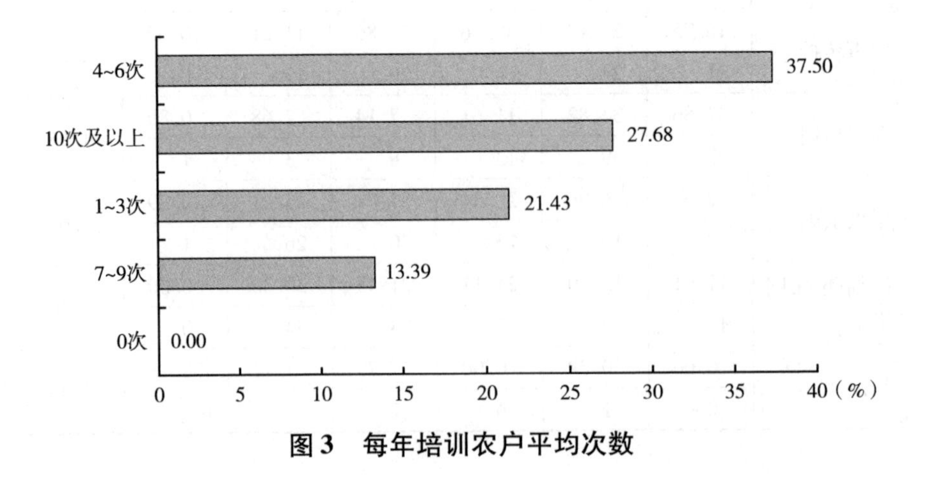

图 3　每年培训农户平均次数

（3）培训中存在的问题

如图4所示，培训农户过程中存在的主要问题是：培训结束后缺乏后续服务，培训内容不能够满足农民需要。

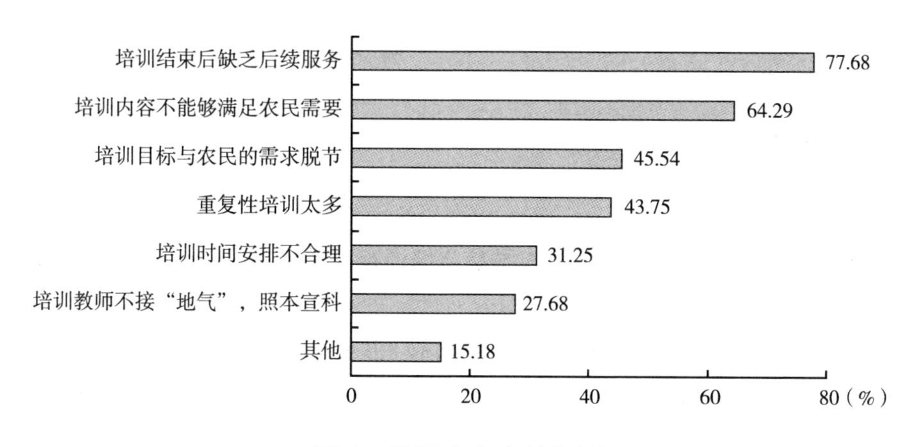

图4　培训中存在的问题

3. 参加培训

（1）按省、市、县级分

以区/县农业单位为整体单元，112个区/县近5年（2010～2015年）参加培训的平均次数：省级培训2.92次，市级培训3.22次，县级培训8.23次。

（2）按培训周期长短分

按培训周期长短分，调研的区/县农业单位近5年（2010～2015年）参加培训的平均次数：参加一周以上的培训2.90次，一周以内的培训6.93次，外县技术考察2.59次。

（3）参加培训的困难

如图5所示，农技人员参加培训最主要的困难是机会少及培训内容在实践中应用较少。

4. 学习或继续教育措施

调研的区/县农业单位中，97.32%的单位有鼓励学习或接受继续

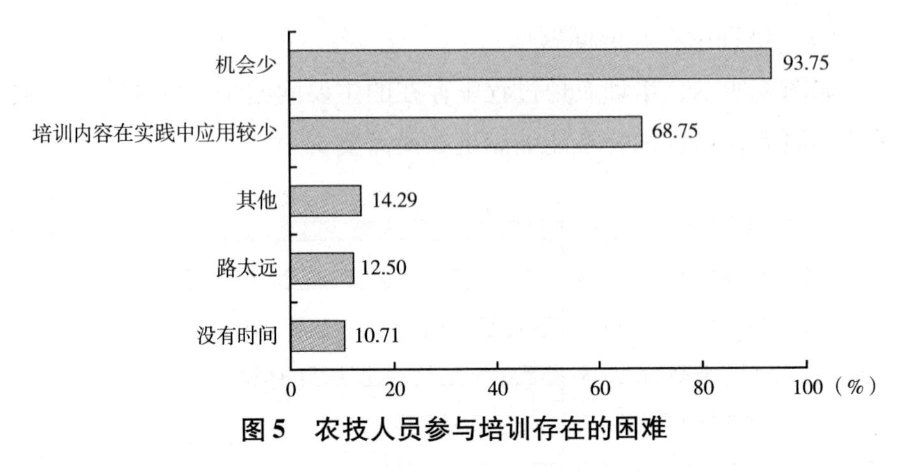

图5　农技人员参与培训存在的困难

教育的措施。具体有：①利用农业科技网络书屋让农技人员学习农业科技知识，同时把书屋使用情况作为年终绩效考核项之一；②单位制定学习制度，每周学习基础知识及政策法规，支持农技人员去外地接受继续教育，报销学杂费、交通费等；③积极争取上级资金，保证乡镇推广经费，使农技人员在实践操作中提高业务能力；④有些单位把继续教育和职称评聘直接挂钩，继续教育实行学分制，每年考核合格并达到一定学分才能参加职称的评定和聘任。

5. 其他更好地获取知识的途径

利用“智慧农民十万个为什么”产品，农民使用电脑、平板电脑、手机等，可随时随地查找解决当前农业生产中实际问题的方法。93.75%的单位认为这种服务模式很好，让农业科技搭上信息技术的快班车，获取知识更加快捷，有利于提高农技人员的业务知识水平，进而带动整个地区农业经济的发展。6.25%的单位认为有一定的局限性：①有一些贫困县，电脑、智能手机等设备和网络覆盖率低，不具备使用条件；②有些农技人员难以接受新鲜事物，不太会用电子产品，在一部分农户中也存在此类问题，服务受众面可能相对较窄；③“智慧农民十万个为什么”可以解决生产中的普遍性问题，但不能解决特殊性问题。

（三）推广服务情况

1. 服务对象

如图 6 所示，农技人员推广服务对象按比重由大到小依次是科技示范户、分散农户/家庭农场主、新型农业经营主体、试验示范基地农业生产者、其他。

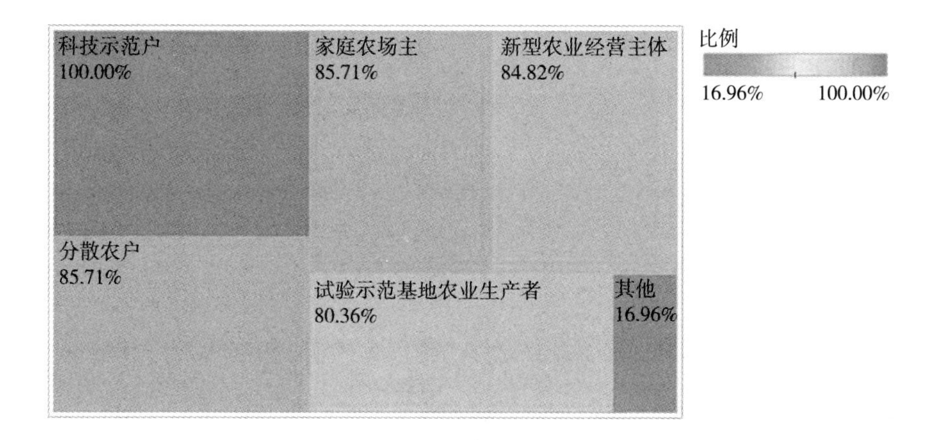

图 6　农技人员服务对象

2. 服务方式

如图 7 所示，农技人员主要的服务方式为现场指导、组织培训、咨询服务。

3. 协作推广单位

如图 8 所示，除农业局等单位外，提供农技推广服务的协作单位还有农业专业合作社或农技协会、科研单位（专家）、有关高校（专家）、农业企业等。

4. 科技推广项目

如图 9 所示，2015 年区/县农业单位承担上级分配的科技推广项目主要是科技入户、农民技能培训、测土配方施肥。

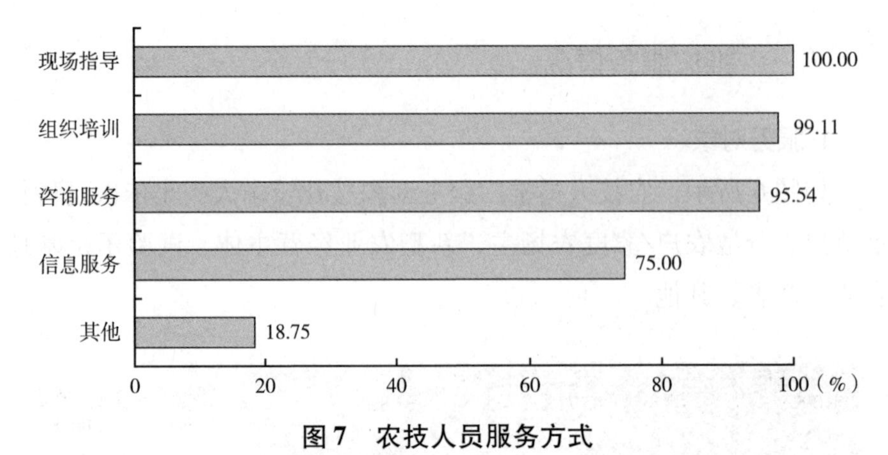

图7　农技人员服务方式

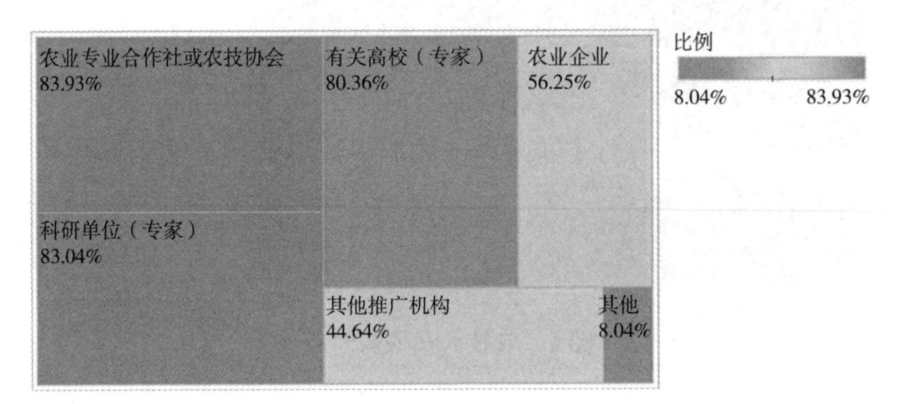

图8　农技推广协作单位

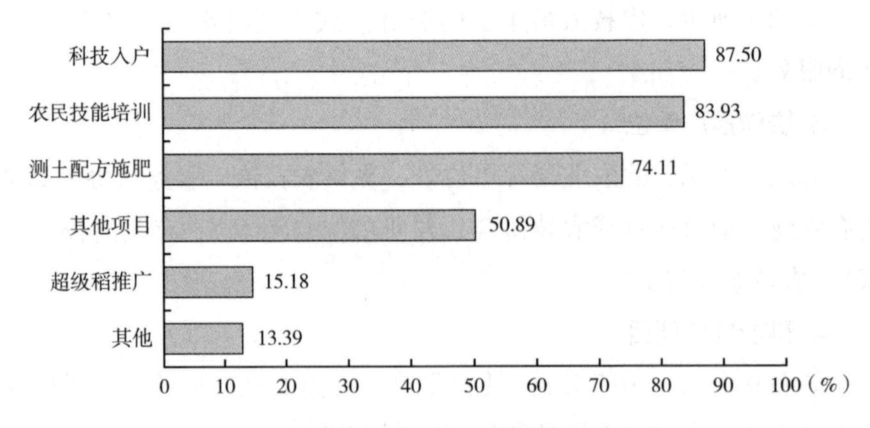

图9　2015年承担的上级科技推广项目

5. 推广经费来源

如图 10 所示，农技推广经费主要来自财政拨款。

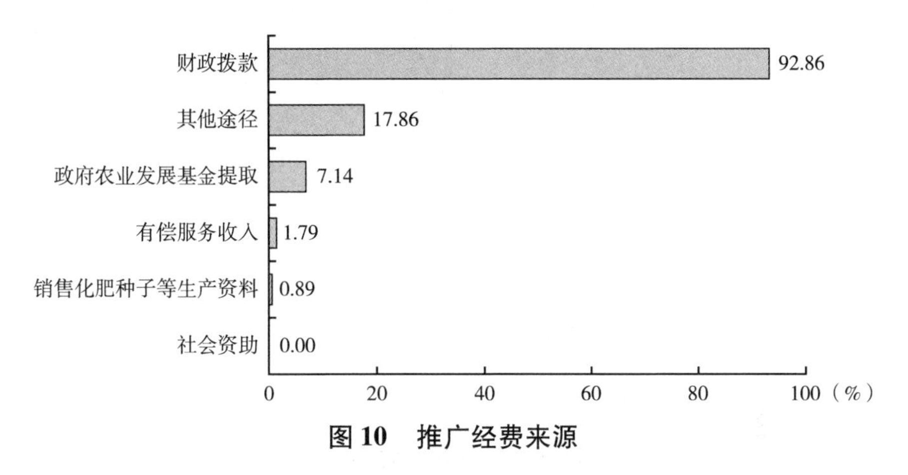

图 10　推广经费来源

6. 农业产前服务

如图 11 所示，农技人员提供的农业产前服务最主要的是技术培训、政策帮扶，然后是化肥、种子等生产资料。

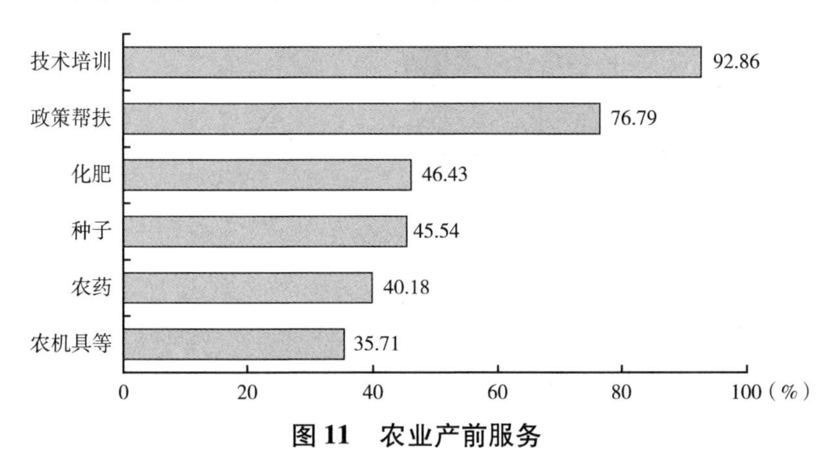

图 11　农业产前服务

7. 试验、示范情况

如图 12 所示，83. 93% 的区/县农业单位有农技推广试验、示范基地（生产资料等），16. 07% 的区/县农业单位没有。

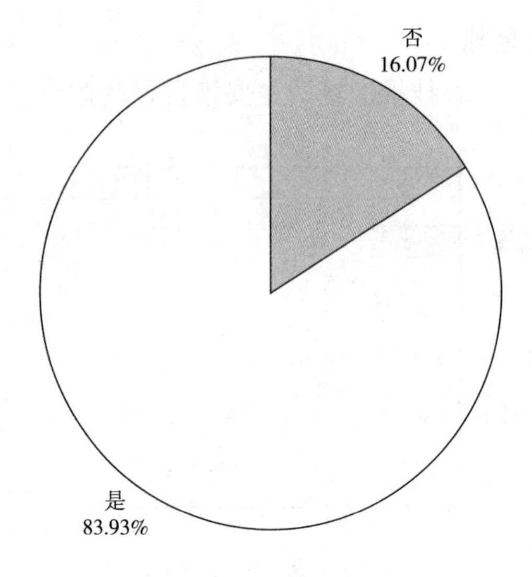

图 12　区/县农业单位是否有农技推广试验、示范基地

如图 13 所示，农技人员进行每年 2 次以上农业技术推广的为最多。

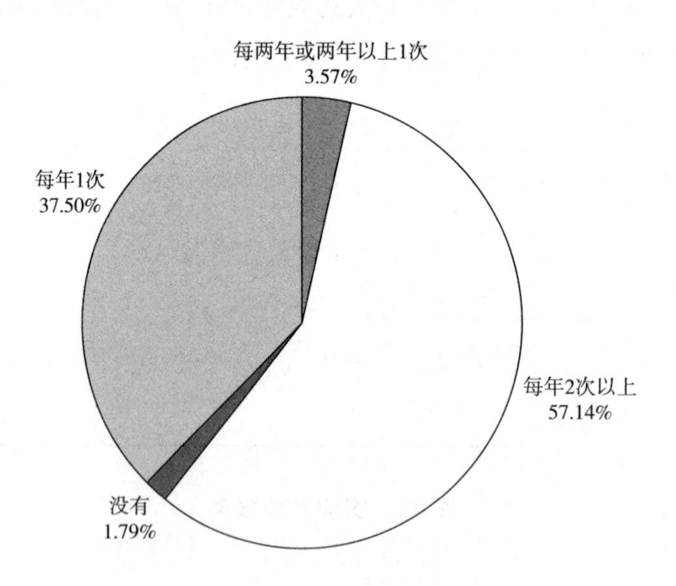

图 13　区/县农技人员进行农业技术推广试验、示范的情况

8. 技术指导

（1）入户到田指导情况

如图 14 所示，大多数农技人员经常主动入户到田，指导农业生产。

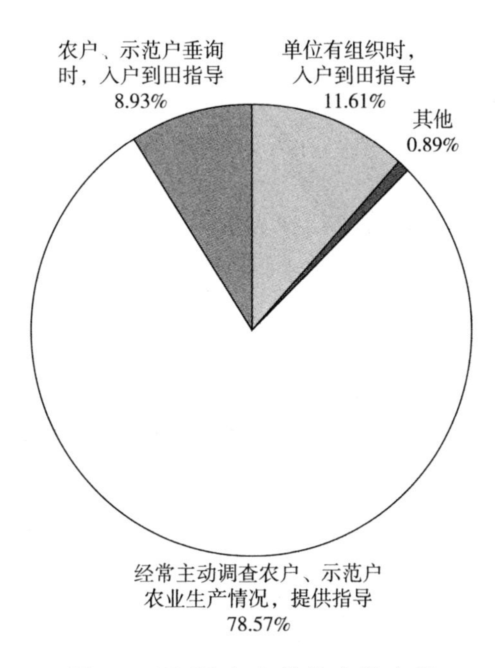

图 14　区/县农业单位农技人员入户到田指导情况

（2）指导农户农业生产情况

如图 15 所示，58.04%的农技人员下乡指导分散农户农业生产的平均周期为每月 1～3 次。

（3）农业产后指导

如图 16 所示，农技人员最主要的农业产后指导是帮助服务对象联系客户，拓宽销路，销售农产品。

（4）农户需要的指导

如图 17 所示，农户最需要的指导是新品种特性、产量表现及带

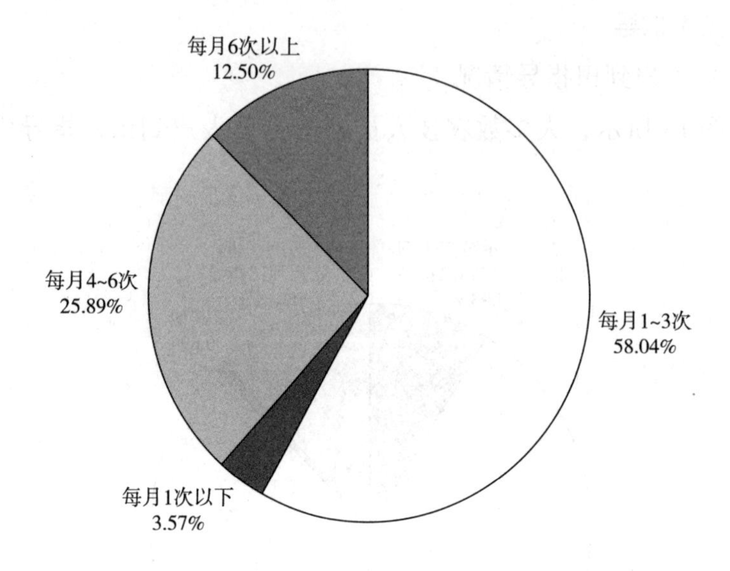

图 15　区/县农业单位农技人员下乡指导分散农户农业生产的平均周期

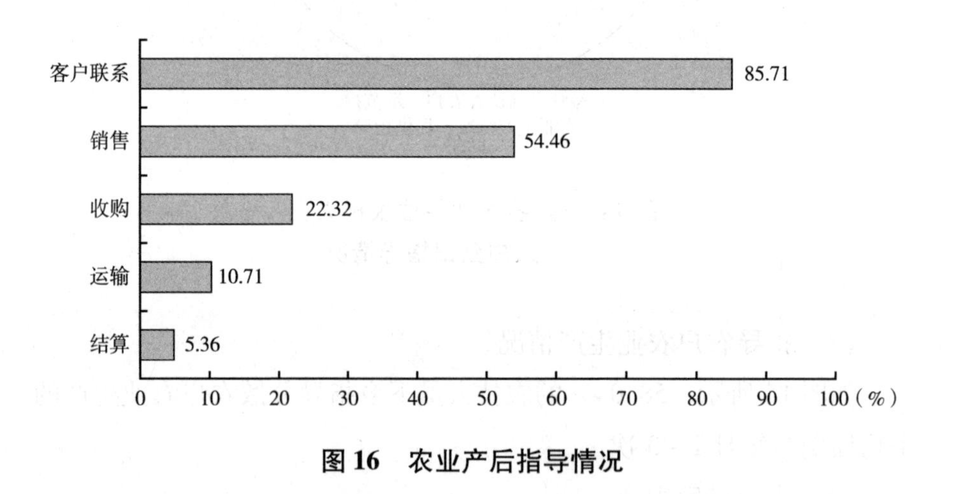

图 16　农业产后指导情况

来的经济效益，新型农业技术的应用条件及方法。

（5）有待改进的服务

如图 18 所示，区/县农业单位在提供农技推广服务过程中最需要改进的服务是提供市场信息、技术指导服务，其次是政策帮扶服务、

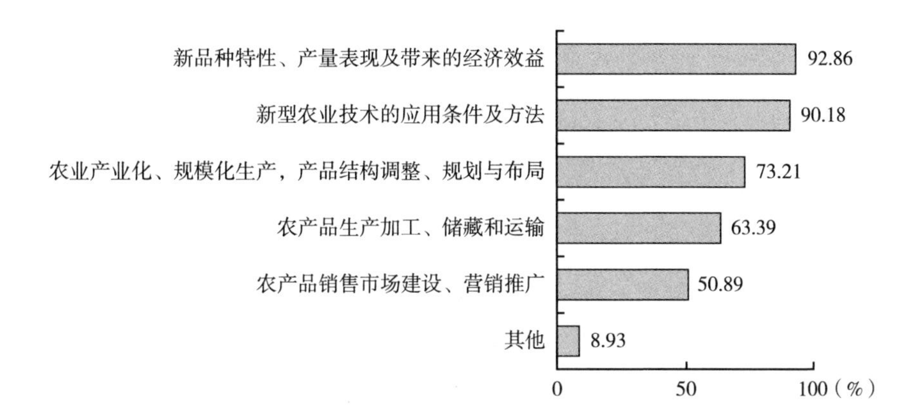

图 17　农户需要的指导

组织培训指导，最后是组织农户到示范园区观摩、产后服务（如农产品销售服务）等。

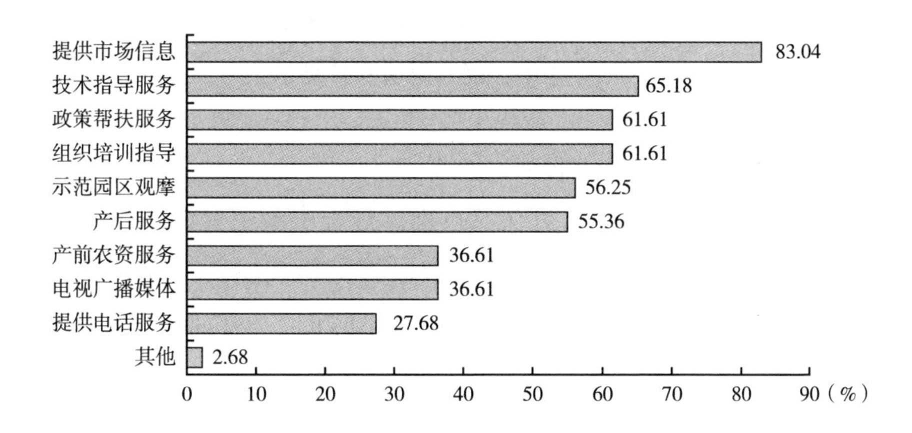

图 18　有待改进的服务

（6）解决农户需求情况

如图 19 所示，绝大多数农技人员指导农户农业生产时，基本能解决农户生产需求，完全能占很小的比例，农技人员能力还需要进一步提高。

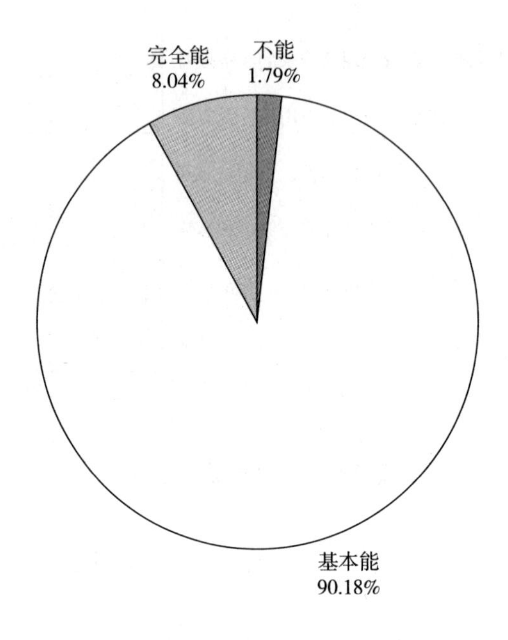

图 19　在指导分散农户农业生产过程中，能否解决农户需求

（7）农技推广过程中的主要困难

如图 20 所示，农技人员在农技推广过程中最主要的困难为由文化水平低、理解能力有限而导致的农民接受新技术能力差，其次是农技推广资金不到位、农技推广工具过于陈旧、单位管理体制不顺等。

（四）考评情况

1. 考评者组成

如图 21 所示，农技人员工作绩效考评主要由农业单位主管领导及农技推广部门负责人考评，其次是农技推广服务对象考评，再次是开展农技推广工作所覆盖地域范围的县乡政府考评。

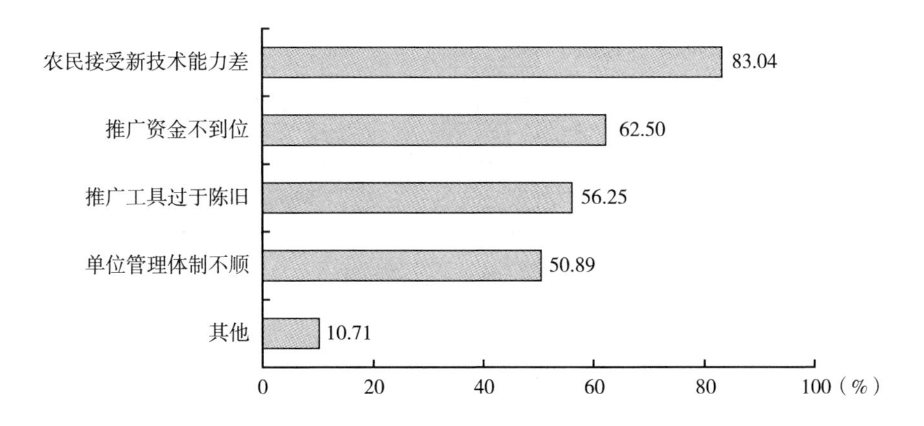

图 20　农技推广过程中的主要困难

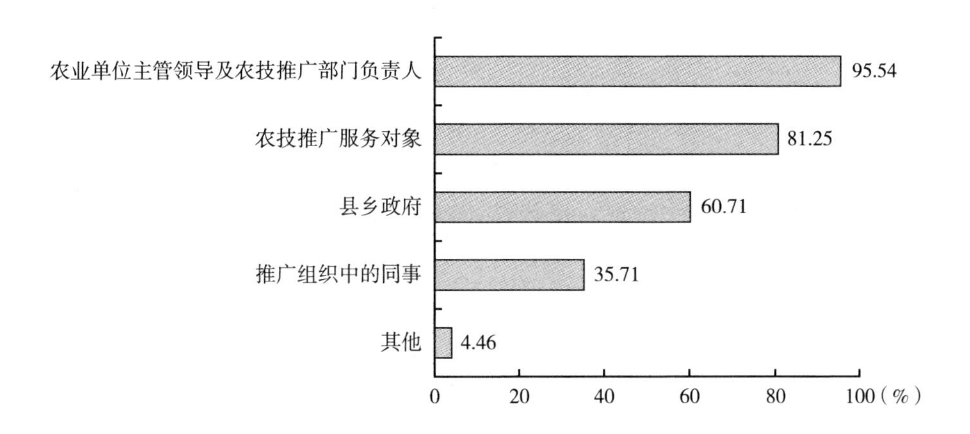

图 21　农技人员工作考评者组成

2. 考评方式

如图 22 所示，考评农技人员工作绩效的主要方式是调查农技人员所服务的农户（电话调查或上门访谈），根据农户反馈的农技人员指导服务的成效来考评，其次是单位民主评定农技人员日常工作表现、实地抽查农技人员工作情况。

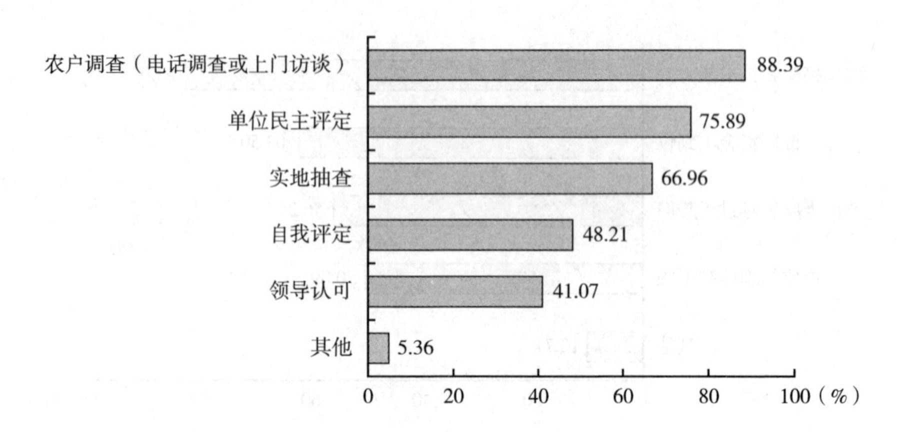

图 22　农技人员考评方式

3. 考评内容

农技人员考评内容平均排名如表 2 所示，由前到后依次是农技人员入户到田指导次数、农户对农技人员技术推广服务满意度、举办农民培训班次数、指导农户增产情况、主推品种及技术落实的面积、工作日志填写情况、指导农户增收情况等。

表 2　区/县农业单位农技人员农技推广工作绩效考评的内容比重

单位：%，个

绩效考评内容	第 1 名	第 2 名	第 3 名	第 4 名	第 5 名	第 6 名	第 7 名	第 8 名	第 9 名	平均排名
入户到田指导次数	50.00	28.57	7.14	8.04	4.46	0.89	0.89	0.00	0.00	1.95
	56	32	8	9	5	1	1	0	0	
举办农民培训班次数	1.79	14.29	21.43	20.54	18.75	14.29	7.14	0.89	0.89	4.21
	2	16	24	23	21	16	8	1	1	
指导农户增产情况	5.36	13.39	13.39	12.50	25.00	17.86	12.50	0.00	0.00	4.42
	6	15	15	14	28	20	14	0	0	
指导农户增收情况	3.57	6.25	12.50	9.82	14.29	23.21	16.96	13.39	0.00	5.29
	4	7	14	11	16	26	19	15	0	

续表

绩效考评内容	第 1 名	第 2 名	第 3 名	第 4 名	第 5 名	第 6 名	第 7 名	第 8 名	第 9 名	平均排名
农户对农技人员技术推广服务满意度	26. 79	25. 89	16. 07	13. 39	8. 93	3. 57	3. 57	1. 79	0. 00	2. 86
	30	29	18	15	10	4	4	2	0	
工作日志填写情况	6. 25	4. 46	14. 29	16. 07	5. 36	16. 96	27. 68	8. 93	0. 00	5. 16
	7	5	16	18	6	19	31	10	0	
主推品种及技术落实的面积	5. 36	6. 25	14. 29	19. 64	17. 86	16. 07	19. 64	0. 89	0. 00	4. 70
	6	7	16	22	20	18	22	1	0	
发表文章情况	0. 89	0. 89	0. 89	0. 00	4. 46	6. 25	11. 61	74. 11	0. 89	7. 47
	1	1	1	0	5	7	13	83	1	
其他	0. 00	0. 00	0. 00	0. 00	0. 89	0. 89	0. 00	0. 00	98. 21	8. 94
	0	0	0	0	1	1	0	0	110	

4. 考评结果

如图 23 所示，农技人员农技推广工作绩效考评结果主要关系其评选先进、年终奖金、职称评定。

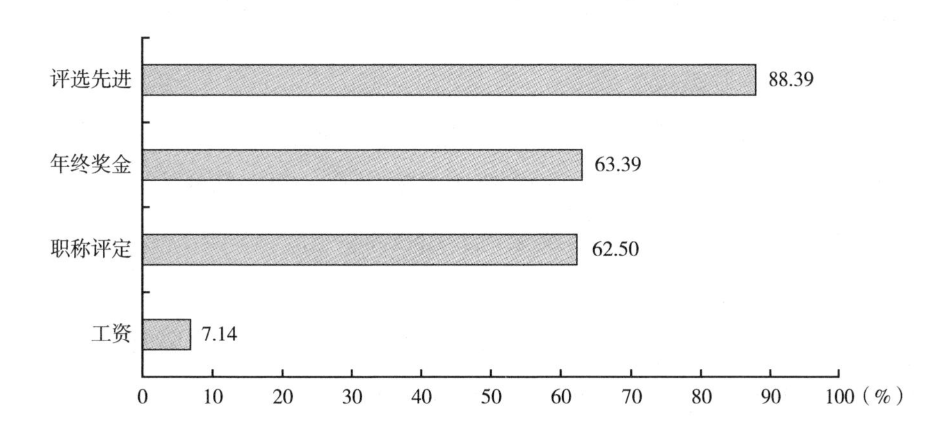

图 23　农技人员绩效考评结果挂钩指标及比例

（五）急需的技术与技能

1. 实用技术类

（1）种植业需求

如图 24 所示，农技人员迫切需要的种植业实用技术主要有设施农业栽培技术、农产品加工技术、病虫害防治技术、经济作物栽培技术、蔬菜栽培技术、储藏保鲜技术等。

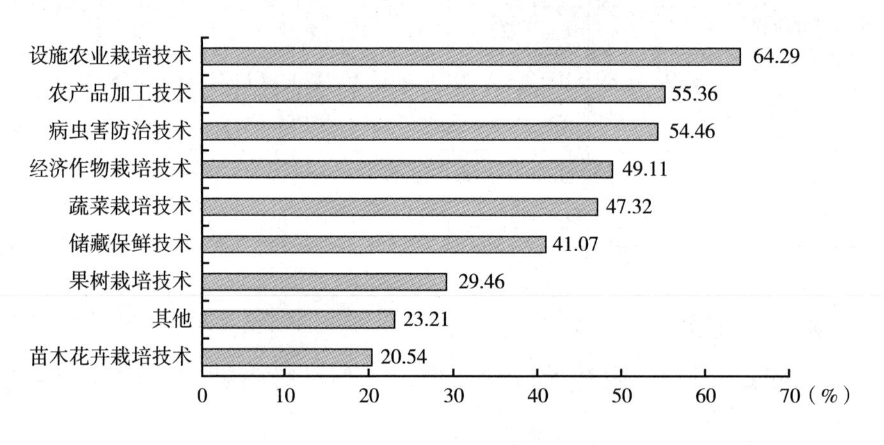

图 24　急需的种植业实用技术比例

（2）养殖业需求

如图 25 所示，农技人员迫切需要的养殖业实用技术主要有疫病诊断与检疫防疫技术、特种经济动物养殖技术、农产品加工技术、生猪养殖技术、肉羊养殖技术及家禽养殖技术。

（3）农机服务技术需求

如图 26 所示，农技人员最急需的农机服务技术为故障诊断维修技术，其次是安全生产技术、（农机具）保养技术。

（4）乡村旅游知识技能需求

如图 27 所示，农技人员乡村旅游知识技能需求最大的是服务礼仪，其次是餐饮服务常识（如农家乐等），再次是娱乐服务常识（如

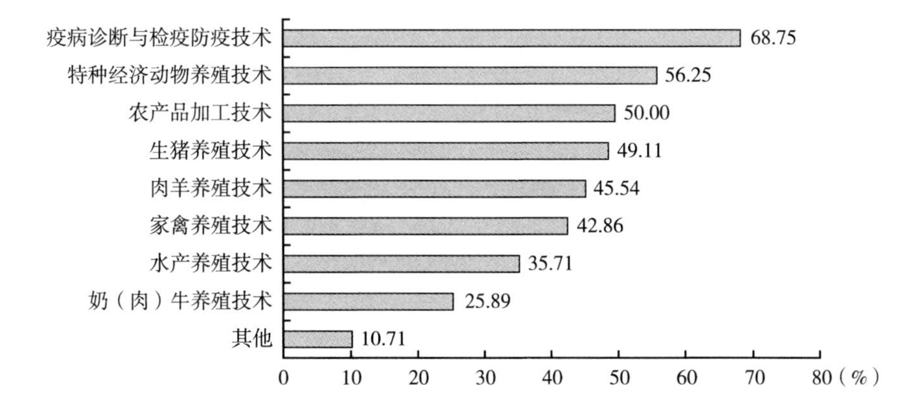

图 25　急需的养殖业实用技术比例

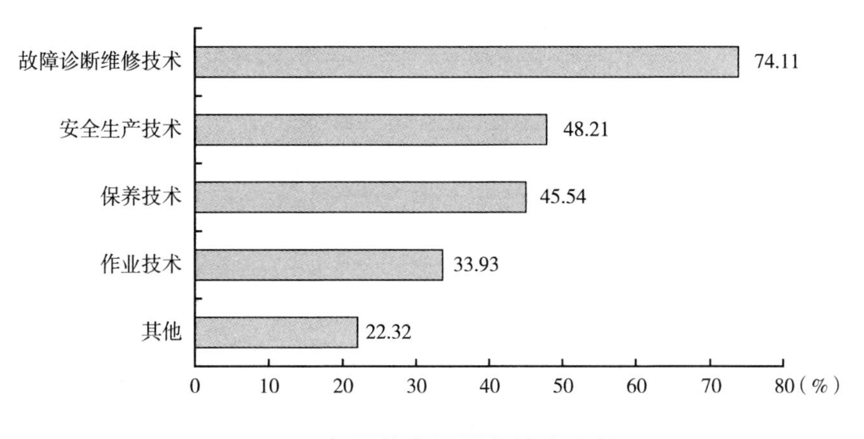

图 26　急需的农机服务技术比例

民俗村、民俗文化等）。

2. 管理类

如图 28 所示，农技人员管理类知识技能需求最大的是经营管理，其次是组织管理，再次是制度建设，最后是人力资源管理。

3. 营销类

如图 29 所示，农技人员营销类知识技能需求主要有：电商建立与营运、营销策略制定方法、市场调研方法、产品分销渠道、营销环境分析等。

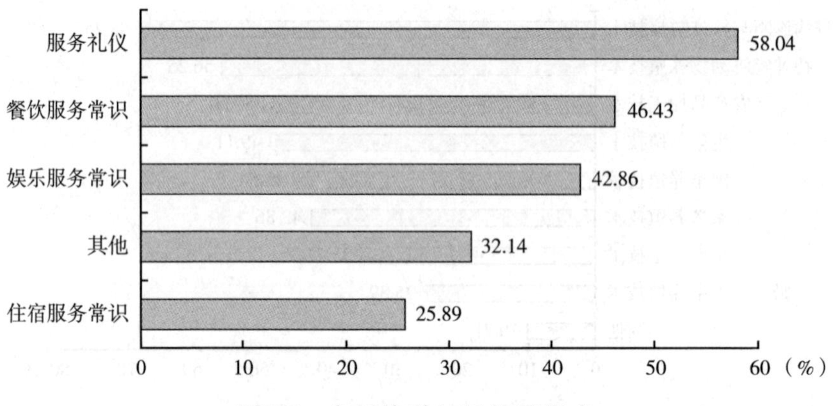

图 27　乡村旅游知识技能需求

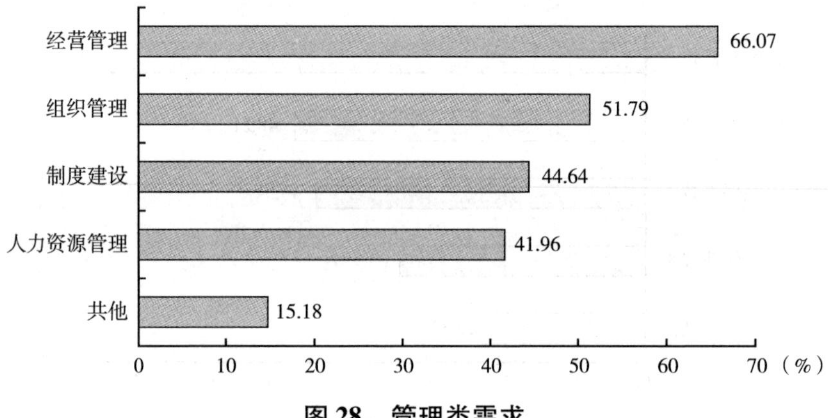

图 28　管理类需求

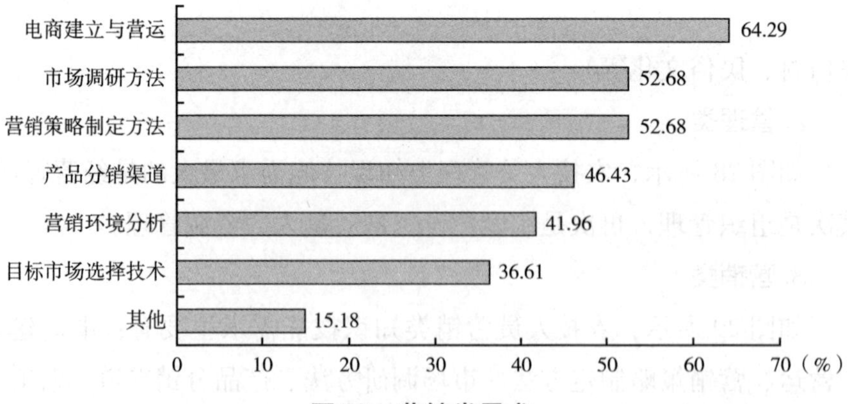

图 29　营销类需求

4. 品牌建设类

如图 30 所示，农技人员迫切需要的品牌建设类技能主要有（农产品/畜产品）品牌形象的塑造、品牌的宣传与推广、品牌产业链建立，品牌营销模式。

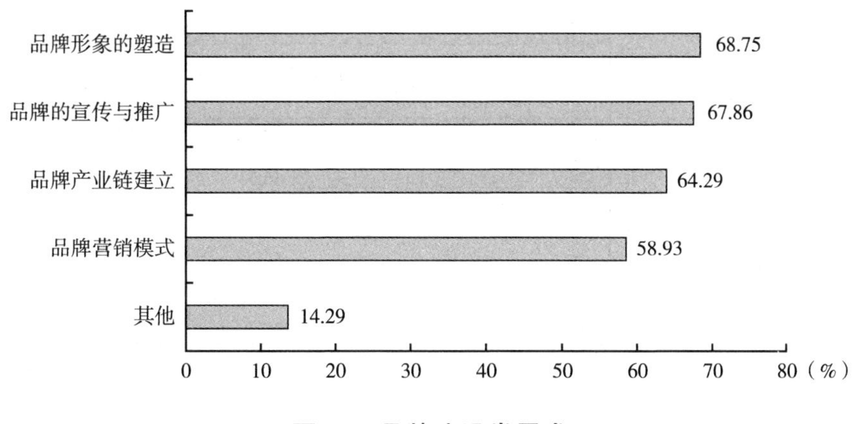

图 30　品牌建设类需求

5. 信息类

如图 31 所示，农技人员最急需的信息类需求是农产品市场信息，其次是农业科技、农业政策、农业致富；再次是农业法律法规及农资信息。

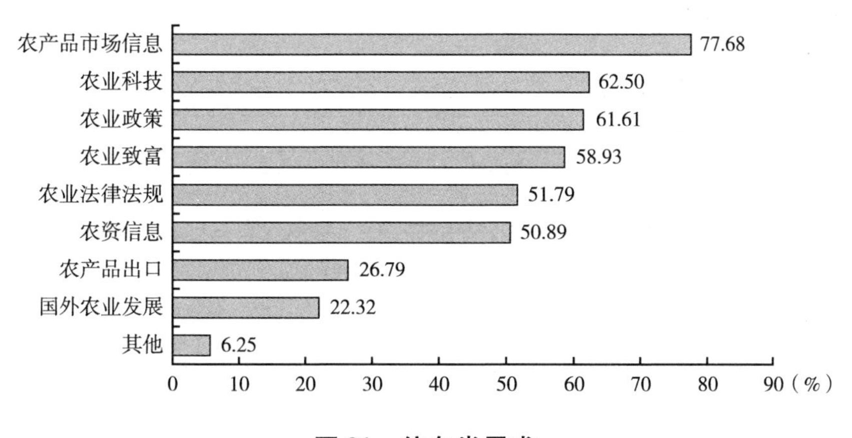

图 31　信息类需求

6. 标准化生产技术

如图 32 所示，当前工作中，农技人员迫切需要的标准化生产技术主要有（农业）生态建设与可持续发展，绿色食品、有机食品认证，农业标准化的技术。

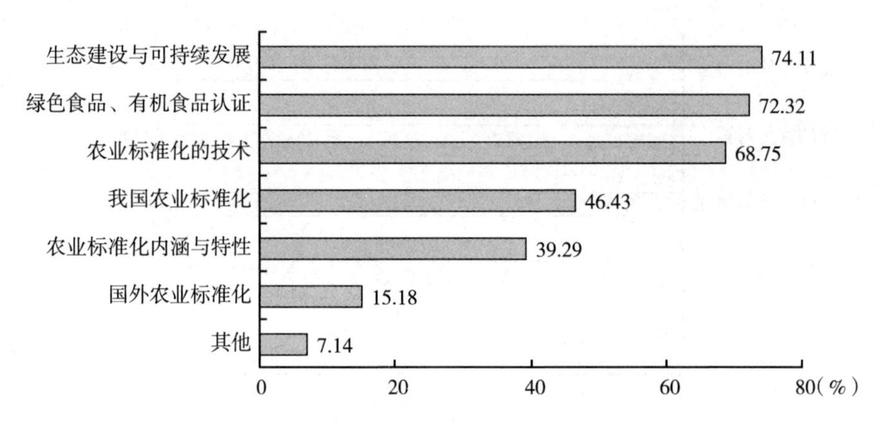

图 32　标准化生产技术需求

7. 农业产业化知识

如图 33 所示，农技人员迫切需要的农业产业化知识是（农业产业）结构调整与布局、（农业）产业规划与实施，其次是产业环境分析和发展战略制定。

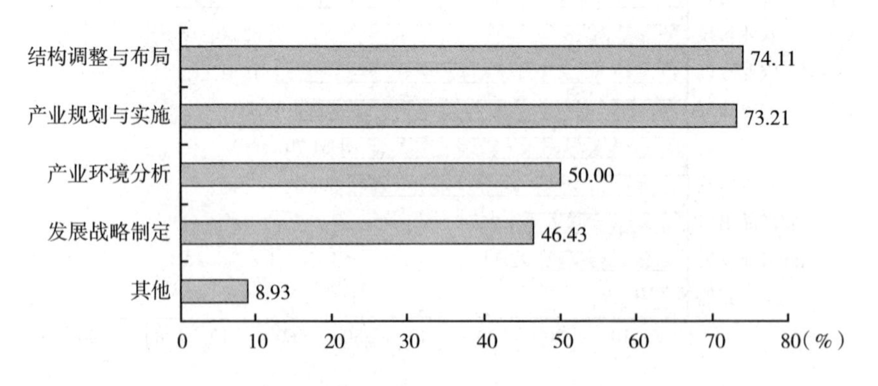

图 33　农业产业化知识需求

（六）农技人员服务新型农业经营主体遇到的难题

农技人员服务新型农业经营主体遇到的主要难题是：新型农业经营主体生产经营集约化、规模化程度相对较高，对新品种、新型技术和创新管理模式要求也高；基层农技推广队伍年龄结构老化、储备的知识陈旧、掌握的技能较弱，与快速发展的现代农业、当前农业产业结构规划调整、农业经营主体的高要求、农民群众的新需求不相适应。传统的技术服务已不能满足服务对象的需求。

（七）区/县农业单位人才建设需求

调研的农业单位农技服务人才建设主要有以下需求：①引进人才。包括专业型人才，具有较丰富的专业理论知识、扎实的基层经验的农业科技人才；产品营销专业服务人才，能结合本地特色产品，运用掌握的营销知识理论，发展本地农业经济；创新型人才，思维活跃、勇于创新，能创新农技推广服务方式，起到模范带头作用。②希望政府重视，给予经费支持、补贴等。③培训学习。包括农业实用技术知识专家讲座、网络培训在线课堂、培训班集中授课、主导品种和主推技术推广应用实践活动。④健全乡镇人才评聘机制，充实壮大基层农技推广队伍。⑤建立有效的激励机制，提高农技人员工作热情，稳定基层农技推广队伍。⑥改善工作环境，每名基层农技人员配备 1 台电脑，便于加强与专家、大师的交流，同时也方便他们在网上学到更多的专业知识。⑦提高农技人员的工资待遇。

四　个人调研分析

（一）个人基本情况

1. 性别

参与调研的农技人员中，男性占 64.19%，女性占 35.81%。从事农技推广工作的男性居多。

2. 年龄

参与调研的农技人员中，年龄在20~29岁的占7.62%，30~39岁占27.87%，40~49岁占48.22%，50岁以上占16.29%。其中，40岁及以上的占64.51%，农技人员呈现老龄化趋势。

3. 职称

参与调研的农技人员中，初级职称占24.27%，中级职称占46.58%，副高级职称占14.99%，正高级职称占1.36%，无职称占12.80%。农技人员初级、中级职称的居多，副高级及正高级职称的偏少。

4. 农技推广年限

参与调研的农技人员中，从事农技推广工作的时间分布为：5年及以下的占17.15%，5~10年的占13.46%，10年及以上的占69.39%。大部分农技人员长期甚至有可能终身从事农技推广工作。

5. 工作地点

参与调研的农技人员中，日常工作地点在市区（县城）的占46.33%，在乡镇的占43.21%，在农村的占10.46%。绝大多数农技人员日常工作地点在市区（县城）和乡镇。

6. 学历

参与调研的农技人员中，学历为初中及以下占3.19%，高中或中专占15.24%，大专占39.45%，本科占39.65%，研究生占2.47%。农技人员学历为大专和本科的居多。

10625人参与此项调查，如图34所示，276人加入合作社或公司（275人加入合作社，1人加入公司），占2.61%。目前，已有少量农技人员从技术服务转型为经营服务或者兼顾经营服务。

如图35所示，加入合作社的275名农技人员，不同身份的比例不一。加入合作社的农技人员身份为理事长、理事、普通社员的居多。

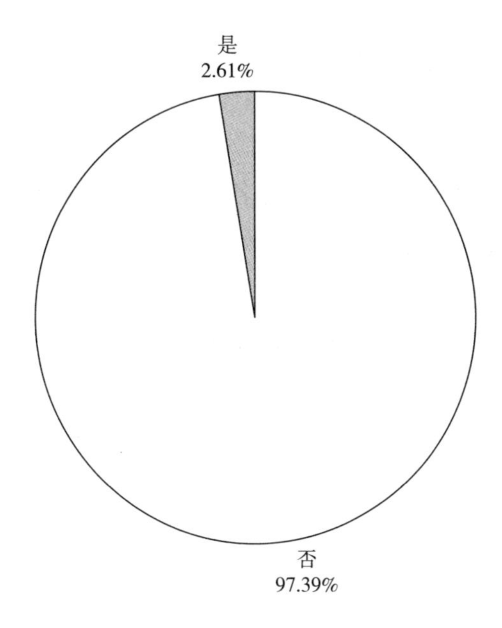

图 34 加入合作社比例

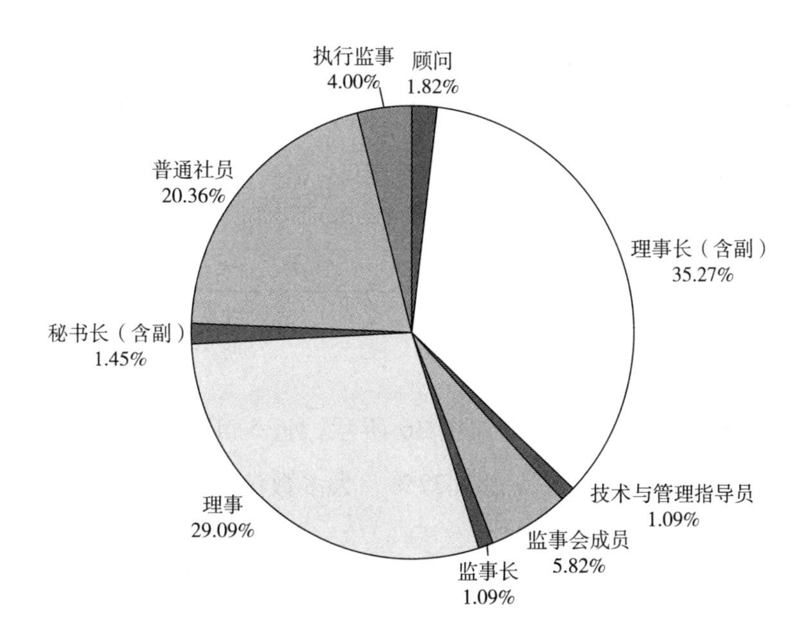

图 35 加入合作社的身份

（二）知识更新情况

1. 知识更新途径

农技人员知识更新途径平均排名如表 3 所示，最主要的途径是会议培训和函授进修。

表 3　知识更新途径

单位：人，%

知识更新途径	第 1 位	第 2 位	第 3 位	第 4 位	第 5 位	第 6 位	平均排名
函授进修	3826	1288	1106	1055	2607	743	2. 96
	36	12. 12	10. 41	9. 93	24. 53	6. 99	
同事传授	926	3162	2178	2316	1822	220	3. 15
	8. 71	29. 75	20. 49	21. 79	17. 15	0. 07	
会议培训	3011	2751	3306	1060	415	81	2. 38
	0. 03	25. 89	31. 11	9. 97	3. 91	0. 76	
报纸杂志	1057	2050	2320	3811	1234	152	3. 24
	9. 95	19. 29	21. 83	35. 86	11. 61	1. 43	
广播电视网络	1555	1219	1524	2119	3902	305	3. 61
	14. 63	11. 47	14. 34	19. 94	36. 72	2. 87	
其他	250	157	190	262	643	4050	5. 35
	2. 35	1. 48	1. 79	2. 47	6. 05	38. 11	

2. 省级培训

10623 人参与此项调查如图 36 所示，近 5 年（2010～2015 年）参加省级培训的农技人员占 82. 37%，大多数参加培训的次数为 1～5 次。

3. 市县级培训

10623 人参与此项调查如图 37 所示，近 5 年（2010～2015 年）参加市县级培训的农技人员占 97. 87%，38. 45% 的农技人员参加培训次

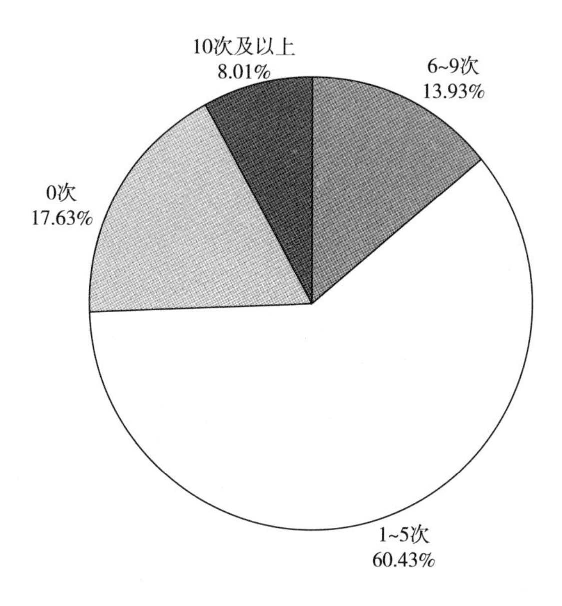

图 36　2010～2015 年省级培训情况

数为 1～5 次。

4. 一周以上培训

10623 人参与此项调查如图 38 所示，近 5 年（2010～2015 年）参加一周以上培训的农技人员占 81.71%，大多数参加培训的次数为 1～5 次。

5. 一周以内培训

10623 人参与此项调查如图 39 所示，近 5 年（2010～2015 年）参加一周以内培训的农技人员占 96.80%，47.31% 的农技人员参加培训次数为 1～5 次。

6. 参加培训效果满意度

10623 名农技人员参与此项调查，如图 40 所示，多数农技人员对参加的培训感到满意，一小部分农技人员感觉一般。

7. 培训面临的困难

如图 41 所示，农技人员参加培训面临的主要困难是参加培训的

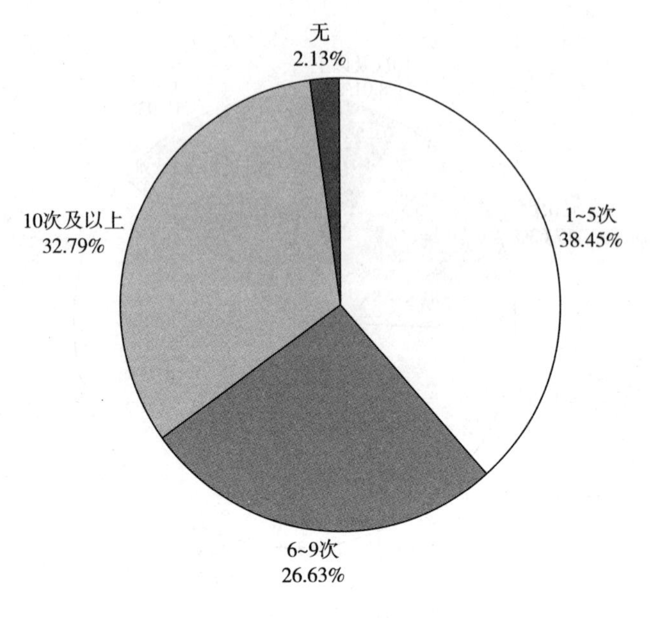

图 37　2010 ~ 2015 年市县级培训情况

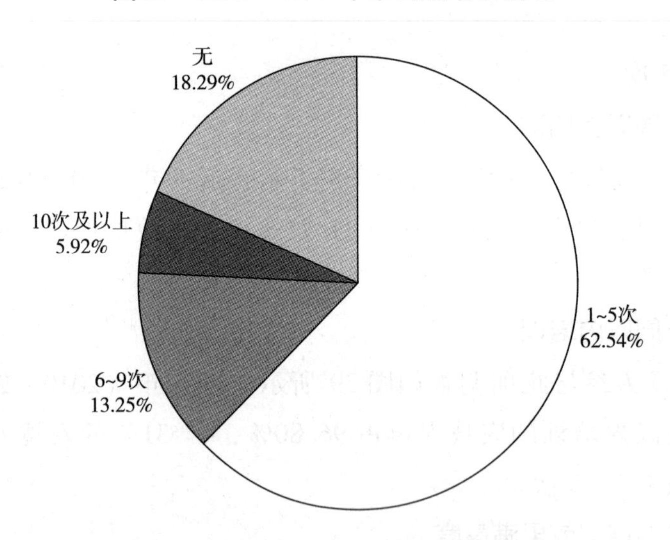

图 38　2010 ~ 2015 年一周以上培训情况

机会少，由实用性、针对性不强而导致的培训内容在实践中应用较少。

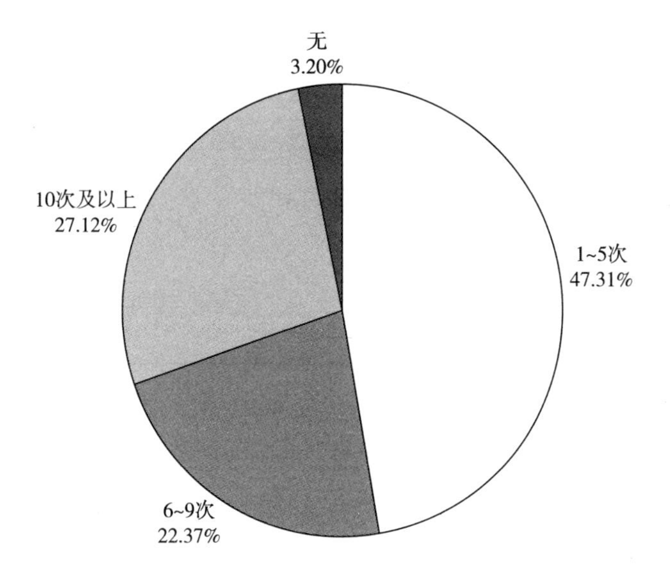

图 39　2010～2015 年一周以内培训情况

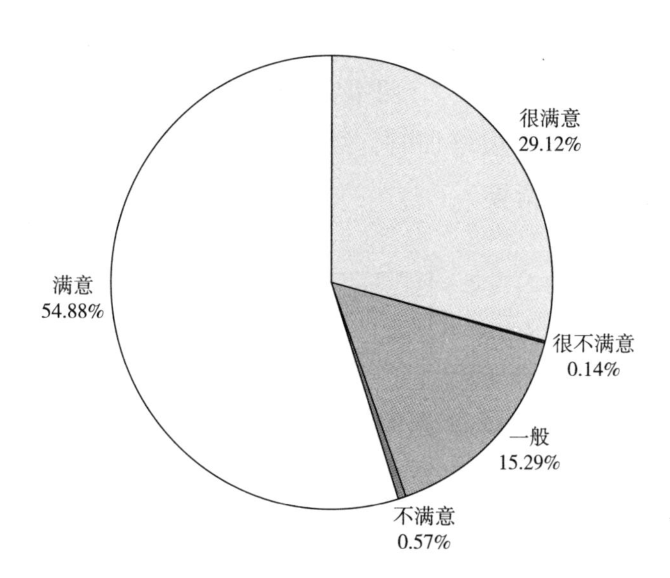

图 40　参加培训效果满意度

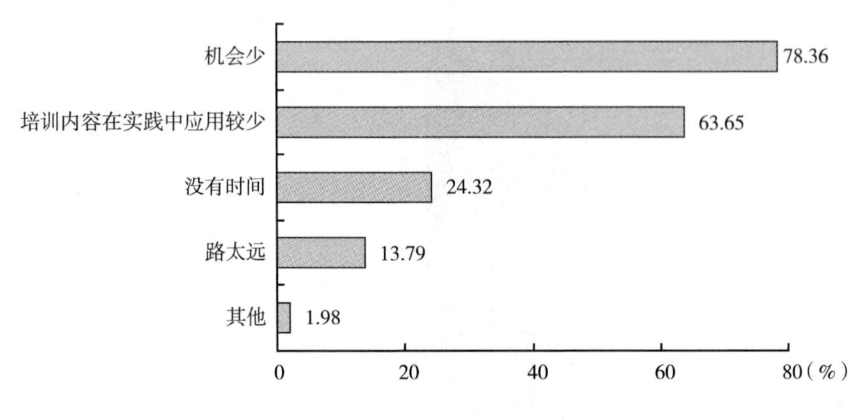

图 41　参加培训面临的困难

8. 培训中存在的问题

如图 42 所示，从组织角度看，培训中存在的问题主要为培训结束后缺乏后续服务，知识难以转化为生产实践；培训内容不能够满足农民需要；培训目标与农民的需求脱节；重复性培训太多，针对性不强；培训教师不接“地气”，照本宣科，脱离实际，实用性不强。建议农技人员为农户开展培训时，结合农户生产实际需要，培训结束后，及时提供生产指导。

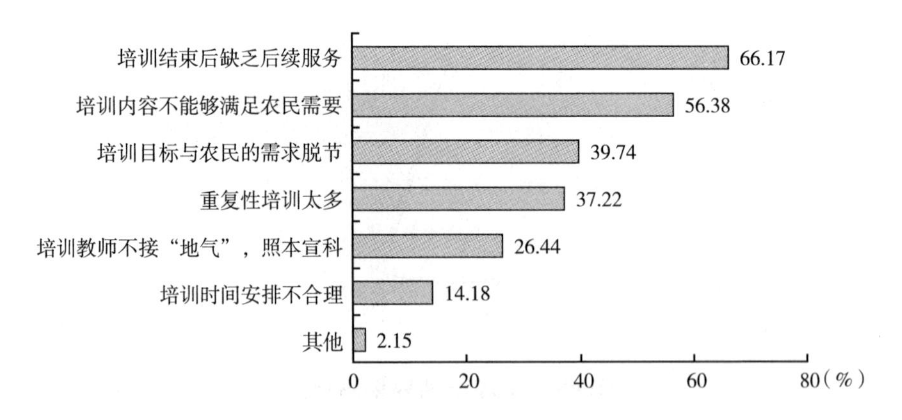

图 42　培训中存在的问题

9. 个人发展需求

如图 43 所示，农技人员个人发展需求由主到次依次是专业技能、学习知识、创新探索。

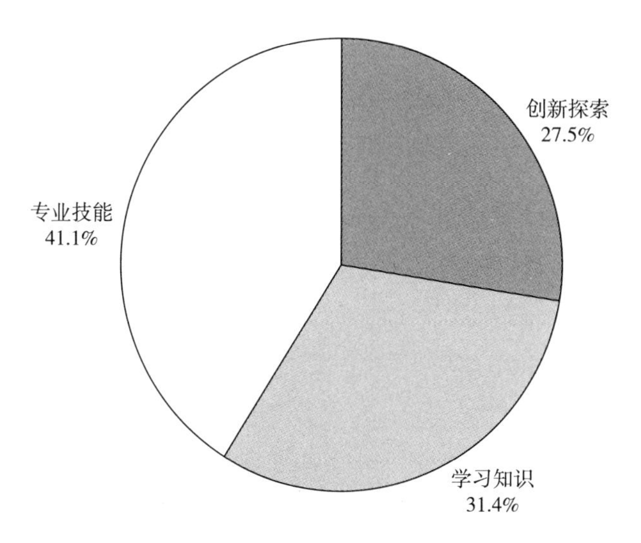

图 43　个人发展需求

10. 新型知识获取方式

农业科技网络书屋组织全国农业专家开发“智慧农民十万个为什么”，针对性地回答基层农业生产中的实际问题，使用电脑、手机、平板可随时随地查到解决方法。调研的绝大多数农技人员认为这种服务模式很好，现代传播技术手段实现了资源共享，形成了农村科技信息的立体化、高效化、全天候和无盲区传播。少量农技人员认为：①这种方式可以解决一些生产中的实际问题，提升业务能力，但是要和各个地方的实践相结合，因为农业生产中的问题较复杂，受环境条件等影响较大，要具体问题具体分析才能发挥作用。②这种服务模式为广大农技人员和科技示范户等提供了海量农业新品种、新技术等知识信息服务，但是对于农民和基层农技人员随时可能提出的各类个性化疑难问题，需要一支长期在线的农业专家队伍提供个性化、有针对性的咨询服务，实时帮助基层解决实际问题。③此种服务比较先进，但也存在一些问题，对一些基层人员来说工作地偏远、无网络信号，手机上网费用太高。

（三）推广服务情况

1. 试验、示范情况

10623 人参与了此项调查，如图 44 所示，每年 1 次或者每年 2 次以上进行农技推广试验、示范的农技人员人数居多。

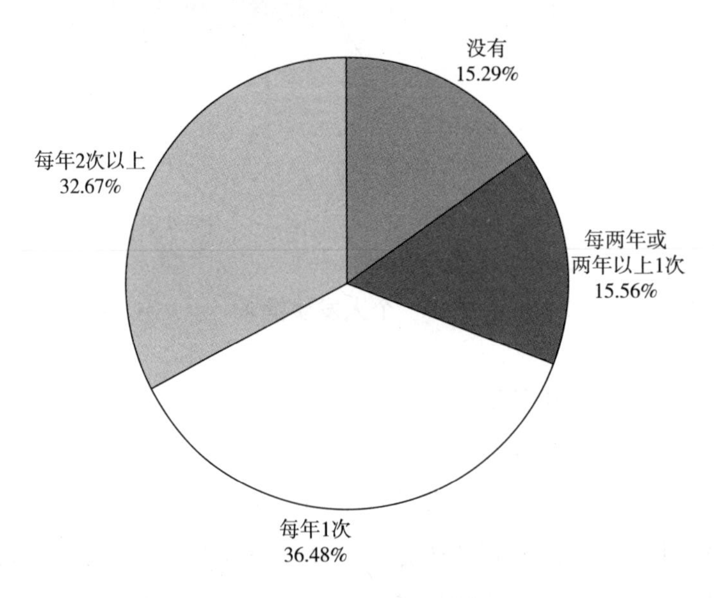

图 44　试验、示范情况

2. 常用服务方式

如图 45 所示，农技人员的常用服务方式为现场指导、咨询培训、发放资料。

3. 入户到田指导情况

10621 名农技人员参与了此项调查，如图 46 所示，多数农技人员经常主动调查农户、示范户农业生产情况，并提供技术指导。

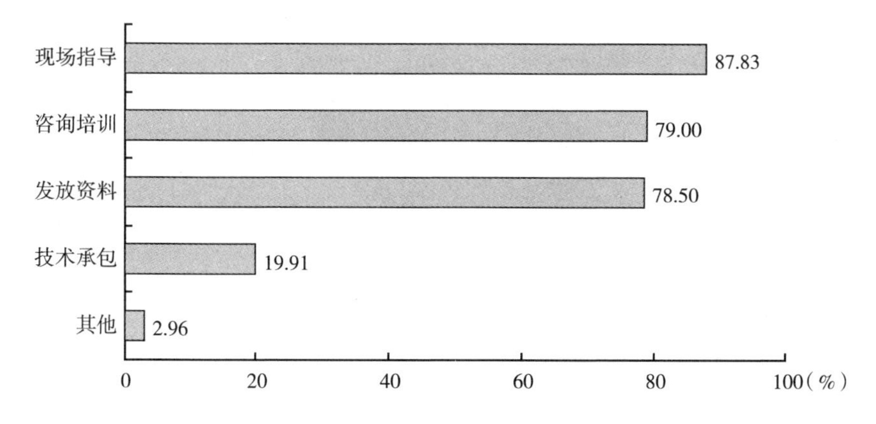

图 45　常用服务方式

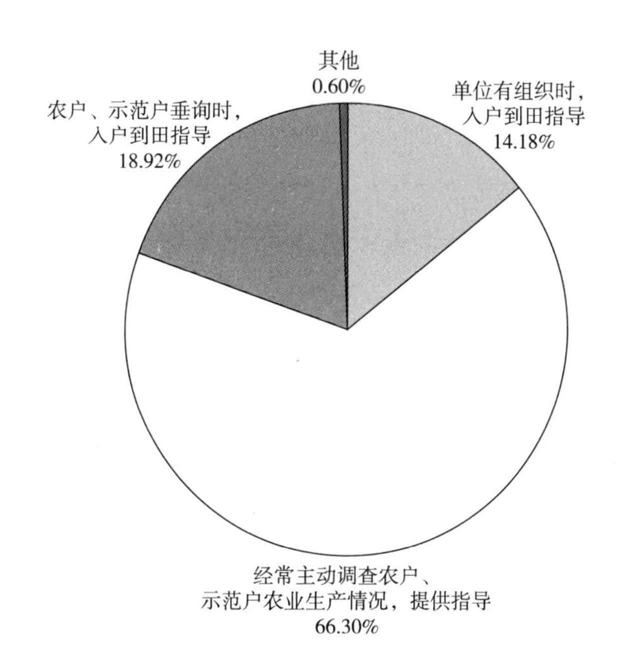

图 46　入户到田指导情况

4. 农户主动咨询的频次

10621 人参与此项调查，如图 47 所示，农户主动咨询频次多为一周 1～2 人次。

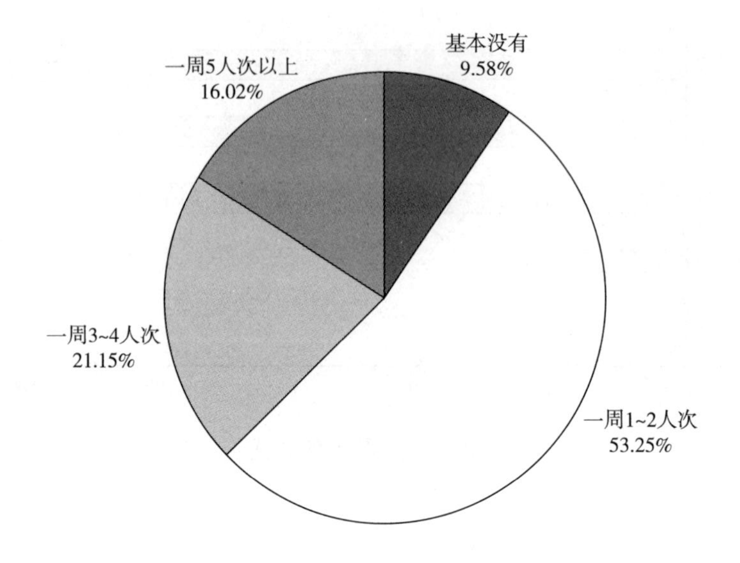

图 47　农户主动咨询农业生产相关问题情况

5. 培训农户的情况

10621 人参与了这项调查，如图 48 所示，多数农技人员有主讲经历。

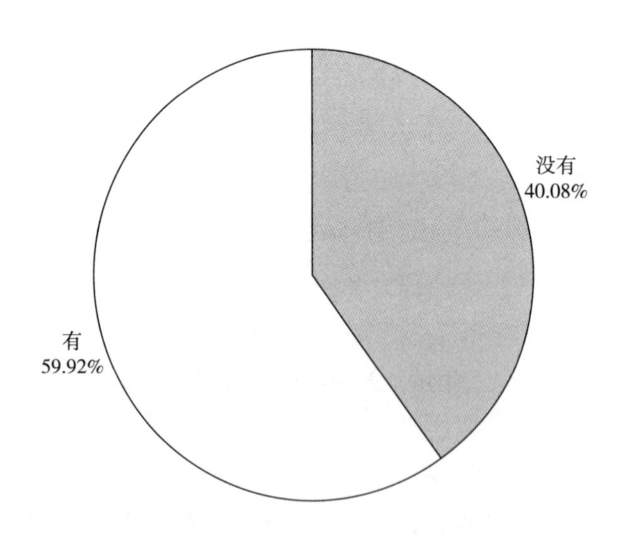

图 48　作为主讲人对农户培训的经历

如图 49 所示，作为主讲人对农户开展培训的主要内容是农业生产技术培训、农业政策或法律法规宣传与讲解、农产品市场信息介绍、农资信息介绍。

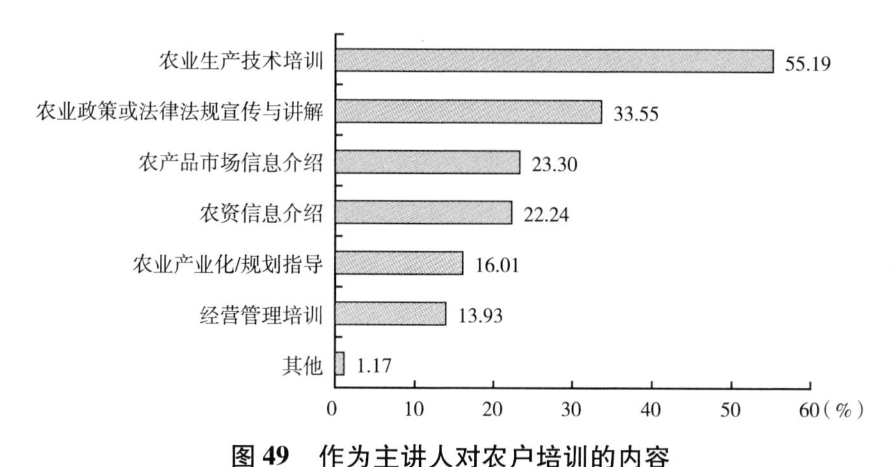

图 49　作为主讲人对农户培训的内容

6. 农技推广的困难

如图 50 所示，农技人员在农技推广过程中的主要困难是推广资金不到位，由文化知识水平低、理解能力有限而导致的农民接受新技术能力差，其次是（农技）推广工具过于陈旧、单位管理体制不顺等。

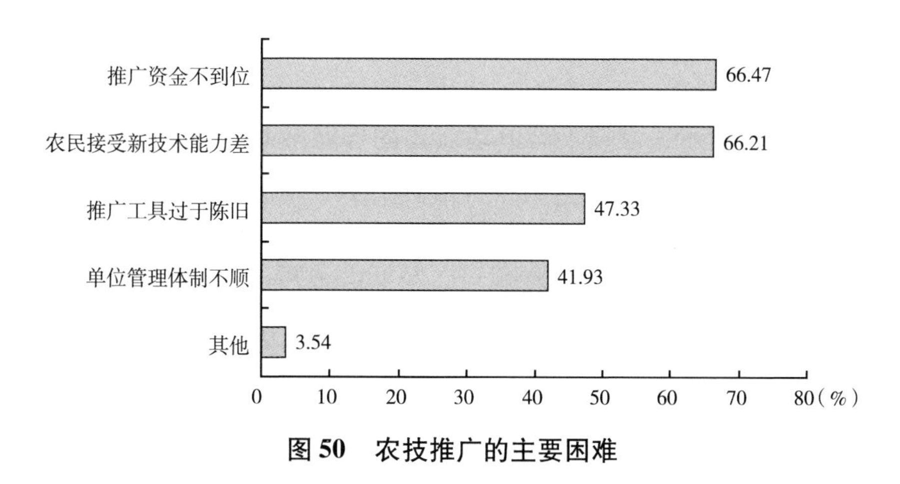

图 50　农技推广的主要困难

7. 服务新型农业经营主体遇到的难题

农技人员服务新型农业经营主体的难题主要有：①农技推广人员自身业务能力不能满足农业经营主体的需求，农技推广体系各个组成部分不能够更好地衔接，也就是在高校教授专家、农技推广服务者、农业经营主体、农户如何高效地传递技术信息并确保技术应用方面还有很长的路要走。②农技推广服务经费不足。基层农技推广队伍没有现代化的办公场所和设施，推广工具陈旧，无法及时获取最新的农业科技信息，无法掌握最新的现代农技推广技术，无法将最新的科技信息和技术传递到农民手中。新品种、新技术的试验和示范无法进行，严重影响了农技推广工作的开展与推进。

农技人员建议：①加强技能培训，并应用于实践。②多引导农民进行市场分析，不要急功近利。③多寻求政策方面的支持，以家庭农场、专业合作社、农业专业大户、农业企业为主体。④加强政府资金支持。

（四）急需的实用技术及技能

1. 种植业需求

如图 51 所示，农技人员迫切需要的种植业实用技术是病虫害防治技术、设施农业栽培技术、经济作物栽培技术、蔬菜栽培技术、农产品加工技术、储藏保鲜技术等。

2. 养殖业需求

如图 52 所示，农技人员迫切需要的养殖业技术主要是（动物）疫病诊断与检疫防疫技术、特种经济动物养殖技术、农产品加工技术、生猪养殖技术、家禽养殖技术等。

3. 农机服务技术需求

如图 53 所示，农技人员迫切需要的农机服务技术由主到次依次是（农机具）故障诊断维修技术、安全生产技术、（农机具）保养技术、（农机具）作业技术。

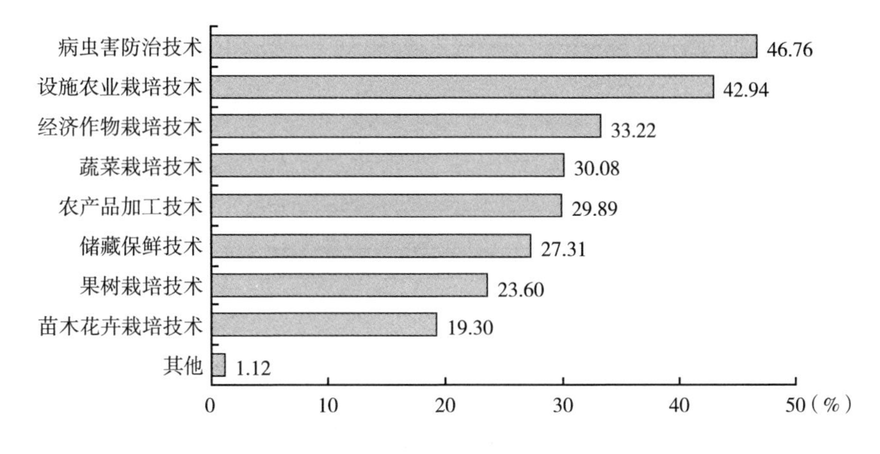

图 51　种植业需求

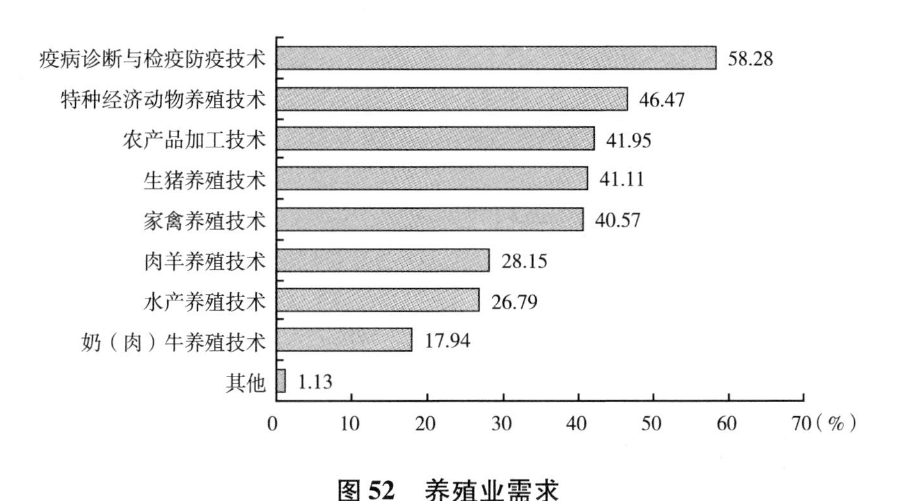

图 52　养殖业需求

4. 乡村旅游知识技能需求

如图 54 所示，农技人员迫切需要的乡村旅游方面的知识主要是服务礼仪和餐饮服务常识（如农家乐等）。

5. 管理类需求

如图 55 所示，农技人员管理类知识技能需求主要是经营管理、组织管理。

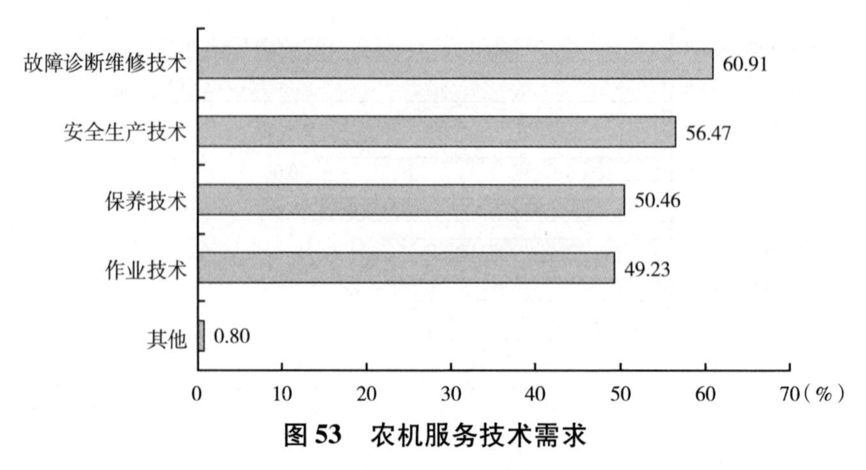

图 53　农机服务技术需求

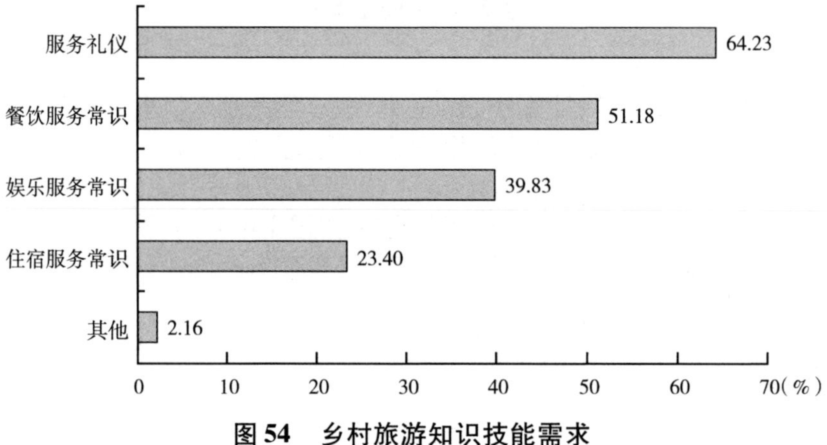

图 54　乡村旅游知识技能需求

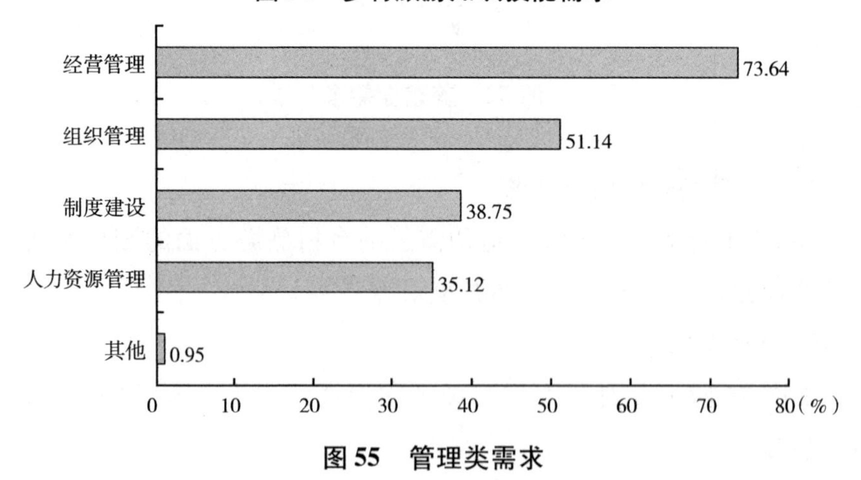

图 55　管理类需求

6. 营销类需求

如图 56 所示，农技人员营销类知识技能需求主要是市场调研方法、营销策略制定方法。

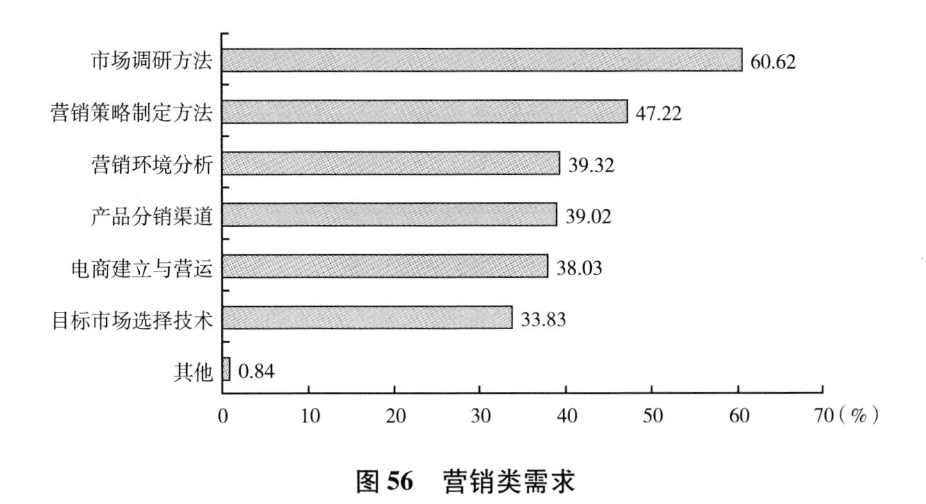

图 56　营销类需求

7. 品牌建设类需求

如图 57 所示，农技人员品牌建设类技能需求主要是品牌形象的塑造、品牌的宣传与推广、品牌营销模式。

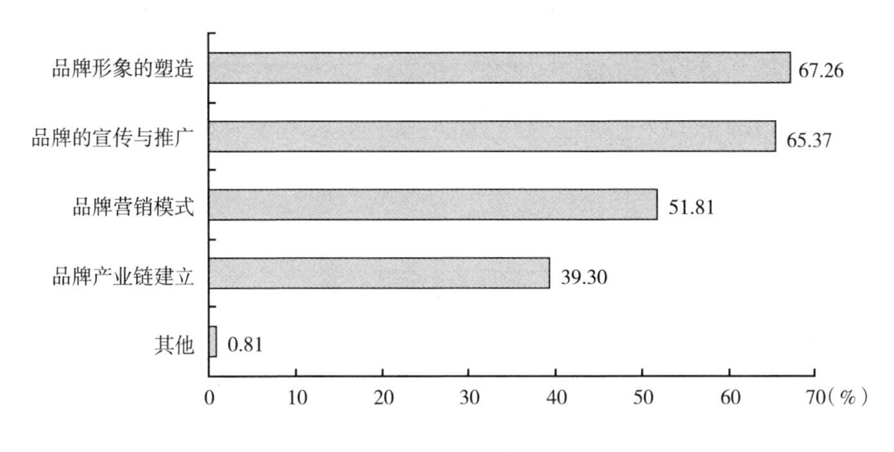

图 57　品牌建设类需求

8. 农业产业化知识的需求

如图 58 所示，农技人员农业产业化知识需求主要是产业规划与实施、结构调整与布局、发展战略制定。

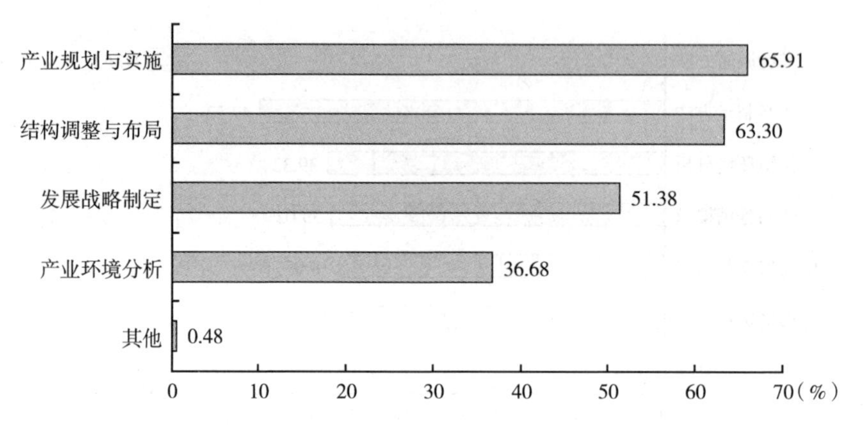

图 58　农业产业化知识需求

9. 标准化生产技术的需求

如图 59 所示，农技人员标准化生产技术的需求主要是生态建设与可持续发展，农业标准化的技术，绿色食品、有机食品认证，我国农业标准化等。

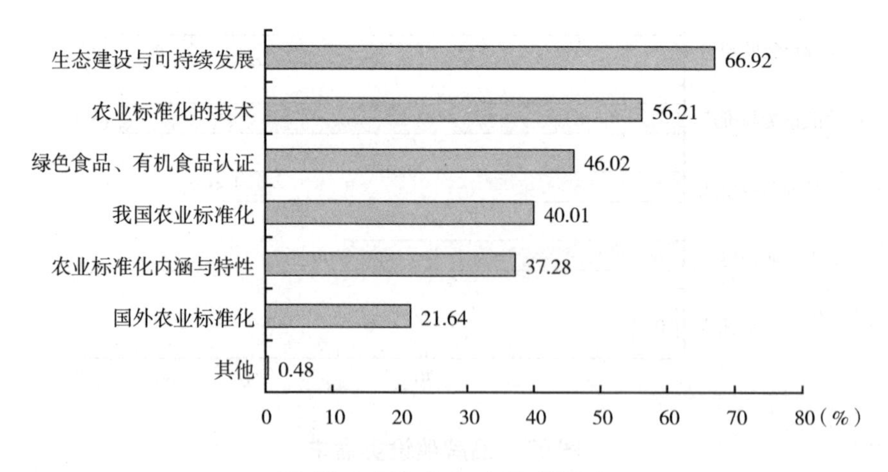

图 59　标准化生产技术需求

10. 信息类需求

如图 60 所示，农技人员信息类需求主要是农产品市场信息、农业科技。

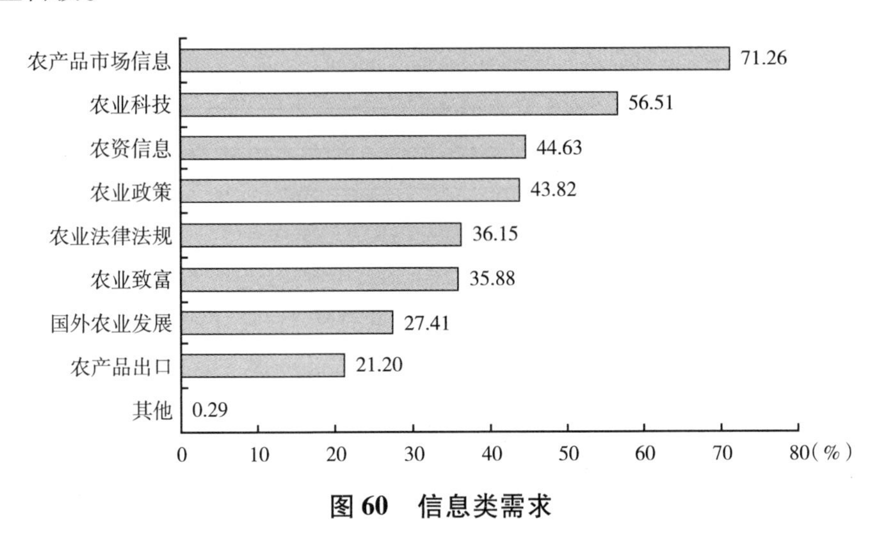

图 60　信息类需求

11. 创业行业选择

如图 61 所示，农技人员创业时选择的行业主要是特色经济作物种植、特色动物养殖、农产品加工、地方特色食品生产、经营特色餐饮。

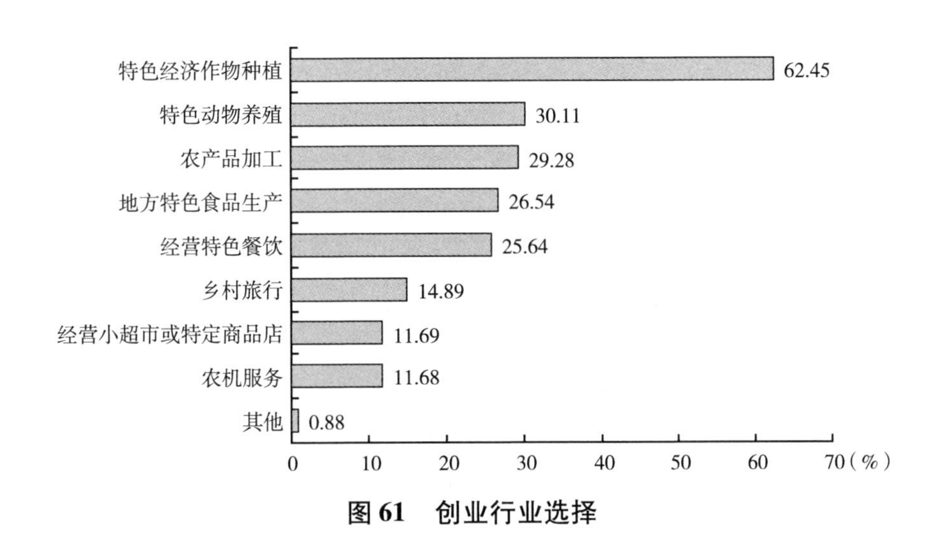

图 61　创业行业选择

12. 创业优势和劣势分析

如图 62 所示，农技人员当前创业的主要优势是有一定经营头脑，地方特色明显，有一定消费市场；主要劣势为欠缺相应的专业技能，受季节影响，市场波动较大，相关人员起点低。

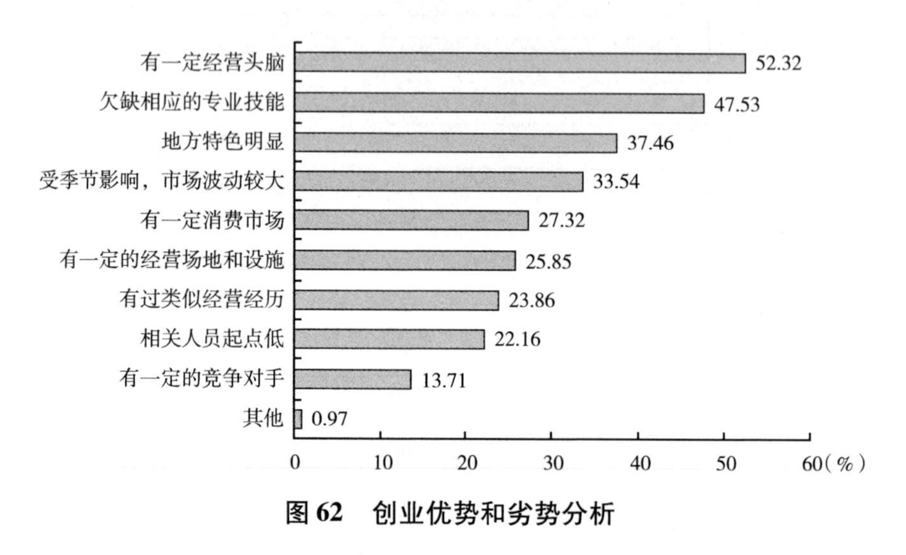

图 62　创业优势和劣势分析

13. 创业前期准备不足

如图 63 所示，农技人员创业前期亟须做好市场调研，进行创业规划、设计，熟悉各种资质证照办理流程。

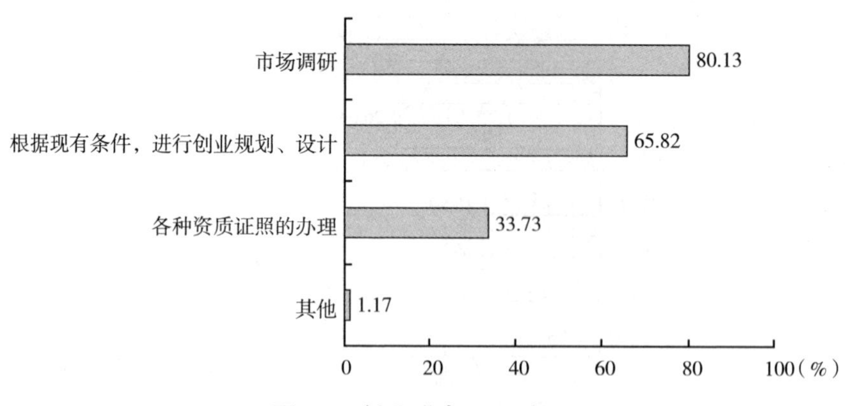

图 63　创业准备不足方面

14. 经营指导方面的需求

如图 64 所示，农技人员最需要的经营指导为员工专业技能的培训；其次是优惠政策、补贴政策、专项扶持政策，经营品牌的打造；再次是经营状况分析、政府资助项目的申报。

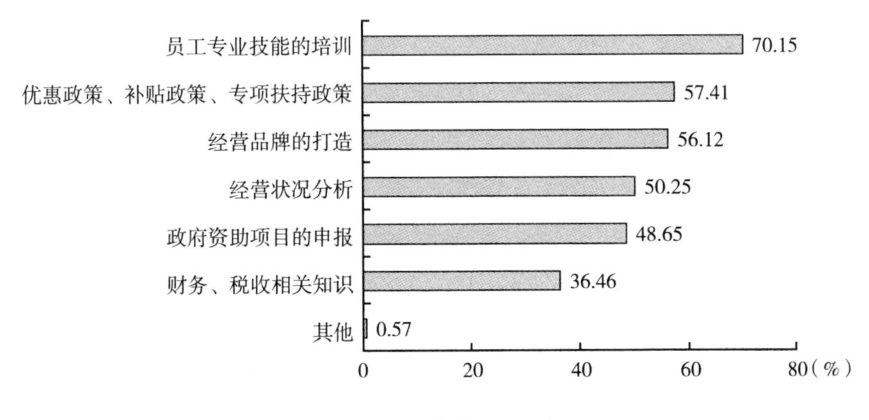

图 64　经营指导需求

五　分析研究

（一）研究结论

本文对 112 家区/县农业单位、10627 名农技人员能力提升需求进行了比较分析研究①，通过统计、分析、汇总数据，可以得出以下几条结论。

1. 农技推广队伍的重要性

农技人员服务分散农户、家庭农场主、科技示范户、基地农业生

① 比较分析：两种调查方式，调查相同的项目，由于样本不同、农技人员的组成不同，调查结果会存在差异。

产者、新型农业经营主体等，通过现场指导、咨询服务、组织培训、信息服务等方式提供服务；通过开展培训，将最新的政策、品种、技术等信息传递给服务对象。农户在农业生产过程中遇到问题直接咨询农技人员，农技人员答疑解惑，将知识及技能传授给农户，并指导其进行农业生产活动。农技人员是将农业科技知识传递到基层的主要传播者，所担任的角色至关重要、不可或缺。由农技人员构成的农技推广队伍非常重要。

2. 能力提升的必要性

通过调查区/县农业单位农技人员整体状况、农技人员个人情况，发现机构调查与个人调查数据反映的基本情况（年龄、学历、职称、职能等）趋于一致：农技人员年龄结构老化，本科、大专学历居多，初级、中级职称偏多，大多数为农业推广指导人员。农技人员学历层次不高，需要接受继续教育，学习充电，不断累积知识，有了坚固的基础，才能更容易理解学习并掌握新技术，从而更好地服务于农户。农技人员的农技推广工作绩效考评与职称、工资挂钩，因此，无论是从服务对象考虑，还是从自身考虑，提升个人能力都是很有必要的。

3. 能力提升的重要性

农技人员是区/县农业单位的主要组成部分，提高农技人员的能力，是农技人员个人发展的需要、区/县农业单位人才建设的需要。农技人员能力提高，间接带动农户发展，有利于本地农业经济发展，有利于农业科技成果的转化，进而推动农业现代化的发展。

4. 能力提升的紧迫性

农业企业、合作社、新型农业经营主体等服务对象已经出现，农技人员掌握的传统技术已经不能完全满足新的服务对象的需求，农技人员需要学习并掌握经营管理知识及技能，这样在为他们提供服务时才能胜任工作。通过个人调查发现，部分农技人员已加入合作社担任理事长、理事或其他职位，已转型成为经营管理者，农技人员需从技术型人才转化为兼顾经营型人才。

5. 能力提升的方向

（1）技术服务能力提升

种植业：个人调查的能力提升由主到次依次是病虫害防治技术、设施农业栽培技术、经济作物栽培技术、蔬菜栽培技术、农产品加工技术、储藏保鲜技术、果树栽培技术（机构调查则是农产品加工技术为第 2 位，设施农业栽培技术为第 1 位）。

养殖业：对比分析两种调查方式，不同技术需求主次顺序基本趋于一致。个人调查的能力提升方向由主到次依次是疫病诊断与检疫防疫技术、特种经济动物养殖技术、农产品加工技术、生猪养殖技术、家禽养殖技术、肉羊养殖技术、水产养殖技术（机构调查仅肉羊养殖技术与家禽养殖技术次序相反）。

农机服务：两种调查方式，需求主次顺序一致。提升方向由主到次依次是故障诊断维修技术、安全生产技术、保养技术、作业技术。

信息类：个人调查提升方向由主到次依次是农产品市场信息、农业科技、农资信息、农业政策、农业法律法规、农业致富（机构调查则是农业政策为第 3 位，农业致富第 4 位，农资信息第 6 位，其他次序一致）。

（2）经营管理服务能力提升

营销类：个人调查提升方向由主到次依次是市场调研方法、营销策略制定方法、营销环境分析、产品分销渠道、电商建立与营运、目标市场选择技术（机构调查中电商建立与营运为第 1 位）。

管理类：两种调查方式，需求主次顺序一致。提升方向由主到次依次是经营管理、组织管理、制度建设、人力资源管理。

品牌建设类：需求主次顺序基本趋于一致。个人调查提升方向由主到次依次是品牌形象的塑造、品牌的宣传与推广、品牌营销模式、品牌产业链建立（机构调查仅品牌产业链建立与品牌营销模式顺序

相反，其他次序一致）。

标准化生产技术：对比分析两种调查方式，需求主次顺序基本趋于一致。个人调查提升方向由主到次依次是生态建设与可持续发展，农业标准化的技术，绿色食品、有机食品认证，我国农业标准化，农业标准化内涵与特性（机构调查仅农业标准化的技术与绿色食品、有机食品认证顺序相反，其他次序一致）。

经营指导：主次顺序依次是员工专业技能的培训，优惠政策、补贴政策、专项扶持政策，经营品牌的打造，经营状况分析，政府资助项目的申报等。

（3）产业规划服务能力提升

乡村旅游：对比分析两种调查方式，需求主次顺序基本一致，依次为服务礼仪、餐饮服务常识、娱乐服务常识。

产业化知识：个人调查主次顺序依次是产业规划与实施、结构调整与布局、发展战略制定、产业环境分析（机构调查则是产业规划与实施和结构调整与布局顺序互换，发展战略制定和产业环境分析顺序互换）。

创业规划：主次顺序依次是市场调研，根据现有条件，进行创业规划、设计，各种资质证照的办理。

（二）问题分析

1. 政策支持力度不够大

国家、地方出台支持农技推广工作的优惠政策、补贴政策、专项扶持政策偏少。

2. 资金落实不到位

基层农技人员农技推广服务经费没有落实到位、经费少，导致农技人员难以全面开展农技推广工作。

3. 人才引进少

区/县农业单位农技人员老龄化较严重，大专和本科学历占很大一部分比例，研究生仅占极小一部分比例。单位人员更新慢，有的单位近5年没有人员变动，引进农业领域的年轻、高学历人才很少。绝大多数农技人员从事农技推广工作的时间很长，具备丰富的基层工作经验，能解决农业生产中的常见性问题。但对于农业生产中出现的新问题或者突发性问题，农技人员知识老化，缺乏应变能力，仅凭经验无法解决，需要农业领域更加专业的人才才能解决。

4. 培训问题

农技人员参加单位组织的培训现存的主要问题是农技人员参与培训的机会少，农技人员参与省级培训、一周以上连续培训、外县技术考察次数很少；培训内容在实践中应用较少。农技人员培训农户的主要问题是培训结束缺乏后续跟踪指导服务，培训讲师授课内容不能解决农民实际需要；农民文化水平低、理解能力有限，接收知识能力差；农民比较散，难以集中组织开班培训，学习积极性不高，接受培训意愿不强。

5. 推广工具过于陈旧

农技人员使用的交通工具陈旧，交通不便捷，使得农技人员到田耽误时间长；农技人员所使用的通信设备落后，使得农技人员与农户的沟通交流不顺畅，农户在田间遇到的生产问题咨询得不到及时回复，影响推广服务效果；农技人员使用的农技推广设备陈旧，降低了农技推广服务工作效率。

6. 奖惩机制匮乏

基层农技推广服务对象文化水平低，学习主动性不强，提供农技指导服务需要有足够的耐心，农技推广服务工作全面展开难度大；农技人员提供农技推广服务所在地区的自然环境差，条件艰苦，农技人员薪资待遇普遍偏低，优秀人才很难留下来，朝多元化发展的全能型农技人员更少。区/县农业单位缺乏一系列完善的工作奖惩机制，奖惩不明确，使得农技人员投身农技推广服务工作的主动性和积极性不高，真正乐于投身基层的很少。

7. 管理体制不顺

从区/县到乡镇的农技推广体系垂直结构，各级部门之间缺乏必要的监督和指导，尤其是在推广体系垂直结构底层的人员管理不到位，一些岗位设置不科学，职责边界不清晰，权责不分。基层农技推广服务队伍的工资福利等保障机制不完善，尤其是乡镇基层农技人员的农技推广经费、应有的待遇落实不到位，严重降低了农技人员服务基层的积极性，制约了农技推广服务人才的涌现和健康成长。

（三）对策与建议

1. 针对区/县单位的建议

（1）政策引导

国家、地方多出台一些鼓励支持农技推广服务的新政策法规；区/县农业单位组织农技人员积极学习新的政策法规，引导农技人员转变观念，多元化发展，积极提升自我。

（2）加大资金投入

单位积极向国家、地方财政争取农技推广服务经费、补贴、补助项目等，加大农技推广服务经费投入力度。单位多鼓励农技人员积极申报农业科技项目，多进行试验、示范，多出科研成果，多发表文章，申报高级职称，参与职称评定。

（3）引进人才

补充年轻的血液，引进有专业背景、懂经营、会管理、创新意识强的人才；提高农技人员工作福利待遇，鼓励农技人员提供多元化服务，在推进农技推广公益化服务的同时，结合市场需要，鼓励农技人员加入合作社、农业企业等，技术入股、利润分红；提供平台，多给年轻人创造机会施展才能，鼓励创新，让其参与农技推广服务，创新农技推广服务方式。

（4）加强培训

建立常态化学习培训机制，经常性、阶段性地组织农技人员集中培训学习新品种、新技术、政策法规；结合本地特色产业，聘请产业专家授课，传授增产增收及致富方法；聘请成功创业的人才开展讲座，讲解创业思路及方法，鼓励农技人员创新创业；开展电脑使用操作培训，使农技人员熟练使用电脑等设备从网络快速获取信息；及时组织农技人员外地考察、参观交流，到示范园观摩学习；组织农技人员到农业生产基地进行实践活动；鼓励支持农技人员参与继续教育，报销路费及学费等。通过加强培训的方式，促进农技人员知识更新。

（5）改善推广工具

改善农技人员基层工作环境及设施，给农技人员配备电脑、智能手机等现代化设备，便于其通过网络查找获取最新的技术、市场信息、政策法规等，同时方便与产业专家的交流，及时与农户沟通并提供咨询服务。配备必要的交通工具，缩短行程时间，提供及时的到田指导服务，从而为农技推广提供便利。

（6）建立奖惩机制

建立专项奖惩制度，对在农技服务上有重大创新的农技人员，根据贡献大小，分层次进行奖励，提高工作积极性。建立农技人员服务新型农业经营主体工作绩效考核制度，让工作表现突出的农技人员获得额外奖励，让使服务对象增加显著收入的农技人员获得红利。建立奖勤罚懒的新机制，对勤快、积极工作的农技人员给予奖励，调动农技人员工作热情；对偷懒、消极怠工的农技人员扣除一定的工资或绩效，从而端正农技人员的工作态度，稳定基层农技推广队伍。

（7）完善管理体制

科学合理设置基层农技推广机构的岗位及编制，制定各个岗位具体的监管机制，各部门之间相互监督；各个岗位清晰划分职责，制定具体的工作流程，权责分明；制定详细的考核标准，严格按照标准对农技人员工作进行考核。

2. 针对农技人员的建议

（1）转变思想观念，重新定位

农业专业合作社、农业企业等新型农业经营主体逐渐成为农技推广服务的主要对象，而这些服务对象的农业生产模式与分散农户的田间生产有所区别。农技人员指导农户，主要提供的是技术指导，而新型农业经营主体则要兼顾经营理念的引导、管理模式的创新。服务新型农业经营主体，单一的技术指导是不够的，这是农技人员不可避免的新课题，挑战与机遇并存。农技人员要及时转变观念，丰富个人能力，提高业务水平，适应现代化农业发展的需要。

（2）加强综合素质培养，提高服务能力

由于农技推广工作比较辛苦，很多年轻人吃不了苦而离开工作岗位，导致人员更新存在脱节现象，农技推广人员的整体素质有待提升，特别需要吸引年轻血液的融入。农民文化素质低，接受能力差，拓展新技术水平低，在与农民等服务对象沟通的过程中，需要农技人员耐心讲解，并掌握好沟通技巧，只有良好的职业素养才能保证好的服务。单位应组织广大农技人员参加培训、到外地学习观摩，开拓农技人员的眼界，灌输新理念，提高农技人员的专业素养。

（3）针对性、阶段性地提高个人能力

新的形势下，农技人员需要从三个方面提高个人能力：技术服务能力、经营管理能力、产业规划服务能力。结合农技人员能力提升的需求，农业科技网络书屋升级产品，使用书屋系列产品，通过阶段性学习与针对性训练，农技人员最终可获得三个方面的能力提升。

具体方法途径：①农业科技网络书屋结合各地农业生产特点，根据各区/县主导产业、技术、品种对书屋资源进行个性化配置，农技人员利用书屋学习，便可快速获取权威、丰富、实用的农业科技信息。②依托农业科技网络书屋强大的用户群体，开发的专家在线系统为开放式论坛，聘用来自全国不同地域、不同农业领域专业特长方向的专家（专家库的专家约700名），提供实时在线咨询服务，帮助农民、农技人员、科技示范户、新型农业经营主体解决农业生产问题。③农业科技网络书屋聘用全国各地的专家编辑实用技术资料，网罗生产一线的问题，同时整合中国知网总库中所有的农业实用资源，开发“智慧农民十万个为什么”，构建全面的农业实用知识资源库，帮助基层农民解决问题。④鼓励创业。新型职业农民创新创业综合服务平台为北京市科委主管项目，由同方知网（北京）技术有限公司、北京市农林科学院、北京农业职业技术学院共同主办，应用此平台可获取基本创业知识、查看最新创业项目、在线进行成果交易。

B.9

地区企业科普能力指标体系构建和评价实证研究

何 丽*

摘 要： 本报告在对科普能力指标体系相关文献进行研究的基础上，对地区企业科普能力进行了界定，构建了地区企业科普能力的理论模型和指标体系，利用主成分分析方法对全国31个省份的企业科普能力进行了定量分析和评价，为评价各地区企业科普能力的实际情况提供了途径。

关键词： 企业科普能力 科普能力指标体系 主成分分析方法

科技创新在国家发展战略中具有非常重要的作用，党的十八大报告指出“实施创新驱动发展战略。科技创新是提高社会生产力和综合国力的战略支撑，必须摆在国家发展全局的核心位置……深化科技体制改革，推动科技和经济紧密结合，加快建设国家创新体系，着力构建以企业为主体、市场为导向、产学研相结合的技术创新体系”。[①] 而检验创新成功的最终标准是市场，企业最贴近市场，是将科技转化为生产力的主体，

---

* 何丽，中国科普研究所副研究员，主要研究方向为科普评估、企业科普。

① 《胡锦涛：坚定不移沿着中国特色社会主义道路前进，为全面建成小康社会而奋斗——在中国共产党第十八次全国代表大会上的报告》，《共产党员》2012年12月3日。

理所当然也是创新的主体。企业科技创新也应包含企业科普工作的创新。一方面，企业利用科学技术知识生产高附加值产品面临市场的巨大风险，科技含量越高，产品的寿命周期越短；企业参与科学传播的重要动机在于在传播的过程中培养潜在的消费者。另一方面，伴随公众生活水平和受教育程度的提高，他们对科技知识和产品的需求也不断提高，公众越来越重视和渴望了解所购买产品背后蕴藏的科技原理和科学价值并做出理性选择。科普的供需双方都有了解彼此的强烈愿望，但在现实中由于双方沟通了解的路径和方式不对称而出现落差。

在市场经济的条件下，企业科普工作亟待加强，企业科普面临新问题和新机遇。在理论上，需要重新构建企业科普的评价指标体系来测评企业科普工作。本文尝试从现有企业科普指标数据的角度构建一套企业科普能力评价指标体系，并对我国区域企业科普能力进行初步评价。

一　相关研究综述

关于科普能力指标体系的研究，国内学者进行了有益探索，翟杰全提出了国家科技传播能力评价模型，模型包括国家科技传播基础设施、媒体科技传播能力、科研机构传播能力、国家科技传播基础环境等方面，该模型由涵盖上述四个方面的约 50 个指标构成。[①] 李婷构建了地区科普能力的指标体系，利用主成分分析方法对全国 31 个省份、河北省 11 个城市的科普规模能力和科普强度能力进行分析和评价研究，提出建立地区科普能力检测和评价体系与丰富现有科普统计调查数据的建议。[②] 在国家科普统计指标体系的基础上，佟贺丰等构

① 翟杰全：《国家科技传播能力：影响因素与评价指标》，《北京理工大学学报》（社会科学版）2006 年第 8 期。

② 李婷：《地区科普能力指标体系的建构及评价研究》，《中国科技论坛》2011 年第 7 期。

建了地区科普能力指标体系，提出了科普人员、科普经费投入、活动组织、基础设施、科普传媒5个维度和17个指标的地区科普力度评价指标体系，并根据2006年科普统计的数据，对科普力度指数进行了测算，认为科技发展水平不会直接影响到一个地区科普工作的开展，科技发展水平落后的地区也可以在科普方面有所作为。[①]

国外对科技工作的评价，有从投入和产出两个方面进行的，投入方面包括R&D人员、经费、政府支持科技的所有投入、基础设施、中小企业工程师数量等因素，产出方面则包括专利产品、科技论文、报纸和杂志报道科技事件的次数、科技事件在媒体中播出的时间和频率等，从投入和产出这两个方面评价科技发展水平。[②] 科普是科技工作的重要组成部分，科普能力的评价也可以参考科技评价的方法。2008年修订后的《科技进步法》对企业的科普责任做了明确的规定："国家鼓励企业结合技术创新和职工技能培训，开展科学技术普及活动，设立向公众开放的科普场馆或设施。"[③] 明确了企业设立向公众开放的科普场馆、设施的科普责任。

关于基层科普能力的研究，李建民对科普能力的内涵和科普能力与国家创新能力以及科普能力与科技创新能力的关系进行了探讨，他认为科普能力和科技创新能力二者相互促进、相辅相成，二者共同推进科技事业的发展；提出通过"组织体系的渗透力、社会资源的整合力、创新示范的引领力、注重社会效果的影响力和科普工作效率的调控力的政府科普能力'五力整合'"，能够有效提高政府科普能力[④]。李力从社会管理创新的角度，以沈阳社区科普工作为切入点，

---

① 佟贺丰等：《地区科普力度评价指标体系构建与分析》，《中国软科学》2008年第12期。

② 何平：《中国科技进步检测的理论与实践》，《科技进步与对策》2003年第6期。

③ 《中华人民共和国科学技术进步法》（2007年修订），http://www.most.gov.cn/fggw/fl/200801/t20080108_58302.htm。

④ 李建民：《科普能力建设：理论思考与上海实践》，《科普研究》2009年第6期。

对社区科普工作进行了系统分析，提出了完善社区科普机制创新，提高适应新形势、新媒体的社区科普能力的建议。[①] 李涵锦认为高校科普不平衡、科普能力弱，结合传播学理论，提出科普能力建设包括科普工作主体、对象、基础设施、科普内容和经费“硬能力”建设和科普制度、法规、政策和管理“软能力”建设的观点。

在欧美发达国家，企业科技传播主要有两种方式，一是企业成立非公募基金会，由基金会直接从事科技传播；二是企业通过赞助或捐赠的方式委托民间专业科技传播机构进行，如美国科学基金会每年的国家科技周就长期得到拜尔公司、福特公司等大企业的资助。

在科普能力的定义方面，所有的研究都是根据《关于加强国家科普能力建设的若干意见》，将科普能力定义为一个国家向公众提供科普产品和服务的综合实力。其主要包括科普创作、科技传播渠道、科学教育体系、科普工作社会组织网络、科普人才队伍以及政府科普工作宏观管理等方面。[②]

对科普能力的研究，现有文献大多集中在国家、社会、政府等宏观层面和社区、高校的科普能力的探讨；对科普能力指标体系的构建和评估基本上是在国家和地区层面进行的。少有对企业科普能力的探讨，更少有对企业科普能力指标体系的研究。在科普能力指标体系的构建方面，大多数文献基于现有的地区或者国家层面宏观的科普指标数据，而缺乏对地区企业科普能力指标体系的研究。因此，考虑实证研究必须有数据来源支撑，本文在构建企业科普能力指标体系和评价企业科普能力时，尝试采用现有科普统计年鉴、中国科协统计年鉴和中国工业统计年鉴的数据对地区企业科普能力进行评价。

① 李力：《社区科普与基层科普能力提升》，《中国科普理论与实践》2012 年第 10 期。

② 《关于加强国家科普能力建设的若干意见》（国科发政字〔2007〕32 号），http：//www.most.gov.cn/kjbgz/200704/t2007424－4334.htm。

二　企业科普能力指标体系的构建

（一）企业科普能力的定义

本文把企业科普能力定义为企业在科普经费充足、科普人员合理配置、科普基础设施有效运转、外部环境优化的情况下可能向社会公众提供的科普产品和服务的能力。[①] 地区企业科普能力是一个地区的企业向公众提供科普产品和服务的综合能力。

（二）企业科普能力评价指标体系设置的原则

企业科普能力的影响因素和结构是多层次的，为了全面反映和评价企业科普能力，需要建立一套评价指标体系，指标设置时应该遵循以下原则。

1. 指标数据的可获取性原则[②]

企业科普能力的评价是基于企业现有或者通过调查和计算可获得的数据。某些指标在理论上是成立的，但是在实际中难以获得数据，使得评价不具有可操作性，不可获得数据的指标不纳入企业科普能力指标体系。

2. 指标设置科学性的原则

指标设置主要从科普投入、产出、支撑和扩散几个方面反映企业科普能力，尽可能涵盖企业科普的方方面面。在筛选企业科普能力评价指标的过程中，尽量消除主观人为因素的干扰，体现企业科普能力评价体系的客观性。

---

① 何丽：《企业科普能力指标体系构建》，《科研管理》2014 年第 35 卷。

② 何丽：《企业科普能力指标体系构建》，《科研管理》2014 年第 35 卷。

3. 准确性原则[①]

企业科普能力指标体系的设置应该准确反映企业真实的科普情况，尽量避免指标之间的交叉和重叠。充分考虑资料来源和渠道的真实可靠性，尽可能减少调查误差，使企业科普能力指标更符合实际工作情况。

4. 可比性原则[②]

在设置企业科普能力指标时，指标的范围、内容、含义和计算方法应该满足可以比较的要求，尽可能保持统计口径和范围的一致性。使企业科普能力指标能够与企业的生产、经营和销售指标衔接和比较。企业的科普工作必须与企业的生产经营和市场营销相结合，这样的企业科普能力才能可持续。

（三）指标体系的建立

本研究是实证研究，在企业科普能力指标体系的构建中，数据来源于统计年鉴，指标体系的构建依赖于统计年鉴，虽然能够反映企业科普能力概念的指标很多，但是只考虑将有数据来源的指标纳入企业科普能力指标体系中。在企业科普能力的概念中，人员配置、科普经费和组织属于科普投入的范畴，企业提供的科普产品和服务是科普产出的范畴，外部环境属于企业科普的支撑条件[③]，科普需要创新也需要扩散和普及，综合这四个方面的考量，建立企业科普能力指标体系。指标设置解释如下。

（1）企业赞助科技活动费用：企业在开展科技活动时支持的费用总和。

（2）企业科协数：企业建立科学技术协会的数量。

（3）企业科协个人会员数：企业建立科学技术协会发展的个人会员数量。

---

① 何丽：《企业科普能力指标体系构建》，《科研管理》2014 年第 35 卷。
② 何丽：《企业科普能力指标体系构建》，《科研管理》2014 年第 35 卷。
③ 何丽：《企业科普能力指标体系构建》，《科研管理》2014 年第 35 卷。

（4）参加“讲比活动”的科技人员数：本年内参加本企业开展的“讲理想，比贡献”活动的科技人员数量。

（5）“讲比活动”中被采纳的合理化建议：企业在本年度开展的“讲比活动”中所采纳科技人员提出的合理化建议的数量，以“条”为计量单位统计①。

（6）企业科技工作者参加的学术交流活动：企业科技人员参加的国内外各类学术交流会议和学术服务会议的人次数。

（7）专家进站的人数：在本年度，以设站单位名义聘请的专家的数量。

（8）参加服务团队专家的人数：企业按照专业特点组织的专家服务团队。

（9）规模以上工业销售产值：工业企业在报告期内以货币的形式表现、销售的本企业生产的工业产品或提供工业性劳务价值的总价值量。

前8个指标的数据来源于《中国科协统计年鉴（2013）》；第9个指标的数据来源于《中国工业统计年鉴（2013）》。

企业科普能力指标体系如表1所示。

表1　企业科普能力指标体系

一级指标	二级指标
科普投入能力	企业赞助科技活动费用
	企业科协数
	企业科协个人会员数
科普产出能力	参加“讲比活动”的科技人员数
	“讲比活动”中被采纳的合理化建议
科普支撑能力	规模以上工业销售产值
	企业科技工作者参加的学术交流活动
科普创新的扩散能力	专家进站的人数
	参加服务团队专家的人数

① 中国科学技术协会编《中国科协统计年鉴（2013）》，科学技术出版社，2014。

三　不同地区企业科普能力评价实证研究

（一）研究思路

本文通过因子分析方法对各地区企业科普能力进行评价。

（二）指标权重的确定

权重用来衡量各个指标的重要程度，一般来说，指标越重要，权重就越大。权重的确定主要有主观赋权法、客观赋权法以及二者相结合的方法。在确定权数的多种方法中，为了避免人为因素的干扰，本文选择因子的方差贡献率为权数，进行加权分析。

1. 企业科普规模能力

企业科普规模能力是从总量指标的角度，计算企业科普能力，用以反映企业科普能力的总规模和总水平。具体说来，从计算角度，就是利用因子分析方法对 9 个指标的总量指标进行评价。首先对 9 个指标的原始数据进行标准化处理和因子分析，计算结果如表 2、表 3 所示。

表 2　因子解释原有变量总方差情况 A

单位：%

类别	初始情况			旋转后	
	特征值	方差贡献率	积累方差贡献率	方差贡献率	积累方差贡献率
1	5. 366	69. 619	69. 619	69. 619	23. 894
2	1. 250	23. 894	93. 513	69. 619	93. 513
3	0. 339	3. 207	96. 720		
4	0. 259	2. 210	98. 930		
5	0. 129	0. 728	99. 658		

续表

类别	初始情况			旋转后	
	特征值	方差贡献率	积累方差贡献率	方差贡献率	积累方差贡献率
6	0.061	0.221	99.906		
7	0.021	0.016	99.922		
8	0.007	0.072	99.994		
9	0.0023	0.006	100		

表3　因子得分系数矩阵A

指标	因子	
	1	2
讲比人数	-0.112	0.370
讲比建议	-0.231	0.492
专家站人数	0.368	-0.243
专家团队人数	0.236	-0.044
工业销售值	0.214	0.004
经费	0.110	0.054
企业科协数	0.148	0.086
企业科协会员	-0.081	0.321
参会人数	0.268	-0.132

Y1 =（-0.112）×讲比人数 +（-0.231）×讲比建议 +0.368 ×专家站人数 +0.236 ×专家团队人数 +0.214 ×工业销售值 +0.110 ×经费 +0.148 ×企业科协数 +（-0.081）×企业科协会员 +0.268 ×参会人数

Y2 =0.370 ×讲比人数 +0.492 ×讲比建议 +（-0.243）×专家站人数 +（-0.044）×专家团队人数 +0.004 ×工业销售值 +0.054 ×经费 +0.086 ×企业科协数 +0.321 ×企业科协会员 +（-0.132）×参会人数

对各地企业科普能力进行综合评价时，采用因子加权总分的方法，其中权数的确定是关键。为减少人为因素的误差，在这里以两个因子的方差贡献率为权数得到综合得分，计算公式为：

$$Y = 0.69619Y1 + 0.23894Y2$$

根据上述线性组合计算结果如表4所示。

表4　因子得分系数矩阵 A

省　份	Y1	Y2	Y	名次
北　京	-0.36	0.30	-0.18	15
天　津	0.01	-0.41	-0.09	14
河　北	-0.32	0.60	-0.08	13
山　西	-1.08	1.40	-0.42	24
内蒙古	-0.49	-0.45	-0.45	25
辽　宁	0.21	0.78	0.33	6
吉　林	-0.22	-0.37	-0.24	18
黑龙江	-0.26	-0.14	-0.21	16
上　海	-0.09	0.38	0.02	10
江　苏	4.20	-0.01	2.92	1
浙　江	1.09	0.30	0.83	4
安　徽	0.42	-0.51	0.17	8
福　建	0.36	-0.20	0.20	7
江　西	-0.65	0.24	-0.40	23
山　东	0.74	3.07	1.25	2
河　南	0.29	-0.31	0.13	9
湖　北	0.57	0.72	0.57	5
湖　南	-0.52	1.57	0.01	11
广　东	1.94	-1.10	1.09	3
广　西	-0.33	-0.32	-0.31	20
海　南	-0.72	-1.02	-0.74	30
重　庆	-0.33	-0.02	-0.23	17
四　川	-0.80	2.12	-0.05	12
贵　州	-0.56	-0.71	-0.56	27
云　南	-0.21	-0.89	-0.36	22
西　藏	-0.76	-1.08	-0.79	31
陕　西	-0.14	-0.84	-0.30	19
甘　肃	-0.68	-0.08	-0.49	26
青　海	-0.66	-1.08	-0.72	29
宁　夏	-0.06	-1.30	-0.35	21
新　疆	-0.58	-0.66	-0.56	28

计算结果显示，可以将企业科普规模能力划分为三类地区：一类地区是江苏、山东、广东、浙江、湖北、辽宁等省份；二类地区是湖南、四川、河北、天津、北京、黑龙江、重庆等省份；三类地区是宁夏、云南、海南、西藏等省份。

2. 企业科普强度能力

企业科普强度能力就是从人均指标的角度，反映企业科普能力的高低，用以衡量人均企业科普能力，具体计算中用9个指标总量值除以各省的人口总数，得到的就是企业科普强度能力，采用因子分析计算结果如表5、表6所示。

表5　因子解释原有变量总方差情况 B

类别	初始情况			旋转后	
	特征值	方差贡献率	积累方差贡献率	方差贡献率	积累方差贡献率
1	3.666	79.321	79.321	72.634	22.759
2	2.241	16.076	95.397	72.634	95.393
3	0.879	3.183	98.580		
4	0.871	1.066	99.647		
5	0.539	0.308	99.954		
6	0.371	0.043	99.998		
7	0.212	0.002	99.999		
8	0.153	0.001	100		
9	0.051	0.000	100		

表6　因子得分系数矩阵 B

指标	因子	
	1	2
讲比人数	0.225	-0.132
讲比建议	0.168	-0.214
专家站人数	0.074	0.393
专家团队人数	0.078	0.402

续表

指标	因子	
	1	2
工业销售值	0. 229	0. 017
经费	0. 141	-0. 100
企业科协数	0. 177	0. 197
企业科协会员	0. 186	0. 039
参会人数	0. 210	-0. 127

采用回归法估计因子得分系数，据上表可以写出以下因子得分函数：

Y1 =0. 225 × 讲比人数 +0. 168 × 讲比建议 +0. 074 × 专家站人数 +0. 078 × 专家团队人数 +0. 229 × 工业销售值 +0. 141 × 经费 +0. 177 × 企业科协数 +0. 186 × 企业科协会员 +0. 210 × 参会人数

Y2 = （ -0. 132） ×讲比人数 + （ -0. 214） ×讲比建议 +0. 393 × 专家站人数 +0. 402 × 专家团队人数 +0. 017 × 工业销售值 + （ -0. 100） × 经费 +0. 197 × 企业科协数 +0. 039 × 企业科协会员 + （ -0. 127） ×参会人数

同前，为了避免人为因素的干扰，考虑权重时，仍然以两个因子的方差贡献率为权数，并计算得到综合得分（见表7），计算公式为：

Y =0. 72634Y1 +0. 22759Y2

表7　因子得分系数矩阵B

省　份	Y1	Y2	Y	名次
北　京	2. 00	-0. 91	1. 25	3
天　津	2. 30	0. 64	1. 82	1
河　北	-0. 53	-0. 16	-0. 42	21
山　西	0. 59	-0. 82	0. 24	11
内蒙古	0. 20	0. 13	-0. 12	15
辽　宁	0. 94	-0. 07	0. 67	6
吉　林	0. 01	0. 24	0. 06	13

续表

省份	Y1	Y2	Y	名次
黑龙江	-0.40	0.55	-0.17	17
上海	2.17	-2.08	1.10	4
江苏	1.40	1.21	1.29	2
浙江	0.64	0.62	0.61	7
安徽	-0.48	-0.28	-0.41	20
福建	0.52	0.70	0.54	8
江西	-0.46	-0.55	-0.46	22
山东	0.68	0.06	0.51	9
河南	-0.87	-0.18	-0.68	26
湖北	0.37	-0.05	0.26	10
湖南	-0.01	-0.28	-0.07	14
广东	-0.54	0.15	-0.36	19
广西	-0.81	-0.11	-0.61	25
海南	-1.18	-0.51	-0.97	30
重庆	0.36	-0.54	-0.14	12
四川	-0.26	-0.58	-0.32	18
贵州	-1.14	-0.19	-0.87	29
云南	-1.13	-0.18	-0.86	28
西藏	-1.70	-0.26	-1.29	31
陕西	-0.75	-0.10	-0.57	24
甘肃	-012	-0.32	-0.16	16
青海	-0.89	-0.29	-0.71	27
宁夏	0.14	4.38	1.10	5
新疆	0.67	0.21	-0.53	23

计算结果显示，企业科普强度能力可以分为三类地区，一类是天津、江苏、北京等；二类是山西、重庆、吉林等省份；三类是河北、江西、新疆等省份。

四　结论

（1）企业科普规模能力一类地区是山东、江苏、广东、浙江、湖北、辽宁等省份；二类地区有湖南、四川等省份；三类地区是宁夏、云南、西藏等省份。

（2）企业强度科普能力位于全国前列的地区有天津、江苏、北京、上海等省份；二类地区有重庆、山西、吉林等省份；三类地区有河北、江西、新疆等省份。

（3）无论是从企业科普规模能力还是科普强度能力来看，江苏、山东、辽宁都是一类地区。企业科普规模能力远大于企业科普强度能力的地区有浙江、安徽、河北、河南、湖北、广东、四川，这些省份都是人口大省。企业科普强度能力远大于企业科普规模能力的省份有北京、山西、内蒙古、天津、上海、宁夏，其人口总量没有前类的大，科普投入的规模小，但强度大。

参考文献

翟杰全：《国家科技传播能力：影响因素与评价指标》，《北京理工大学学报》（社会科学版）2006 年第 8 期。

李婷：《地区科普能力指标体系的建构及评价研究》，《中国科技论坛》2011 年第 7 期。

佟贺丰等：《地区科普力度评价指标体系构建与分析》，《中国软科学》2008 年第 12 期。

何平：《中国科技进步检测的理论与实践》，《科技进步与对策》2003 年第 6 期。

李建民：《科普能力建设：理论思考与上海实践》，《科普研究》2009

年第6期。

李力：《社区科普与基层科普能力提升》，《中国科普理论与实践》2012年第10期。

《关于加强国家科普能力建设的若干意见》（国科发政字〔2007〕32号），http：//www. most. gov. cn/kjbgz/200704/t2007424 －4334. htm。

B.10
基层科普信息化研究

王黎明*

摘　要：　科普信息化的本质是信息传播技术对科技传播与普及的全面媒介化。技术、文化和社会的信息化嬗变为公共服务、社会支持和大众传播等领域开启了广阔的社会化空间，信息传播技术的发展为科普领域的内容生产、信息传播、公众参与和跨机构协作提供了便捷的通道。信息化语境下的新型信息形态、知识链接和人群活动要求科普服务充分应用信息传播技术，以回应移动互联网时代的需求、行为和规则转向。信息化产生了新型科普阵地和人群需求，也为科普服务创新提供了多样化途径。在基层科普组织的推动下，全国各地涌现多种多样的科普信息化实践案例。通过案例研究，本报告归纳了科普信息化建设在基层科普中的实践模式，并提出了科普信息化建设的长期策略机制。

关键词：　信息传播技术　科普信息化　科普社区

从科学社会学的视角来看，科技传播与普及（以下简称科普）

---

* 王黎明，博士，中国科普研究所助理研究员，主要研究方向为媒体监测方法、社会化科学传播。

是科技与社会相互作用过程中发生的普遍性现象。科技与社会作为“土壤”为科普创造了条件，同时科技发展与社会进步又为科普提供了持续的增长点。从信息的角度讲，科普是科技信息在科学共同体外部的扩散过程。从传播的角度讲，科普是面向一般公众的非正规科技教育与交流。从科学素质建构的角度讲，科普是以传播和普及科学知识、思想、方法和精神为目的的科技活动。

在ICT浪潮中，“传统的科普方式显得有些力不从心”。从技术与应用的角度看，科普信息化经历了数字化、网络化和智能化等发展阶段，然而生长于不同阶段的互联网“群落”——门户、论坛、博客和社交网络则具有更深的意义——意味着持续演化的社会关系、组织原则、媒体制度和信息结构，并且“互联网人”逐渐取代信息源成为内容和传播的主导力量。因此，科普信息化起源于信息传播技术发展引发的人与社会的深刻变化。机遇和挑战不仅在于对新技术工具的运用，而且更在于对信息化社会本身的洞见。

本报告从四个角度系统梳理和阐述科普信息化研究的主要内容。首先回顾信息化的概念演变，指出技术动因背后的社会和人群特征应该是科普信息化研究所关注的起点；然后结合科普实践梳理科普信息化的发展历程，总结科普信息化在各类基层科普实践中的表现形式和主要特征；接着对科普信息化建设的典型实践案例进行细致分析，归纳出基层科普信息化项目中蕴含的四种实践模式；最后从技术、平台、内容、传播和落地五个方面探讨了科普信息化建设的策略机制。

一　科普信息化的内涵

（一）信息化概述

信息化的概念起源于20世纪60年代，日本学者梅棹忠夫在《信息产业论》中，将以信息为中心的社会称为“信息化社会”。信息化一词后来被译为英文传播到西方，西方社会对“信息社会”和“信息化”等概念的普遍使用始于20世纪70年代后期。20世纪80年代以来，信息传播技术的发展和应用已成为推动全球经济和社会现代化的强大动力，信息化成为全球数字时代的重要潮流和标志。1997年召开的第一届全国信息化工作会议从国家视角对信息化做出了以下表述：“信息化是指培育、发展以智能化工具为代表的新的生产力并使之造福于社会的历史过程。”另外，2006年印发的《2006－2020年国家信息化发展战略》将信息化界定为：“信息化是充分利用信息技术，开发利用信息资源，促进信息交流和知识共享，提高经济增长质量，推动经济社会发展转型的历史进程。”

从技术和社会的相互作用关系来看，信息化可以从三个层面进行定义：一是用来泛指在信息的采集、处理、传输和消费等各个环节上的技术发展，二是用来表征由信息传播技术发展带来的信息的生产、传播和消费方式的变化，三是用来暗示由新的技术和传播引发的社会结构和人群关系的深层次变革。在移动互联网技术高度发达的时代，信息化指向的是一种以信息为中心的技术、传播与社会活动的深度融合。随着这种融合过程的持续深入，一个以信息为中心的新型社会逐渐被完整地建构和形塑。在这个信息化社会中，信息被赋予了比以往更为重要的地位，人们的生活方式和行为习惯逐渐偏离了传统社会的固有惯性，形成以信息为中心的消费、互动和决策倾向。

因此，今天当我们使用“移动互联网社会”这样的概念时，所指的就不仅是一类活动于虚拟空间的网络人群，更意在强调这类人群所表现的与传统社会角色的本质区别。从技术和社会的互动关系看，这种区别形成于以下过程。

①信息传播技术创造了新的社会制度和环境，例如门户网站和论坛、博客以及微博、微信等社交媒体；②制度和环境赋予个体新的表

达方式和传播能力，例如新媒体和自媒体；③个体能力建构了新的传播结构和互动方式，例如微博广场、微信朋友圈等社交网络，以及由传播制度设立的关注、转发、提醒等复杂社交规则；④传播和互动形塑了新的社会关系和其他行为特征，例如“名人－粉丝”关系、“内容－用户”社区等社群结构以及私信、聊天、内容营销等行为特征。

（二）科普信息化的深层内涵

“科普信息化”可视为科普实践对于信息化语境的应变，即“科普的信息化”；同时反映了科技信息在信息化语境中的传播和扩散，即“信息化的科普”。报告明确区分“科普信息化”与“科普信息化建设”这两个概念，前者体现了研究视角，意在强调对于科普信息化这一客体过程的观察、描述、解释和分析；后者则体现了实践视角，意在强调对于科普信息化所需的环境、资源、组织和服务等的建设和完善。报告认为，只有对科普信息化的实质内涵及其发展特点形成清晰准确的理解，才能充分运用科普信息化的理论来指导科普信息化建设实践。

从其概念演变来看，科普信息化最早关联到“网络科普”这一概念，这一阶段的研究注意到了技术发展引发的信息形态和传播渠道方面的转变，并强调了互联网作为传播途径以及新的科普阵地的重要地位。另外，科技场馆信息化的研究指出了科普信息化作为一种管理观念和模式转变的重要性。更多的研究强调了媒体与受众的互动，将科普信息化视为新的科普手段和途径，或将其视为连接线上网络和线下产品的综合服务方式。还有的研究基于信息化的基本范畴，结合科普实践领域的特性，从理念和技术、生产和传播、利用和效果等方面总结了科普信息化的内涵。以上研究从阵地、手段、渠道、服务等多个角度展现了科普信息化的技术特征，然而对信息传播技术建构的科普全局语境仍然缺少清晰的描述和界定，具体而言主要是未能揭示或强调以下信息化转变过程中蕴含的文化和社会特征。

1. 被移动互联网建构的新型社群结构和社交关系

围绕论坛、博客、微博、微信等社交媒体，互联网人群不再像门户网站时期作为彼此独立而陌生的匿名冲浪者，而逐渐分化为拥有特定身份、阶层、分工以及共同价值、文化和旨趣的用户社群。社群结构决定了社交关系，人与人的关系向社群内部发展而趋于真实化。

2. 被社交媒体平台和自媒体工具重塑的制度化传播行为

不同的社交媒体系统演化出符合自身技术特点的传播制度，自媒体信息的发送、接收和互动遵照平台内部的传播规则。这些规则与社群文化共同塑造了风格各异的传播行为，同时在一定程度上限制了信息从平台内部向外部的流动和扩散。

3. 在互联网传播中形成的内容与用户间的准封闭式链接

由于信息在社群内部的高流动性以及在不同社群间传播时的制度和文化区隔，信息内容共享与用户知识链接同样呈现社群化趋势。除少数高影响力的内容外，大部分信息仅在社区用户链接中表现出传播影响力，这反映了从单纯的用户社区向内容社区的转向。

根本上说，这三种社会特征代表了信息传播技术引导下的一类真实社会转型，并蕴含了与信息传播直接相关的媒体制度、传播结构和受众行为的深刻转变。

二　科普信息化的发展历程

从我国科普信息化的发展历程来看，科普过程在内容、渠道、方式等多个环节的信息化转变中均表现出与信息传播技术发展的紧密关联。按照信息技术应用于科普实践的（大致）时间顺序，可将科普信息化发展划分为以下三个过程。

（一）科普信息资源数字化

在科普内容和产品方面，20 世纪 90 年代兴起的数字化浪潮使科普信息资源不再依赖物理形态的信息载体，数字化的信息资源借助计算机技术得到广泛的传播和使用。在科普信息化发展中，较早见于文献的大规模信息资源数字化过程来自博物馆和科技馆领域，相较于印刷或其他模拟方式存储的信息资源，以电子文本和其他数字方式存储的科普资源更容易实现长期而保真的存储、重复而无损的读取和可靠而高速的传输。在科普出版方面，科普挂图、科普图书等传统科普载体也开始向数字化形态转变，出现了图像文件格式的电子挂图和文本文件格式的电子图书，随着二进制存储、多媒体叙事等数字技术渗透到创作、编辑、印刷、发行和消费的各个出版环节，催生出亚马逊、多看阅读、掌阅书城等多个大型数字发行平台，数字图书、数字期刊、游戏动漫等多种多样的数字科普产品应运而生。

（二）科普信息传播网络化

数字化科普资源方便共享和易于流通的特性对信息传播能力提出了更高的要求，借助互联网技术，更多的科普资源和产品开始经由网络进行配置、分发和传播。1995 年《北京科技报》网络版的开通宣告了科普信息化进入了网络化时期，2004 年中国科协和中国互联网协会共同发起中国互联网协会网络科普联盟[①]，标志着网络科普正式成为科普事业的一个专门领域。2008 年中国数字科技馆开通运行，作为网络科普的一项重要成就，数字科技馆全面利用多媒体数字技术，建立了面向公众的虚拟科技博物馆、体验馆以及面向科技工作者的资源馆，是网络和多媒体技术应用于科普信息化发展的新的高峰。

---

① http：//www. uisp. org. cn/.

2007年上线的科学网打出了构建全球华人科学社区的口号，其提供的博客服务一度是全球最著名的中文科学博客之一。2010年，以智能手机和第三代移动通信技术为标志，中国进入移动互联网时代，社交媒体和自媒体的蓬勃发展为科普信息化提供了新的传播平台和发展机遇，涌现了科学公园、谣言粉碎机、丁香医生、赛先生等一大批优秀的科普微博号和微信号。与此同时，集结了大量优质用户的内容社区成为科普知识服务新的发展方向，果壳小组、知乎社区和科学网博客都是其中的典型代表。

（三）科普信息服务智能化

随着移动智能终端的普及应用，用户数据作为一大类新型信息走向信息化舞台中央。以大数据和云计算技术为代表的信息采集和处理技术将海量用户数据中蕴含的信息价值重新挖掘并赋予其新的生产力，推动信息服务向智能化方向发展。3D眼镜、智能手表等可穿戴技术在增强用户体验的同时，也成为物联网的组成部分以及采集用户数据的终端传感器。将“行为－数据－需求－服务”的用户闭环应用于科普信息传播，即可实现主动和适需的智能化服务。科普领域也在这方面进行了积极探索。2012年创建的“蝌蚪五线谱”科普网站[①]是云计算在科普信息服务中的首例应用；江苏省从2013年起上线了云科普服务系统，与第三方合作开发了智能化科普热点识别和挖掘模块，以求迅速准确地针对突发事件进行“应急科普”；2015年11月，中国科协联合腾讯公司和中国科普研究所，利用大数据分析技术开展了腾讯移动用户的科普行为研究，并发布了《移动互联网网民科普获取和传播行为报告》。机器人与人工智能和物联网技术历来是科普场馆进行展品创意设计和提高信息化管理水平的利器，机器人主题展

① http：//www.kedo.gov.cn/.

是科技馆内经久不衰的高人气项目，2015 年东北大学团队设计的“动感过山车”模拟操作系统在中国科技馆展出时更是得到广大青少年的热烈欢迎。这些都是科普领域在智能化科普信息服务方面的一些有益尝试。

三　基层科普信息化建设的实践模式

为适应新形势下科技传播与普及的信息化社会语境转变，中国科协于 2014 年 12 月发布了《关于加强科普信息化建设的意见》，其中将科普信息化建设定义为“充分利用现代信息化技术手段，有效动员社会力量和资源，丰富科普内容，创新表达形式，通过多种网络便捷传播，利用市场机制，建立多元化的运营模式，满足公众个性化需求，提高科普的时效性和覆盖面”。以上表述从科普信息化发展的条件、途径、机制、目标和效果等各个方面概括了科普信息化建设的主要内容。

伴随着公共服务、社会支持和大众传播等领域的信息化语境转变，各地基层科普实践开始在资源、服务、运营等多个方面探索科普信息化的实践模式。在基层科普信息化建设中，以地方科协、科技团体和非营利组织为代表的公共部门以及以企业和媒体为代表的私营部门均在基层科普信息化方面发挥了积极作用。报告对近年来基层科普实践中的信息化案例进行了集中调研和分析，发现目前基层科普信息化建设主要围绕信息传播技术应用进行，可总结为技术深耕、资源整合、服务创新、社区培育四种模式。

（一）科普技术深耕

信息传播技术不仅开辟了移动互联网上的科普阵地，创造出更加多元化的受众需求和活动空间，而且为高水平的科普服务提供了全新的技术进路。移动定位和通信、大数据和云计算、虚拟现实和增强现实等技术有助于实现更加灵活高效的科普服务，并且为科普信息化项目的数据、内容和服务管理提供了全局解决方案。报告以苏州“梦想人”和江苏“闻道网络科普”为例进行介绍。

案例1：苏州“梦想人”，场馆里的“增强现实”

增强现实（Augmented Reality，AR）有时也被称为混合现实或增强虚拟，这种技术将虚拟声光影像与现实世界融合起来，从而建构出新的可视环境。在新环境中，真实对象与虚拟数字对象共同出现在同一场景，并可借由体感技术进行实时互动。“梦想人科技”是增强现实领域专业解决方案的整体提供商，也是将增强现实技术运用于科普内容、产品和展教开发领域的先行者。其业务范围集中在展览展示、科技馆、博物馆、企业展厅、产品发布会、互动广告、媒体娱乐、数字出版等领域。在科技展览领域，中国科技馆的“病毒入侵”、合肥科技馆的“保卫科技馆”等增强现实技术展项就是与梦想人科技合作开发的。此外，增强现实技术还被运用于高互动和情境体验的4D科普读物和卡通作品中，将图文、音频、视频、三维模型动画、链接等多媒体素材聚合到实体图书上，用户使用移动端设备如手机、平板电脑等安装相应的客户端后，即可通过终端摄像头扫描实体科普图书上的4D信息，获得更为高效、有趣的阅读体验。

案例2：江苏“闻道网络科普”

江苏联著实业有限公司“科普信息化解决方案”以高清LED屏为主要传播载体，建立大屏科普e站，并与智能手机应用相结合，为科协推进科普信息化实践、拓展网上科普阵地提供“云支撑平台+科普内容服务+可视化管理”的全产业链支持，下设“科普服务网络”“科普内容服务”“科普热点监测”“专家远程答疑”“综合管理中心”五个子系统。该系统通过移动互联网络实现便捷的资源管理以及内容订阅和发布，借助智能搜索引擎实现高效的内容生产、分类和聚合，利用移动终端和用户数据实现互动式科普和个性化推送，使用语义分析技术发现科普热点，成功解决了科普信息化的落地问题。2013年，南京市科协以“网络科普进社区”为契机，与江苏联著实业有限公司合作试点“科普闻道”项目，开始在全市部署全媒体大屏科普工作站。截至2014年底，南京市11个区共部署了近500块全媒体互动科普大屏，上线了配套的“科普闻道”手机客户端，开通了“中国梦新科普”微信公共账号，形成了“大屏+手机+微信”三位一体的立体化网络科普传播体系，该体系被统称为“科普闻道”系统。项目初期，大屏科普工作站主要部署在社区。2014年后，逐步扩大到学校、医院、政府机关以及旅游景点、车站、机场等人流密集的公共场所。经过两年多的试点运作，“科普闻道”系统大屏科普工作站开机率达到80%以上，累计服务近500万人次，2014年全年累计发布科普信息超过20万条，各类科普、宣传视频200多小时，受到了基层科协和各大屏部署单位的普遍好评。截至目前，已有江苏省科协及苏州市、镇江市、淮安市、盐城市科协等数十家单位加入“科普闻道”合作项目。按照江苏省科协规划，未来2年，江苏全省部署大屏科普工作站将超过5000台，基本上覆盖江苏全省的城镇社区和部分农村科普示范基地。

（二）科普资源整合

科普资源整合方面的信息化路径主要表现为：立足于门户网站、移动应用和社交媒体平台，通过公私合作模式，推动传统科普资源数字化、网络化，并在此过程中充分延续和加强传统科普在活动、内容、设施方面的组织、知识和技能优势。这方面的代表性案例包括

“龙江科普云平台”“山西科普中国农村 e 站”“山东数字科普工程”“秦皇岛科普云平台”等。报告以“山西科普中国农村 e 站”为例进行介绍。

案例 3：山西科普中国农村 e 站

“科普中国农村 e 站”是一个面向农村科普人群的 O2O 综合服务平台，也是“科普中国 · 实用技术助你成才”项目的实施主体。项目以公私合作（PPP）模式进行开发，中国科协负责组织协调并提供资助，由山西科技传媒集团提供技术支持，平台集成了即时信息查询、实用技术学习、专家在线咨询、农民远程培训和电商创业等多种内容资源和服务功能。“科普中国农村 e 站”将“互联网 + 科普”的发展思路应用于科普惠农领域，采用线上信息和知识与线下农业技术和产品服务相结合的连接模式，整合了上下游农业、农技、农机、农资、农贸信息，惠及农民生产生活的各个方面。平台建有农村专业技术协会专区，集成了人数众多的专家信息，提供专家咨询服务。依托山西科技传媒集团研发的农村云传媒系统——“中科云媒”，村民可通过终端设备获取实用技术和科普信息，通过系统电商平台学习和培养相关业务技能，还可就生产中的疑难问题视频连线和咨询农业专家。为全面深入推进农村科普信息化建设，中国科协计划在项目期内在全国建成2000 个“科普中国农村 e 站”，打造一批农村科普信息化新阵地。

（三）科普服务创新

信息传播技术在许多方面为科普服务创新增加了新的可能性：移动互联网技术延伸出新型落地终端，社交媒体和新媒体技术为科普受众参与创造了便捷的途径，数字出版技术推动了数字内容和在线教育

的发展，移动定位和多媒体技术为线上－线下科普资源和活动的链接提供了更多机遇。报告从“落地终端”“受众互动”“在线教育”“线下链接”四个方面探讨信息化社会语境中科普服务的发展方向。

1. 落地终端

科普信息化的落地终端包括手机、大屏等，传播渠道则包括科普频道和自媒体等。这方面的代表性案例包括“新华科普联播屏”“泉城科普”“好奇实验室”“数字大理”等。报告以“新华科普联播屏”为例进行介绍。

案例 4：新华科普联播屏

哈尔滨市科协于 2008 年启动“十星”科普社区品牌活动。为丰富品牌建设内容，2014 年哈尔滨市科协与新华社黑龙江分社和市文明办合作，在 70 个“十星”科普社区的公共场所免费安装“新华科普联播屏”，通过内容和渠道共建的方式，依托主流媒体的渠道资源和运营经验，利用先进的互联网和数字传输技术，推进社区科普信息化服务。“新华科普联播屏”每周一到周五播出，每天播出 8 小时，其中一半时长用于播放科普内容，另外还及时播报国内外重大新闻资讯，宣传创建全国文明城市的知识，发布气象资讯等信息。社区可根据自身实际需求，向联播平台定制播放内容，定时或预约播放特色内容；社区居民也可以通过联播屏自带的无线热点，实现手机等智能终端与科普大屏的多屏互动，上网获取科技信息、学习科普知识或了解办事流程。截至 2015 年底，“新华科普联播屏”已经覆盖哈尔滨市 700 多个社区，成功让社区科普成为全市科普服务的重要阵地，完成了科普信息化落地基层的“最后一公里”，大大提高了全市居民获取社区科普信息服务的便捷性，有力推动了数字科普社区的建设。

2. 受众互动

在科普内容服务中注重与受众的互动是了解用户需求、提高用户黏度、确保科普信息化落地基层的关键因素。在基层科普信息化建设中，有效利用微博和微信公众号开展科普内容服务，在与受众互动的过程中完善服务、优化内容和组织活动，是信息化项目成功运营的常用手段。这方面的代表性案例包括“龙江科普”“景德镇微科普”等。报告以“龙江科普”为例进行介绍。

案例5：九江科普——“惠农热线”微信平台

“惠农热线”是“龙江科普惠农云服务平台”下设的以农民为目标受众、以“三农”为主要服务对象的微信互动平台。“惠农热线”微信平台设立有“问题解答”“在线收听”“优惠活动”三大互动版块，聚合惠农服务资源，促进农技供需互动，深度迎合受众需求。在黑龙江省科协的协助下，该平台整合了全省涉农科技专家资源，组建了“龙江科普惠农专家服务团”，目前已邀请全省600余位农技专家加入。农民可以在惠农云服务平台中注册会员，通过微信号中的专家库链接访问专家具体信息，并可以在“问题解答”版块就农机、种植、养殖等方面的农技问题提问。“在线收听”版块可以链接到黑龙江广播电台的龙广乡村台，在线收听广播内容。“优惠活动”版块可以在线发布农机产品买卖信息。“惠农热线”微信号上线8个月即吸引超过7万用户关注，所推送的“美丽乡村活动”报道阅读量已超过40万人次。在短短一年中，“惠农热线”的用户数量和活跃程度遥遥领先于同类科普微信服务平台，平台便捷的功能服务、丰富的科普资源以及针对用户实际需求的在线互动是其中最重要的原因。

3. 在线教育

在线教育是一种通过信息通信技术进行内容传播和拓展学习的方

式。在基层科普服务中，社区科普大学是面向社区居民，依托社区活动或由其他社会组织兴办的公共、非正式、非营利的科普教育平台，是引导基层群众参与科学素质教育的一种灵活、高效的组织形态。这方面的代表性案例包括上海社区科普大学“云中科普平台”和杭州上城区社区教育学院“e 学网”等。报告以“e 学网”为例进行介绍。

案例 6：杭州上城区社区教育学院“e 学网”

2008 年底，上城区社区教育学院与“精英在线”公司合作，对区域内可开放的人力、物力、信息三大资源进行融会贯通，全力打造集十大功能模块与六大子平台于一体的网络学习门户——“e 学网”，根据市民的学习需求，基于远程教育的理念，以家庭为单位推行“电子终身教育券”，在运行保障机制建设、课程资源建设、学习渠道推广、学习动力机制建设等方面进行实践探索。上城区区委、区政府制定《上城区人民政府关于“推行电子终身教育券构筑数字化学习社区”的实施意见》等文件，规定可免费向市民提供可共享的场地资源，建立 3000 余人的志愿者队伍，规定上城区教师晋升专业职称必须修满 60 个社会服务学分，使“e 学网”资源共享工作顺利开展。“e 学网”项目建设小组通过访谈、座谈、问卷调查等进行了充分调研，按照学习群体、层次、类型、学习资源媒体功用和格式等，开辟“汇智文馆”“小课电影院”“资源共享广场”“益智游艺厅”等十大学习场馆，涉及青少年、儿童、成年人、老年人等人群在课外学习、职场充电、生活健康等主题的各类需求。目前，“e 学网”课程资源目录已拥有 35 类，网上常态课程 300 余门，并根据市民需求进行增减，实现滚动式发展，基本满足广大社会成员对终身学习的各种需求。以 2010 年为期两个月的第五届“万户家庭网上学”为例，活动期间共 263212 人次访问“e 学网”，占全区常住人口的 78.5%，注册户数7238户，参与网上答题4588人次，这种寓教于乐的学习形式极大地提高了广大市民学习积极性。

4. 线下链接

信息化的传播手段有助于实现跨越地域和人群的科普服务。然而在全国范围内，科普信息化的全面落地仍需要在科普设施建设和活动拓展等方面发挥科普服务的传统优势。建立一个链接线上－线下科普资源和活动的闭合生态圈是科普信息化成功落地的标志。在基层科普信息化实践中，通过线上科普内容资源链接线下活动资源，以当地科普教育基地为中心发展科普旅游是一种行之有效的服务方式。这方面的典型案例包括“科普龙江行”活动、“上海科普”客户端、IBM“放眼看科学”活动等。报告以“科普龙江行”和“上海科普”为例进行介绍。

案例7：“科普龙江行”

2015年在媒体融合背景下，黑龙江省科协与新浪黑龙江分公司建立了全方位合作关系，共同搭建了“科普龙江”网络平台，创办了“科普龙江”官方微博，未来还将拓展科普渠道，将科学家、科普教育基地、科普旅游、科技新闻等资源与新浪网优质的营销、传播思维结合，开发出更加强大的科普信息传播内容，让更多的人通过互联网这一平台了解科普、参与科普，实现公众科学素质的提升。在线下活动推广方面，新浪网利用其渠道资源和传播影响力，与黑龙江省科协共同打造了“科普龙江行”“科普进校园”“科普大集进社区”等品牌科普活动。新浪结合其黑龙江新鲜旅计划，为黑龙江省科协定制了6期新鲜旅科普龙江行，旅行目的地设定为省内科技馆和科普教育基地。2015年5月，“科普龙江行”第一站走进省科技馆，20位新浪科普达人与100位科普志愿者共同组成乐游团队，通过微博、微

信等移动互联网平台发布乐游省科技馆的感受与收获，为公众传播科学知识，吸引更多人参与科普活动。“科普龙江行”活动通过线上邀请达人报名以及线下实地探访体验，以新浪网、龙江科技频道、新浪微博为媒体宣传阵地，加强对省内科普教育基地和科普示范地区的宣传推广，共同构筑了黑龙江科普“地图”。

案例8：“上海科普”

“上海科普”客户端于2012年正式开通，目标是打造一款集专业性、权威性、实用性、服务性于一体的移动科普平台。基于过去几年的运营经验，客户端于2015年进行了全面改版，更注重用户体验和信息交互，增加了活动推送、用户定位、问答奖励以及签到、收藏、评论、留言等功能，方便科普信息分享和传播。在内容服务方面，客户端引入了信息检索、内容标签、分组关联等机制，通过技术手段开展内容、用户的分类管理和推送服务。目前，“上海科普”客户端共整合了上海市307家科普场馆，通过收藏和订阅功能，用户可以及时了解周边科普场馆的最新活动信息，并可以通过活动入口直接报名。例如2015年4月上海自然博物馆新馆启动期间，客户端配合推出了“濒危动物专题”，对新馆启运起到了很好的宣传推广作用。另外，为了加强用户的黏性，客户端设计了每日签到功能，签到的同时推送一条生活中的科学知识。这样通过日积月累，每个用户就能编写出一本属于自己的“百科全书”，让科普贴近每个人的日常生活。借助消息推送功能，客户端还兼顾了信息服务的主动性，例如在诺如病毒高发期，客户端第一时间推送了专家解读，让用户深入了解事件进展和科学解读。

（四）科普社区培育

通过持续性的科普社区建设，实现科普内容与用户的有效联结，是培育新型科普阵地和提升科普服务水平的长期策略。案例研究表明，信息化背景下的科普社区演化出两类不同的发展方向，一类是由信息传播技术建构的互联网科普社区，以好奇心社区——知乎、知识社区——果壳网和科学社区——科学网为典型代表；另一类是将信息传播技术应用于城镇社区的科普服务，济南槐荫区“阳光100”智慧社区可作为其中的典型案例。

案例9：好奇心社区——知乎

作为一个社交型知识社区，知乎以古老的苏格拉底问答方式，联结专业人士和各行业精英，共同创造知识话题和内容，提供碎片化时代的高质量信息。知乎创建于2010年12月，于2011年1月正式上线，实行严格的邀请制和审核制，主要面向各行业精英人士，这批人被称为知乎社区的“种子用户”。在创立初期，知乎未进行大规模用户扩张，也没有急于推出新产品。2013年3月20日，知乎向公众开放注册，在短短半年时间里，知乎的日活跃用户达70万，月活跃用户达1100万，比开放注册前增长10多倍。截至2015年7月，知乎社区已拥有2900万注册用户，月独立访客达1.1亿，月累计页面浏览量达3亿。2013年5月，知乎发布同名新媒体应用——“知乎日报”，知乎的创始人周源称这款产品为“一个超级印刷机”。“知乎日报”每天更新，内容是知乎社区中最受欢迎的十余条问题和回答。短短2个月内，“知乎日报”下载量超过100万，通过转发和推荐，日报内容迅速渗透至朋友圈、微博的分享中。2016年4月，知乎推出名为“值乎”的Web轻应用，用户关注知乎公众号后可以在朋友圈里分享自己的打码文章，好友必须付费才能阅读，读后觉得满意钱归于作者，不满意钱就归于知乎官方。有评论称“值乎”是知识共享经济的一个成功案例。在知识生产方面，知乎复制了人类知识的积累和迭代模式，内容设计使用“父议题框架—子题延伸—问题探寻—资料扩充”的知识树，

让知识随着用户参与和讨论而不断流动并深入生长。在分析知乎创立的主要动因时，有人认为互联网上知识精英的表达和交流诉求是其中的关键："中国互联网在满足像我一样的人的需求时做得太少……被忽略和淹没了。这群人富有好奇心，追求认真、专业的表达和交流，中国互联网却没有这样的场合。"有学者将这类知识精英的表达和交流诉求解释为"认知盈余"，并认为互联网可借助高效率、低成本和现实融合将这种"认知盈余"转化为社会资本。

案例10：智慧社区——济南槐荫区"阳光100"

阳光100社区位于济南市槐荫区振兴街道，占地125万平方米，可容纳1.8万户居民，是济南市规模最大的社区。2014年初，社区的万怡物业公司提出建设"智慧社区"的设想，计划基于物联网、云计算等信息技术，以社区群众的幸福感为出发点，构建社区管理、服务和生活的智慧环境。济南市科协认为智慧社区建设与中国科协提出的科普信息化建设可以结合推进并互利共赢。在多次沟的通基础上，市和区科协、社区、物业公司联合起草制订了建设智慧科普社区的完整计划，建设正式开始推进。在资金筹措方面，由四方共同承担；在科普资源方面，由市科协负责协调提供；在施工建设、后续服务、信息推送、互动反馈等方面，由社区和物业公司共同负责。至2014年底，智慧科普社区一期完工，开始提供"资源数字化、传输网络化、管理自动化、应用个性化、服务知识化"的社区科普信息化服务。目前，阳光100社区的科普服务覆盖三个层次，一是面向全社区的网络科普平台，让科学知识在社区内流动；二是面向个体居民的移动互联网新媒体，让科学知识在网上流行；三是线下传统科普载体宣传，让科学文化融入社区文化基因。通过信息化的科普社区建设，科普元素时时可见、处处可见，初步实现了社区科普服务与公共服务的有机整合。

四　科普信息化建设策略机制

CNNIC 最新报告显示，目前中国互联网普及率为 50.3%，全国仅有过半人口可以获取互联网信息服务。全国 6.88 亿网民中农村网民占比仅为 28.4%，城乡间互联网发展水平差异巨大。因经济和文化发展水平不同，各地区科普信息化建设所需社会资源和条件也不一样。2016 年发布的科协“十三五”规划将“大力推进科普信息化体系建设”列为七大重点任务之一，提出“按照‘两级建设，四级应用’原则，着力推进‘互联网 + 科普’建设工程，建成‘科普中国 + 内容 + 云 + 网 + 端 + 线下活动’的科普信息化体系”。本报告综合信息化相关理论和基层科普案例经验，针对国家、省两级建设主体以及国家、省、市、县（区）四级应用主体，从科普信息化服务的技术、平台、内容、传播和落地五个方面，提出以下科普信息化建设的长期策略机制。

（一）信息化技术进路：高效服务、集约管理

1. 大数据内容服务

从碎片化的科普信息服务转向基于大数据技术的科普内容服务。充分利用内容挖掘和用户管理技术，综合科普信息、传播和用户数据，形成对于内容特征和用户行为间潜在关联的习得性观察，同时注重科普受众需求细分，建立科普内容编目和推荐系统。

2. 科普场馆信息化

充分利用针对场馆资源和参观者的信息化管理、信息化策展与多媒体技术以及针对场馆内设备、展品、终端的物联网技术，创新展览设计和内容表达形式，增强科普受众与展教服务的互动体验，提高科普展教效率。

（二）“互联网 + ”平台：出版导向、促进参与、鼓励创新

1. “互联网 +科普创作”

培育出版导向的原创内容社区，建立科普原创作品征集、遴选和传播制度，促进优质科普原创作品的出版和发行。

2. “互联网 +科普产业”

打造创新导向的科普产品创意、协作和发行平台，建立科普产品团队招募、遴选和资助制度，促进优质科普产品的设计、研发和制作。

3. “互联网 +科技传播”

创建联结科技专家和媒体记者的优质科技新闻枢纽。践行科学议程的互联网生存法则，汇聚并传播优质的科学新闻，发掘并推广重大新闻中的科学，点评大新闻，推荐好新闻，批驳差新闻。

（三）内容如何为王：灵活表达受众需求

1. 泛科学传播

推行科学文化的广泛介入策略。将科学等同于文学、艺术、历史等诠释手法，作为创造性叙事的修辞工具，从而让科学元素广泛渗入社会议程，在社会热点中寻求科普落点，进而深化为科普热点。

2. 跨媒介叙事

符合信息化语境的科普之道。回应移动互联网时代的信息过载和碎片化趋势，及时针对新媒体平台的传播优势和用户特点，借助多种媒介的有序协作，策划集约、一致的科普主题，制作多层级、差异化的科普内容，采用多感官、立体化的表现形式，提供多元和个性化的科普服务。

3. 内容 IP

作为面向广大潜在受众的科普蓝海战略，科普 IP 是对科普产品内涵和形态的产业延伸，也意味着科学文化广泛接触社会生活而萌发的新业态。以科学人物和科学故事为蓝本，将科普创意融入文学、影像和艺术作品，打造“原创内容 + 公益平台 + 文化产品”科普 IP 生态圈。利用政府资助的公益平台的低成本优势，融合科普创作、产品和文化产业，凝聚公益科普品牌价值，保护科普知识产权，推动科普产业和文化产业共赢。

（四）高效传播：准确识别传播重心

1. 识别核心用户

及时把握移动互联网时代科普和传播的去中心化特征，准确识别次级传播网络中的重要节点，定位线上社交网络及线下人际传播中的关键活动者。

2. 布局影响力网络

培育和链接影响力高的次级传播网络，利用网络活跃成员在次级传播中的领导力，定义和实施针对其作为发起者、作为媒介、作为受众时的行为支持、引导、调适和干扰策略。

3. 定向推送内容

借助科普核心用户和影响力网络，针对次级网络活跃成员的个性化需求，分发和推送差异化内容。建立关于内容质量和传播效率的调查反馈机制，提升内容推送效率。

（五）推动基层科普信息化落地服务

1. 终端服务

立足基层实际条件，选择手机、电视、大屏等受众面广的科普终端作为优先渠道，链接上游渠道的优质科普资源，释放基层组织的线上、线下活动能力，服务基层实际需求，将用户培育作为科普信息化项目运营的长期目标。

2. 融入服务

充分发挥科普服务在组织、设施、内容等方面的传统优势，与媒体、企业和其他社会部门共建基层信息化发展空间和服务平台，加强公共部门、社会组织以及媒体和其他商业机构在基层公共服务中的角色互动。

3. 治理服务

倡导科学文化与基层文化的深度融合，设置面向基层治理和公共文化服务的科普信息化发展目标，依托科普信息化项目开拓公共服务空间，拉动当地基础设施建设。

参考文献

任福君、翟杰全：《科技传播与普及概论》，中国科学技术出版社，2012。

徐延豪：《科普创新助推全民科学素质建设》，《光明日报》2014 年 9 月 4 日。

胡俊平、钟琦、罗晖：《科普信息化的内涵、影响及测度》，《科普研究》2015 年第 1 期。

山西科技新闻出版传媒集团：《农村科普信息化发展模式研究》，《中国科协“十三五”规划前期研究课题结题报告》，2015。

国务院办公厅：《2006 - 2020 年国家信息化发展战略》，2006 年 3 月 9 日。

罗晖、钟琦、胡俊平等：《国外网络科普现状及其借鉴》，《科协论坛》2014 年第 11 期。

辛俊兴、刘英：《公众的需求是网络科普的生命力》，《首届科技出版发展论坛论文集》，中国科学技术出版社，2004。

李志坤：《科技馆信息化建设的初步探讨》，《科技风》2013 年第 17 期。

王姝力：《关于科普信息化建设的思考》，《科协论坛》2011 年第 11 期。

王大鹏、刘小都：《科普信息化初探》，《中国科普理论与实践探索——第二十一届全国科普理论研讨会论文集》，科学普及出版社，2014。

北京市科学技术协会信息中心、北京数字科普协会：《创意科技助力数字博物馆》，中国传媒大学出版社，2012。

张小林：《中国数字科技馆建设报告》，中国科学技术出版社，2010。

中国科普研究所、腾讯公司：《移动互联网网民科普获取和传播行为报告》，2016 年 4 月 13 日。

科普研究所内部资料和梦想人网站（http：//www. mxrcorp. cn/）。

王黎明：《科普信息化需增强对公民科学素质建设的引导力——基于江苏云科普信息服务系统的研究启示》，《科普研究动态》2015 年第 1 期。

《山西建成全国首家“科普中国农村 e 站”》，《山西日报》2015 年 10 月 6 日。

张超、胡俊平、罗晖：《“新华科普联播屏”打造科普新平台》，《科协论坛》2013 年第 3 期。

《“新华科普联播屏”落户哈尔滨十星科普社区》，新华网黑龙江频道，http：//www. hlj. xinhuanet. com/news/2014 - 03/11/c _ 133178003. htm，2016 年 4 月 13 日。

王黎明：《黑龙江科普信息化工作调研报告》，《科普研究动态》2016 年第 2 期。

王艳丽：《江苏科普信息化工作调研报告》，《科普研究动态》2016 年第 1 期。

纪云：《知乎：另类社区的价值》，《商业价值》2013 年第 8 期。

韦勇娇：《认知盈余时代，网络问答社区的知识传播模式探析》，《广西职业技术学院学报》2014 年第 7 期。

王黎明：《关于济南和哈尔滨两市社区科普工作的调研报告》，中国科协内部调研报告，2015。

中国互联网网络信息中心：《中国互联网络发展状况统计报告》，http：//www.cnnic.cn/hlwfzyj/hlwxzbg/201601/P020160122469130059846.pdf，2016年4月13日。

中国科协：《中国科协科普发展规划（2016－2020年）》，2016年3月18日。

案 例 篇

Case Study

B.11

北京地区社区科普活动模式研究

北京社区科普活动模式研究课题组*

摘 要：有效地开展社区科普活动，加强社区科普能力建设，可以整合社会各类科技资源，推动先进适用技术在社区中应用，优化社区科普环境，提高社区居民生活质量和社区管理水平，提升社区居民科学素质。近些年，社区科普逐渐得到各方面的重视，发展迅速，但是仍然存在很多的问题。通过问卷调查，对北京地区社区居民参与社区科普活动现状进行整体了解，结合对社区科普工作人员和居民的访谈以及实际调研情况，归纳整理出北京地区社区科普活动开展现状，社区科普

---

* 课题组成员：严俊、霍利民、谭超、马俊改（单位：北京科普发展中心），尚俊杰、缪蓉（单位：北京大学教育学院）。

活动最直接的参与者——居民对现有社区科普活动模式的期望与满意程度，找出现存模式存在的问题，通过总结归纳社区科普活动管理层、普通居民的意见和建议，探索更加符合需求社区科普活动模式。

关键词： 北京地区 社区科普 科普活动 科普活动模式

随着我国政治和经济的不断发展，国家对提升公民科学素质建设越来越重视，对科普工作的投入不断增加，如何更有效地提升全体公民科学素质已成为当今社会的重要议题。社区科普是我国科普工作最有效的切入点，加大居民社区的科普工作力度，有助于帮助公众提高生活质量，也符合公众持续提升生活品质的愿望。2007 年，北京市科委启动“北京市创新型科普社区”创建工作，2008 年北京市又率先实施了“社区科普益民计划”，产生了很好的社会影响。2011 年，北京市发布了“人文北京”“科技北京”“绿色北京”三个“十二五”综合规划，在这些规划制定之初就将科普工作作为实现其目标的重要途径，赋予科普工作重要的任务。

近些年，社区科普逐渐得到政策的重视，发展迅速，但是如何有效地开展科普活动，整合社会各类科技资源，推动先进适用技术在社区中应用，优化社区科普环境，提高社区居民生活质量和社区管理水平，加强社区科普能力建设，提升社区居民科学素质，仍然需要深入的研究。

本研究通过问卷调查和实际调研，并结合对社区科普工作者和社区居民的访谈，对北京地区社区科普活动开展状况、社区居民参与社区科普活动的情况进行整体了解，发现现有科普模式存在的问题，并通过归纳总结社区科普活动管理层和普通居民的意见建议，探索更加符合实际需求的社区科普活动模式。

一 研究方法

（一）问卷调查

为了解北京地区社区科普活动开展情况，本研究采用网络问卷调查和现场问卷调查相结合的方式，网络问卷调查是将《社区科普现状与需求调查问卷》放置于网络平台中，供北京地区各个社区的居民自愿参与填写，2015 年 10 月底关闭网络问卷系统；现场问卷调查是结合实地调研进行的，共收回 212 份有效问卷。

（二）访谈

2015 年 9 ~ 10 月，本研究采用个人访谈的方式，进入社区采访居民和管理者共 15 人。

（三）实地调研

2015 年 9 ~ 10 月，结合科普活动分别对北京地区典型社区进行实地调研工作。调研社区名录见表 1。

表 1 实地调研社区名录

所在地	活动名称	主办单位	活动起始时间	活动截止时间	活动地点	调研方式
房山区	科普益民计划实施检查	北京市科协	2015 年 6 月 17 日	2015 年 6 月 17 日	万宁桥社区	访谈、问卷发放
延庆县	科普益民计划实施检查	北京市科协	2015 年 6 月 17 日	2015 年 6 月 17 日	温泉南区东里社区	访谈、问卷发放

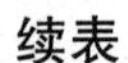

续表

所在地	活动名称	主办单位	活动起始时间	活动截止时间	活动地点	调研方式
东城区	2015年东城区全国科普日主场活动	东城区科学技术协会、北京自然博物馆	2015年9月19日	2015年9月19日	北京自然博物馆	访谈、问卷发放
朝阳区	科学嘉年华（科普日主场）	中国科协、北京市科协	2015年9月20日	2015年9月24日	奥林匹克公园	访谈、问卷发放
丰台区	2015年丰台区“全国科普日”主场活动	北京市丰台区科学技术协会	2015年9月23日	2015年9月23日	丰台花园	访谈、问卷发放
朝阳区	2015年北京安贞医院科普教育基地全国科普日活动	首都医科大学附属北京安贞医院	2015年9月25日	2015年9月25日	北京安贞医院西侧华联广场	访谈、问卷发放
西城区	社区科普调研	北京科普发展中心	2015年12月3日	2015年12月3日	西长安街义达里社区	座谈会

二　调研数据分析

（一）科普活动参与情况

1. 参与对象

在本研究中，参与访谈的对象有东城区科学技术协会和北京自然博物馆的工作人员（共2位）、朝阳区科学嘉年华活动的工作人员和现场参观人员（共4位）、2015年丰台区“全国科普日”主场活动的工作人员和社区居民（共2位）、2015年北京安贞医院科普教育基地全国科普活动日的工作人员（共2位）以及西长安街义达里社区的科普活动管理员和社区居民（共5位）。这些受访者年龄整体在30岁至45岁之间，属于管理层的共10位，社区居民共5位。

本次调研发放问卷212份，回收212份，均为有效问卷，问卷有效率100%。答题者中男性81人，占38.21%，女性131人，占61.79%（见图1）。年龄分布在13~70岁，其中，占比前三的年龄段分别为25~34岁、35~44岁、19~24岁，分别占比32.08%、22.64%和15.09%（见图2）。

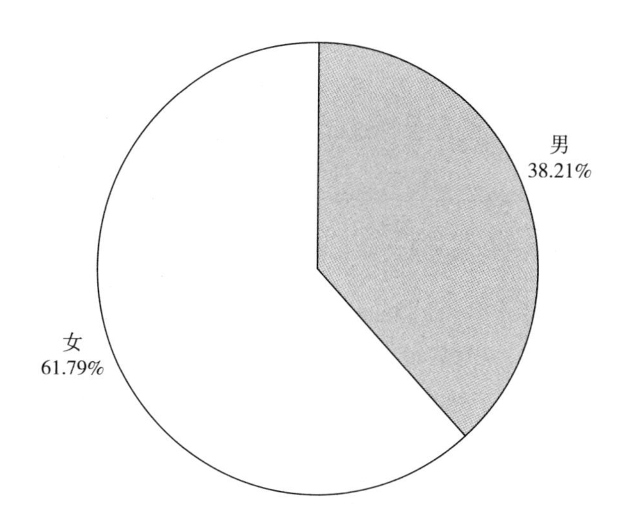

图1　参与人员男女比例

参与问卷回答的212人中，曾经参加过社区科普活动的112人，占52.83%。将“年龄分布”作为自变量、“是否参加社区科普活动”作为因变量，做交叉分析，得到不同年龄段人员的参加比例，参加比例高于50%的年龄段分别为13~18岁（75%）、45~54岁（60%）、55~64岁（88%）以及64岁以上（100%）（见表2）。

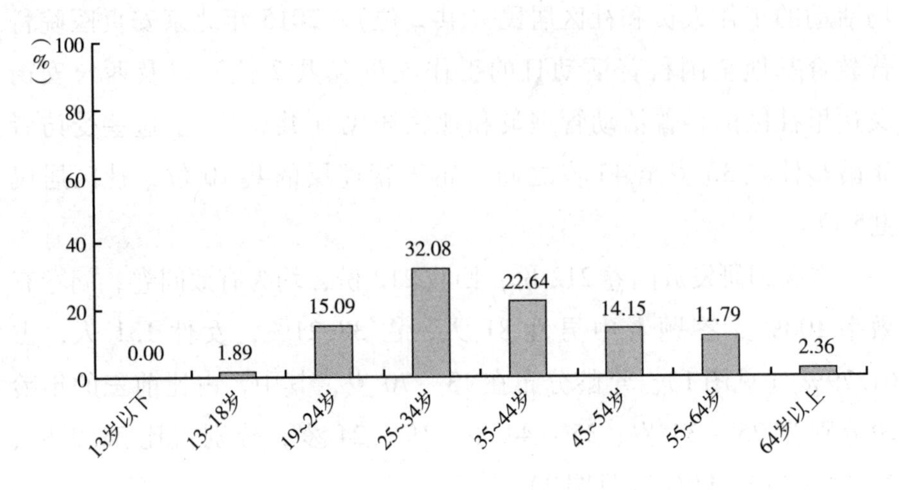

图2 参与人员年龄分布

表2 不同年龄段参加过社区科普活动的人员占比情况

单位：人

X\Y	是	否	小计
13 岁以下	0(0.00%)	0(0.00%)	0
13~18 岁	3(75.00%)	1(25.00%)	4
19~24 岁	13(40.63%)	19(59.38%)	32
25~34 岁	28(41.18%)	40(58.82%)	68
35~44 岁	23(47.92%)	25(52.08%)	48
45~54 岁	18(60.00%)	12(40.00%)	30
55~64 岁	22(88.00%)	3(12.00%)	25
64 岁以上	5(100.00%)	0(0.00%)	5

同理，将“职业分布”变量与“是否参加过社区科普活动”变量进行交叉分析，得到表3。其中，参加过社区科普活动人员数量较多且比例较高的职业为企事业公司工作人员（包括管理人员和普通职员）以及离退休人员。

表 3　不同职业参加过社区科普活动的人员占比情况

单位：人

X\Y	是	否	小计
公务员	7(46.67%)	8(53.33%)	15
学生	14(36.84%)	24(63.16%)	38
企事业/公司管理人员	21(50.00%)	21(50.00%)	42
企事业/公司普通职员	17(48.57%)	18(51.43%)	35
制造业/生产企业工人	2(66.67%)	1(33.33%)	3
个体户	4(80.00%)	1(20.00%)	5
自由职业者	1(16.67%)	5(83.33%)	6
教师/医生/律师	9(39.13%)	14(60.87%)	23
服务行业人员(旅游、餐饮、娱乐等)	2(66.67%)	1(33.33%)	3
离退休人员	18(90.00%)	2(10.00%)	20
待业人员	0(0.00%)	1(100.00%)	1
其他	17(80.95%)	4(19.05%)	21

综上，从以往参与社区科普活动的人员情况来看，学生群体、企事业/公司工作人员及离退休人员参与率相对较高。

2. 参与的目的

参与访谈的5位居民均表示，参与科普活动的目的是多了解知识。其中有3位居民带着孩子来参加科普活动，他们表示："周六日正好有时间，这也有专门的老师，让孩子来体验体验科学技术，增长点科技知识。"另外有一位居民是第一次参加科普活动，他说："在网上看到'科普嘉年华'活动的通知，自己对最新的技术很感兴趣，就来了。"

从问卷数据来看，65.18%的人以“增长生活知识与技能”为目的，以“增长工作知识与技能”“了解最新科技动态”“个人兴趣爱好”为目的的分别占41.96%、46.43%和41.96%，以“其他”为目的的占8.93%（见图3）。参加社区科普活动的个人可能同时带有多个目的，从数据来看，“增长生活知识与技能”的目的性最强，其余项相差不大。

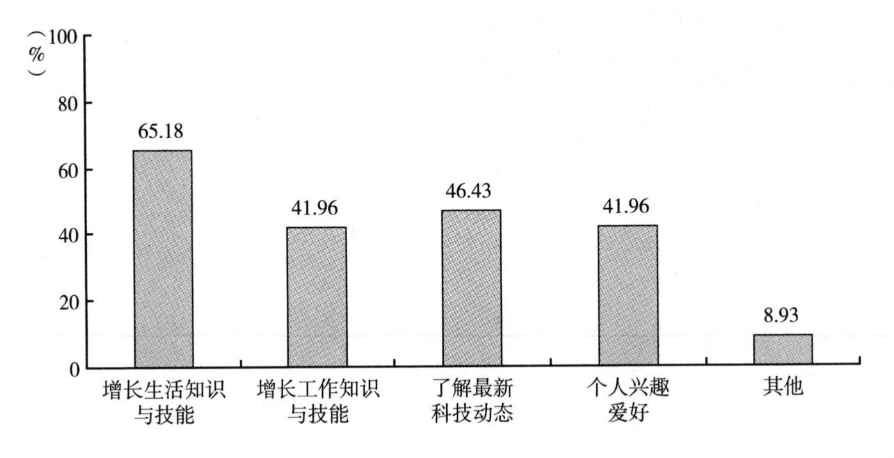

图3　参与社区科普活动目的

3. 参与频率分析

根据访谈中管理者的表述，社区科普活动一般安排在寒暑假，平日里很少安排大型活动，几乎没有长期固定的社区科普项目，每年平均组织5次左右大型科普活动，一般是以科技周、科普日、科技下乡等全国大型科普活动为依托组织的，大型科普活动以户外形式居多，需要居民外出参与。参与访谈的5位社区居民中，除了1位第一次参加外，另外4位均表示只要有科普活动就会积极参加，参加次数大概一年2～10次。

本次问卷调研参与社区科普活动频率的时间段为最近一年内，选项分为四档，包括1～2次、3～4次、5～8次以及9次以上。经统计，参加过社区科普活动的112人中，参加过1~2次的有42人，占参加总数的37.5%，居首位；3~4次的有36人，占比为32.14%，居其次；5~8次的有14人，占比为12.5%；9次以上的有20人，占比为17.86%（见图4）。

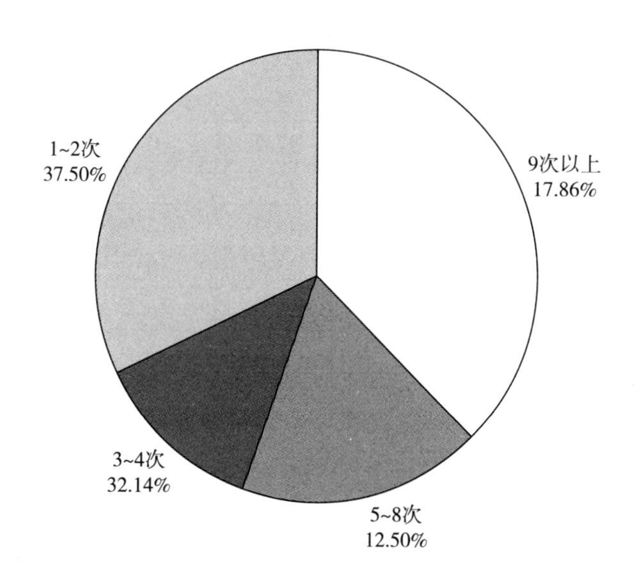

图4　参与社区科普活动频率

调查不同年龄段人群参加社区科普活动频率的变化趋势，处理后得到表4。通过纵向比较可以看出，在一年内参加5次以上社区科普活动的人群占参加过社区科普活动总人群的比例，随着年龄的增加而增加，趋势明显。

（二）科普活动的内容

从社区科普内容来讲，其涉及面十分广泛，包括自然科学和社会科学各个领域，主要内容可归类为与健康素质相关的内容、与生活素质相关的内容、与从业素质有关的内容、与文明素质相关的内容以及与突发性事件相关的内容五个方面。

表4　不同年龄段人群参加社区科普活动频率

单位：人，%

年龄段		这一年中,您参加科普活动的次数					合计
		0次	1~2次	3~4次	5~8次	9次以上	
13~18岁	计数	1	3	0	0	0	4
	比例	25.0	75.0	0.0	0.0	0.0	100.0
19~24岁	计数	19	7	4	0	2	32
	比例	59.4	21.9	12.5	0.0	6.2	100.0
25~34岁	计数	40	11	10	2	5	68
	比例	58.8	16.2	14.7	2.9	7.4	100.0
35~44岁	计数	25	5	11	3	4	48
	比例	52.1	10.4	22.9	6.2	8.3	100.0
45~54岁	计数	12	8	4	3	3	30
	比例	40.0	26.7	13.3	10.0	10.0	100.0
55~64岁	计数	3	5	7	6	4	25
	比例	12.0	20.0	28.0	24.0	16.0	100.0
64岁以上	计数	0	3	0	0	2	5
	比例	0.0	60.0	0.0	0.0	40.0	100.0

通过访谈社区管理者对科普内容的需求，发现科普内容的最大需求集中在医疗、养生、环保等方面，西城区义达里社区的管理者表示：“居民特想我们把社区科普的内容和范围扩大，比如带着居民一起去外面办活动什么的，但是考虑到安全因素，我们没有组织过太多这种活动。”而社区居民在采访中均表示，自己对科普内容的需求集中在生活养生、环境卫生、前沿科技领域，并希望系统化地了解较为深入的科普内容，希望进行实际动手操作，而不只是“站着看看”。

212份问卷中，回答者表达了对科普活动的不同偏好（见图5）。对“科技与生活”“医学与健康”“食品安全”感兴趣的人群占大多数，分别占67.45%、68.40%和61.79%。关注人群比例超过30%的科普内容还有“经济学与社会发展”“环境科学与污染治理”“人文科学”，分别有 30. 66%、43. 40% 和 37. 26% 的人群对其感兴趣。

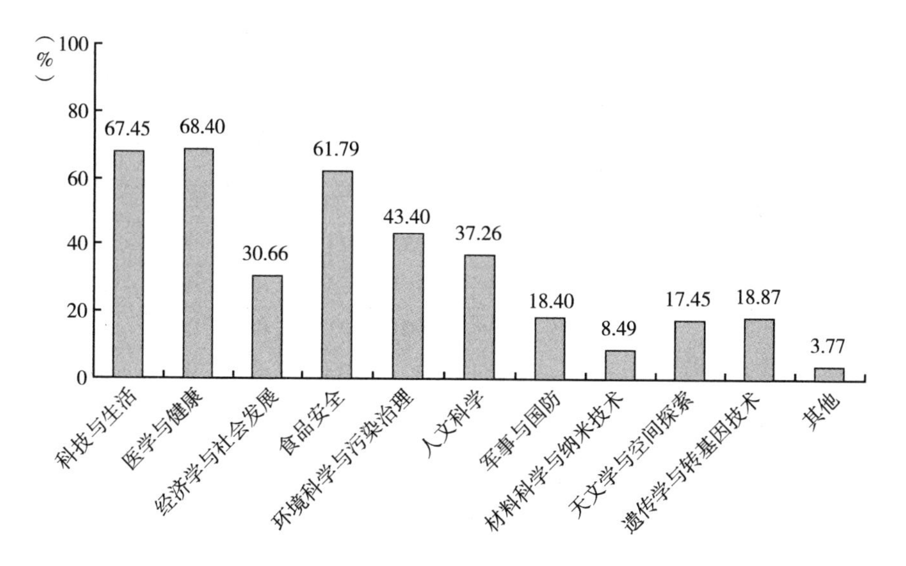

图 5　对不同科普内容偏好的人群比例

调查的 212 人中，112 人曾经参加过社区科普活动，100 人未曾参加过。因此，考虑到是否参加过社区科普活动的两类人群对于科普内容的偏好是否存在差异，再次对数据进行处理分析，得到表 5。观察得到，“经济学与社会发展”“人文科学”“军事与国防”“材料科学与纳米技术”四个方面内容，参加过社区科普活动的人群与未曾参加过社区科普活动的人群对其的偏好有显著性差异。

（三）科普活动的形式

本部分主要观察总体人群对科普活动形式的偏好，并比较参加过与未曾参加过科普活动的两类人群对形式偏好的不同。由图 6 看出，人们更倾向于通过“参观展览”“参与科普活动”的形式了解科普，

表 5　是否参加过社区科普活动人群对科普内容的偏好差异

类别		方差方程的 Levene 检验		均值方程的 t 检验						
		F	Sig.	t	df	Sig.（双侧）	均值差值	标准误差值	差分的 95% 置信区间 下限	差分的 95% 置信区间 上限
科技与生活	相等	.103	.749	-.160	210	.873	-.010	.065	-.138	.117
	不等			-.160	207.657	.873	-.010	.065	-.138	.117
医学与健康	相等	7.472	.007	-1.362	210	.175	-.087	.064	-.213	.039
	不等			-1.368	209.695	.173	-.087	.064	-.213	.038
经济学与社会发展	相等	17.948	.000	-2.205	210	.029	-.139	.063	-.263	-.015
	不等			-2.189	198.640	.030	-.139	.063	-.264	-.014
食品安全	相等	.465	.496	-.340	210	.734	-.023	.067	-.155	.110
	不等			-.341	207.796	.734	-.023	.067	-.155	.109
环境科学与污染治理	相等	6.318	.013	1.499	210	.135	.102	.068	-.032	.236
	不等			1.501	208.478	.135	.102	.068	-.032	.236
人文科学	相等	14.808	.000	-2.216	210	.028	-.146	.066	-.277	-.016
	不等			-2.206	202.487	.028	-.146	.066	-.277	-.016
军事与国防	相等	22.903	.000	2.289	210	.023	.121	.053	.017	.225
	不等			2.324	204.927	.021	.121	.052	.018	.224
材料科学与纳米技术	相等	22.044	.000	2.232	210	.027	.085	.038	.010	.160
	不等			2.294	183.677	.023	.085	.037	.012	.158
天文学与空间探索	相等	.107	.744	.163	210	.870	.009	.052	-.095	.112
	不等			.164	208.119	.870	.009	.052	-.095	.112
遗传学与转基因技术	相等	13.370	.000	-1.810	210	.072	-.097	.054	-.203	.009
	不等			-1.790	191.737	.075	-.097	.054	-.204	.010
其他	相等	3.154	.077	-.883	210	.378	-.023	.026	-.075	.029
	不等			-.868	180.965	.386	-.023	.027	-.076	.030

分别占总人数的 60% 以上。偏好“参与咨询讲座”与“技能训练（职业技能、生活技能等）”两类形式的人群分别占总数的 40% 以上。

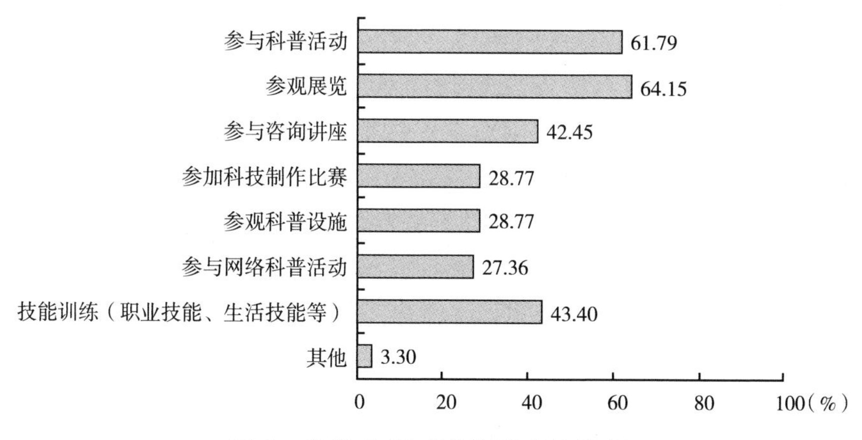

图6　总体人群对科普形式的偏好

由图7可以看出，在对科普形式的偏好上，参加过与没参加过社区科普活动的人群整体趋势差别不大，但在参观科普设施、参观展览技能训练3种形式上，差异超过了8个百分点，参加过科普活动的人群较未参加过科普活动的人群更倾向于参观科普设施的形式，而未参加过科普活动的人群较参加过科普活动的人群更倾向于参观展览和技能训练的形式。

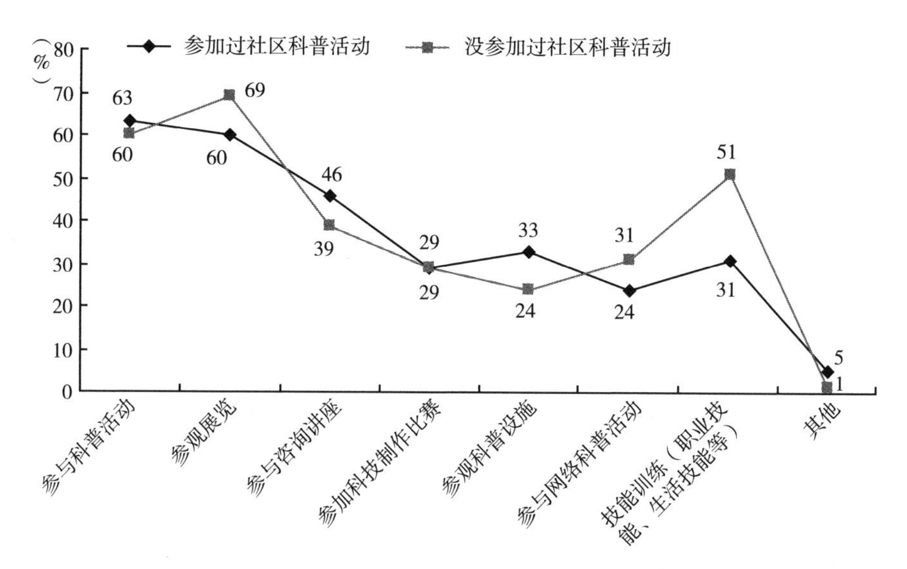

图7　是否参加过社区科普活动人群对科普活动形式的偏好

此外，在“社区科普活动在哪些方面需要进一步完善”的问题调查中，36.32%的人认为“科普活动形式应适当增加动手实践”，27.36%的人认为要“多利用数字媒体形式”，40.09%的人认为“宣传的形式中最好增加互动”。由此可见，人们对于现有科普活动存在偏好的同时，对于形式的多样性也有所期待。

（四）科普活动的组织

1. 社区科普活动组织现状

首先，社区科普活动的组织形式大多以讲座、座谈为主，缺乏丰富的活动形式。从被采访者的表达中发现，社区科普活动大多是在一个活动室内举办讲座、读书会、报告会、座谈会等，举办地点多拘泥于室内，缺少外出互动的科普活动。讲座式科普活动的盛行是出于居民人身安全问题的考虑。居民参与性强、需要外出的科普活动需要居民走出家门、走出社区，但是离开社区以后，居民路上的安全问题、饮食问题等一系列不可预知和突发性的危险与隐患一旦发生，责任的问题很难得到妥善的解决。因此，在组织科普活动的形式上，社区大多喜欢选择比较保险、安全的类似讲座的形式。

其次，从组织频率方面来看，社区每年平均组织5次左右大型科普活动，一般是以科技周、科普日、科技下乡等全国大型科普活动为依托组织的，大型科普活动以户外形式居多，需要居民外出参与。西城区义达里社区的工作人员表示：“居民很喜欢外出活动，但是要考虑安全合理问题，党员一年有1～2次、工会有1～2次的外出活动。”小型科普活动组织频率较多，一年能达到几百次。目前，社区依靠市科协和区科协的支持，多数有自己的活动室、图书室、多媒体教室、健康小屋等基础设施，在社区内利用自己的资源设施举办小型讲座类科普活动会相对安全和容易，参与度也较高。

2. 社区科普活动组织所需资源

社区科普活动有持续性、规模性、公益性等特点，所涵盖的领域和范围广阔，特别是就社区科普而言，涉及的部门和人员较多、较繁杂，且活动的组织和实施经常需要外援，因此，人员和资金是组织科普活动最基本的资源。

人员主要是指专门负责科普活动的工作者以及其他来自社会或学校的志愿者、传递科普知识的专家学者、推广宣传科普活动的媒体等。社区科普人员的数量和质量直接影响社区科普工作。以义达里社区为例，在访谈中工作人员告诉我们："专门做科普活动的人员有科普辅导员，是社区退休居民，还有一些工厂的工人可以指导孩子动手操作。"社区科普活动目前主要依赖于社区内部的资源，主要以社区居民为主来开展各种活动，社区科普活动的组织者是负责本社区科普的工作人员。

在访谈的过程中发现，人手问题在社区科普活动组织中也是比较重要和亟待解决的问题。西城区义达里社区的管理人员表示，目前面临的困难有"人员紧张，人手不够，社工少。我们社区的工作者都身兼数职。专业对口老师少，费用场地少等"。希望可以让老师在寒暑假定期来辅导，平时有专门的人来指导居民做活动。可以看出，这些社区都存在负责科普工作的人员不够，社区没有专门、专业的科普负责人，社区义工数量较少，组织外出活动时难以保证有足够的社工参与服务等问题。

资金是指国家和社会对科普活动所投入的科普经费，科普经费是建设科普设施、开展科普活动、培养科普人才的基本保证。在采访的过程中，义达里社区的管理层表示："专项科普经费是没有的，一般都是下放到街道，然后到社区，我们每年有八万块钱的资金。"科普经费是社区组织科普活动所必需的资源之一，保证资金能够顺利下达社区，是保证社区科普活动顺利进行的必要条件。

在对社区科普负责人的访谈中发现，社区科普活动组织除了人员和资金两个方面的需求外，还需要有对口单位的接洽，即外在资源，如社会企事业单位和个体等。安贞医院的做法对非专职科普人员发挥积极作用具有参考价值。安贞医院经常“与街道、市科委、区科委有科教进社区的长期合作，面向大量社区和单位由本院医生来做义诊，医生除了看病还要对患者进行健康教育，拉近与群众的关系”。他们将这种公益性质的服务当成一种社会责任，定期深入社区为社区居民提供无偿服务，这种做法值得很多企业单位和组织借鉴。

总而言之，对于社区科普活动来讲，社区内部的资源是社区科普活动举办的主要资源，如社区内有退休的教师、技工等专业性人才，他们会应社区邀请开展讲座或职业技能培训等活动。社区科普利用的外部资源还比较少，有待提高。

（五）科普活动的效果

关于科普活动的效果，本次问卷调查主要从回答者角度出发，调查个人“认为参加社区科普活动的最大收益”，主要从知识增长、能力提升、观念改变以及情操陶冶几个方面考察。

参加过科普活动的112人中，认为“增长了知识”的有88人，占78.57%；认为“提升了能力”的有39人，占34.82%；认为“有了新的想法”和“改变了原来的观念”的共有91人，占81.25%；感觉“陶冶了情操”的有32人，占28.57%（见图8）。

（六）科普活动的期望

1. 满意度调查

在访谈过程中，几乎所有的居民都对现在的科普活动持肯定的态度。管理层和工作人员虽然说出了很多科普活动中存在的问题和面临的困难，但仍然肯定科普活动对社区居民的重要作用，并且对社区科

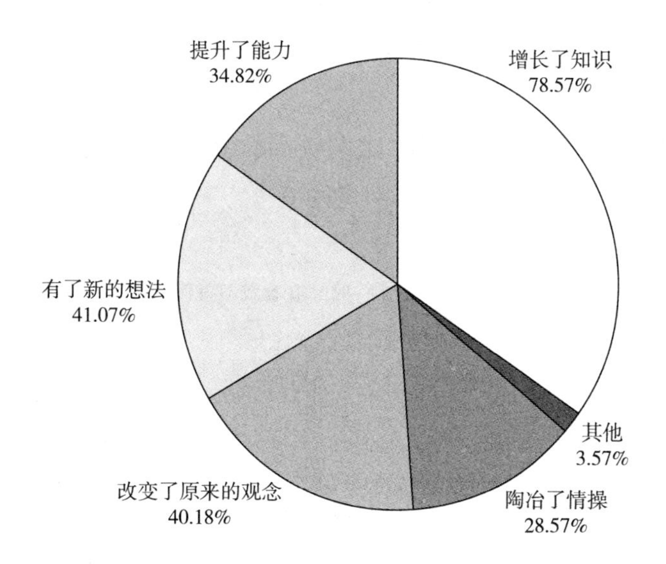

图 8　参加科普活动的收益

普活动的未来充满希望。

从调查问卷来看，112 位参加过社区科普活动的人员的回答可以看出其对现有社区科普活动的满意程度。其中，25.89% 的人认为“非常满意”，36.61% 的人“比较满意”，28.57% 的人感觉“一般”，6.25% 的人感觉“不太满意”，2.68% 的人觉得“非常不满意”（见图 9）。

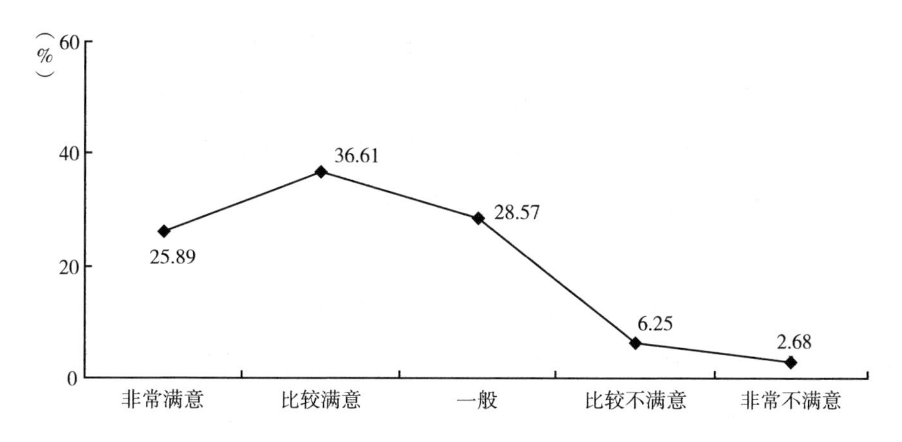

图 9　社区科普活动满意度

若区分年龄段来分别观察满意度，从图10可以看出，19~44岁的人群中感觉社区科普活动“一般”的比例随着年龄增加而逐渐增加，25~64岁人群中不满意的比例较高，其中“比较不满意”比例最高的是35~44岁人群，比例达到3%。

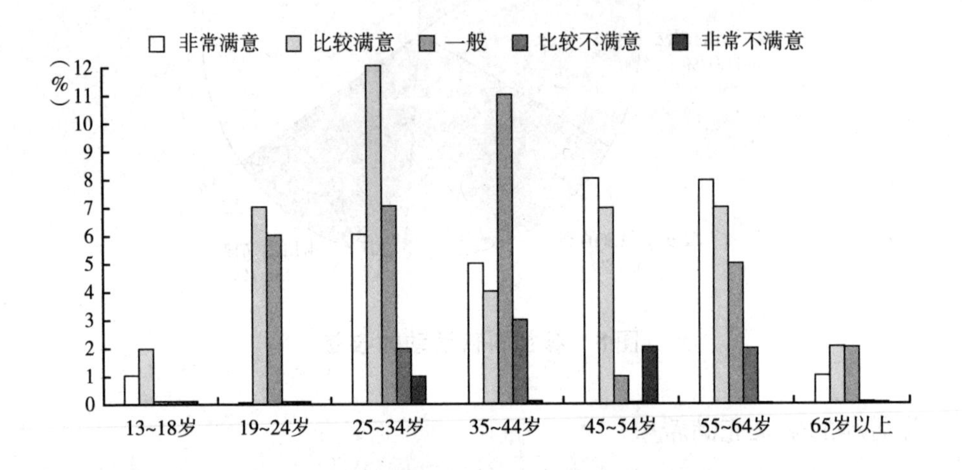

图10　不同年龄段对科普活动满意度

2. 期望

在访谈中，社区科普活动的管理者和工作人员及社区居民都提到了对社区科普活动的期望，社区居民主要是想要更切合实际的内容和更具吸引力的形式。而管理层则希望能招募到更多的志愿者、专家、企业团队等为社区提供更多的服务，希望能有足够的资金满足活动的组织和开展。义达里社区居民和工作人员同时提到希望搭建社区自己的平台，利用现代技术开展科普活动。

鉴于民众对于现有的科普活动存在不同程度的不满意，问卷最后收集了民众对于理想科普活动的期望，主要从内容和形式两个角度进行。内容方面，人群最期望的两项改变是“科普内容要贴近生活（68.75%）”“科普内容要有趣味性（57.14%）”。活动形式方面，人群最期望的两项改变是“科普活动要与社区的实际相结合（43.75%）”“宣传的形式最好增加互动（41.07%）”（见图11）。

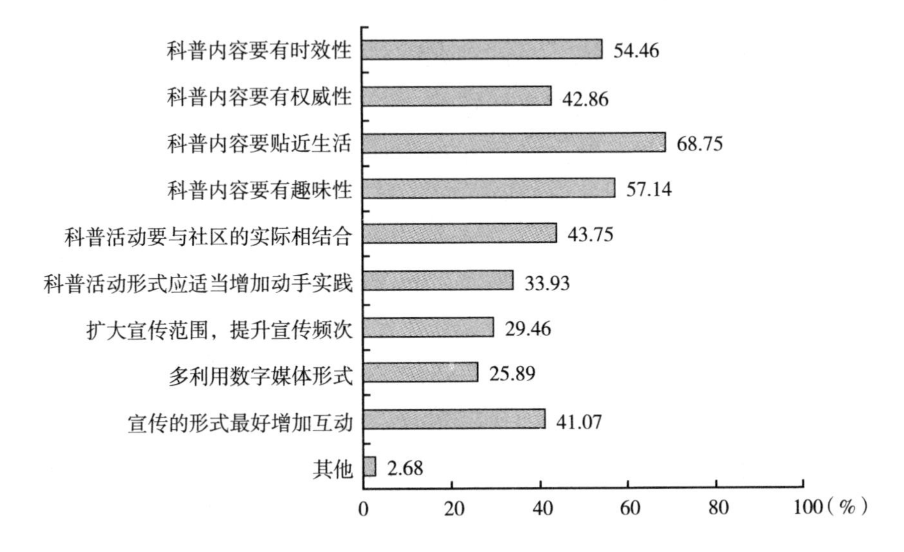

图11　科普活动需完善方面调查结果

三　研究结论

（一）北京地区开展了丰富多彩的社区科普活动

作为一个国际化大都市和历史文化名城，北京市开展了多种多样的科普活动，以丰富市民的生活，提升居民的科学文化素质。例如北京科技周、全国科普日北京主场、北京科学嘉年华、首都科学讲堂等面向全市居民的大型品牌科普活动，不仅内容丰富多彩，而且鲜明体现出科普的时代特征。

就社区科普活动而言，北京地区各社区基本上都拥有属于本社区的科普活动场地，除了科普画廊、科普图书室等传统的科普活动，许多社区还建立了多媒体数字科普视窗、多媒体培训教室、科普网络书屋、互动式科普活动室等，部分社区还结合自身的地理位置和文化环境，积极组织一些颇具社区特色的科普活动，比如朝阳区来广营地区把多个社区的地下室建成了不同主题的科普活动室，大兴区康隆园社区地下室建成了特色鲜明的生活馆等。

北京地区的社区科普活动正在如火如荼地开展中，内容丰富、形式多样，对提升北京市居民的科学文化素质发挥着重要作用。

（二）北京地区社区科普活动的内容和方法有待改善

科普活动主要面向公众传递三个层次的内容：科学知识、科学方法和科学思想或精神。而弘扬科学精神、传播科学思想是社区科普的核心。社区科普教育的目标是提高公众的科学文化素质。从北京地区社区科普活动的内容来看，目前社区科普活动内容虽然丰富，但主要停留在普及科学知识的层面。在实际的操作过程中，由于受到时间、人力、物力等条件的限制，目前的科普活动尚未很好地起到传递科学思想或精神的作用。

就社区科普活动开展的方法而言，目前，社区科普活动主要由主办方牵头组织，社区居民对于科普活动的设计与开展较为被动。社会活动的发起人和负责方往往是社区科普活动的主体，社会活动的受众方则是居民。社区科普活动往往会忽略居民的回应，无法明确得知居民的需求及兴趣点，这就大大弱化了居民学习科普知识的兴趣。

不同的社区也会有不同的居民构成，有的社区偏老龄化，有的社区存在很多从事教育职业的居民，还有的社区集中了外地务工人员等，不同的居民群体对社区科普活动的需求不一，但是大部分社区科普活动的开展却在方法上都采用由上而下的科普传递方式。

（三）北京地区社区科普活动的资源亟待整合

北京地区丰富的科普资源为科普活动的开展提供了良好的基础。社区科普活动的资源主要包含社区科普组织和队伍、支持社区科普的社会力量、社区科普场所和设施、社区科普活动方式等。社区科普覆盖面广，涉及驻区企事业单位、科普教育基地、学校等共建单位，还有一批长期扎根在社区、关注社区科普的专兼职工作者，这些都需要整体统筹考虑，只有整合各方资源，才能更好地推进社区科普深入发展。

目前，社区科普活动的志愿人员比较多样，大部分是短期参与社区科普活动，社区科普内容缺乏权威性的渠道。调查发现，社区用于科普宣传的资源大部分从网上收集，社区工作者本身没有相关的专业背景，缺乏对所收集材料的科学性的鉴别能力。此外，部分社区受到区域范围的影响，限制了社区科普活动的正常进行。因此，北京地区社区科普活动的资源亟待优化和整合。

四　北京地区科普活动的模式

（一）目标

在当今社会，有效地整合各种人力、物力、财力和技术等资源，为科普活动搭建一个灵活、多样、高效的平台，努力提升公民的科学文化素养是科普活动的重要目标。

笔者认为，北京地区的社区科普活动不应仅仅关注科学知识的传播，同时要注重科学精神的弘扬，重视科学探索的过程。

（二）方法与途径

1. 利用科学商店，整合科普活动资源

科学商店起源于荷兰，是依托大学、植根社区的科学研究与普及组织。科学商店通过共享的方式将理论与实践相结合，提供解决问题的设备，同时进行项目研究，这些项目都是根据社区居民的需求制定的。科学商店不是真正意义上的商店，而是一种科学传播的理念和服务。科学商店采用自下而上的方法，把社区居民的需求列入研究议程，为社区居民关心的问题提供参与式的科学与研究服务，参与科学商店研究项目的人员（包括科研人员、社区居民和其他专业人员）都可以从中受益。

本研究所建议的科学商店立足于高校和企业，将科普活动开展到社区居民的家门口，其重要的功能就是整合社区科普活动资源，连接各方的力量，利用优质的资源，开展科普活动。在科学商店中，高校或者企业等单位，在社区中建立“门店”，也可以利用网络搭建科学商店平台，面对面或者线上为居民提供服务。在服务的过程中，充分利用网络技术使用“服务项目菜单”，让居民通过选择“菜单”、发送“订单”，获得相应的知识和服务，从而有效地解决实际问题。

2. 开展社区科普综合实践活动，增添居民对科学方法和科学精神的认知

北京市中小学最近开展综合科学实践活动课程为科普活动提供了可参考的形式。国家《综合实践活动指导纲要》规定：“综合实践活动课程是基于学生的直接经验，密切联系学生自身生活和社会生活，注重对知识技能的综合运用，体现经验和生活对学生发展价值的实践性课程。综合科学实践活动课程不是一种活动，也不是一种学习方式，而是一种课程形态，强调既有思考又有行为，并且要有目的性的去思考和行为。”

社区科普活动的内容大部分停留在普及科学知识的层面，需要寻找一种新的科普活动开展方式，帮助居民在活动中学习科学方法，提升精神境界。社区科普活动可以借鉴综合实践活动课程的教育方式，在专职人员的指导下，社区居民自主进行综合性活动，基于居民的直

接经验，紧贴居民自身生活和社会生活，由居民自己实践和探索，充分体现居民对科学知识的综合运用。

此外，在社区开展的综合实践活动科普课程，以居民的兴趣和经验为基础，围绕与居民生活密切相关的综合性、实践性内容，以探究性活动为主要的科普传递方式，在综合实践中让居民掌握科学方法，培养居民科学精神。

社区开展综合实践活动科普课程，可以结合本社区的特色，充分利用已有的资源，基于居民最关心的事情，系统规划综合实践活动科普课程体系。

五　对策建议

（一）建立以社区居民需求为导向的社区科普服务体系

社区居民的需求是开展社区科普活动的依据。建立以居民为中心的社区科普工作模式，关键在于科普的内容要贴近社区居民的需求。

在社区科普活动筹划阶段，要认真调研社区居民的科普需求，以社区居民最关心的问题开展科普活动；深入调研不同年龄层次、不同工作性质的社区居民对科普内容、科普形式的需求，探索针对不同社区居民的科学传播内容和传播渠道，从而确保社区科普活动的有效性和实用性。

认真对待社区居民对社区科普活动的意见和建议，并将之纳入社区科普活动的评价工作中，从而有助于社区科普活动的有效开展。

（二）搭建以社会各界广泛参与为基础的科普工作机制

社区自身的力量毕竟有限，社区科普活动需要方方面面的支持。积极引导高校、科研院所、学会、科普场馆、科普教育基地、企事业单位等科普资源进社区，带动社会多方投入，建立共建共享机制，形成全社会共同参与社区科普的工作格局。

（三）整合以社区科普为前提的社区科普资源

有效利用驻区科普场馆的优势，形成社区与科普场馆的常态合作机制。科普场馆可以采用多种方式参与社区科普中，如社区居民集体参观科普场馆、科普场馆深入社区举办科普活动等。

加强与驻区企业的合作，借助企业赞助，完善社区各类科普设施建设，从而弥补社区科普经费短缺的不足。

加强内部协作，建立和完善社区科普信息公共平台共享机制。建设北京市社区科普软件资源（科普内容、信息等）库，促进社区科普资源的共享和交流。

（四）推进以网络科普为抓手的社区科普信息化建设

建设基于互联网的科技传播体系，开展科普网络书屋、电子阅览室和社区科普网站建设，大力发展简便易行、及时快捷的“微科普”，为社区居民提供获取科普知识的渠道。

建设基于移动通信终端的新媒体科普平台，实施智能科普 WiFi 推送。在社区微信公众平台开设科普模块，针对科普热点问题，每天向居民推送及时有用的科普信息。

“数字科普视窗进社区”，即在社区楼宇安装 LED 科普信息屏，向社区居民播放紧跟社会热点的科普短片、图片和文字信息，及时向公众传递最前沿的科普资讯。

（五）健全以益民效果为目标的社区科普活动评价体系

评估是现代管理的核心工具之一。社区科普的评估一般涉及社区居民需求、科普活动设计、科普活动实施、科普活动效果等方面。开展评估能够客观发现社区科普活动的绩效、管理水平、社会效益和可持续性等，并进行公正的考核与评价。

图 12　社区科普活动评估三阶段

社区科普活动的评估不单单指的是活动最后的效果评估，还包括前期评估、过程评估（见图 12）。前期评估主要是科普活动正式开始之前的评估，针对项目的立项、策划、方案设计进行可行性评估。前期评估重点考察科普活动项目是否符合国家和社会需要、是否符合居民的科普需求，科普活动内容是否科学合理，科普活动策划是否科学、可行、可操作等。社区科普活动过程评估则是在社区活动发生过程中进行的形成性评估，主要考察科普活动在实施过程中的效果，这种评估具有一定的监控和管理功能。效果评估是针对科普活动影响和成效的评估，简单地说就是所开展的社区科普活动的最终影响。效果评估是社区科普活动必不可少的一项工作。

参考文献

刘娇：《城市社区科普现状与对策研究》，东北大学硕士学位论文，2009。

娄巍岳：《对推进社区科普工作的调查与思考》，《科协论坛》2012 年第 12 期。

于亚军：《社区科普工作存在的问题及对策》，《科协论坛》2014 年第 3 期。

中国科协“社区科普益民计划”调查组：《“社区科普益民计划”实施情况调查报告》，《科协论坛》2013 年第 8 期。

陈立俊、史悦：《科学商店：大学生志愿者服务社区科普新途径》，《当代青年研究》2010 年第 1 期。

洪耀明：《欧洲科学商店及其启示》，《科普研究》2007 年第 2 期。

杜建群：《实践哲学视野下的综合实践活动课程研究》，西南大学硕士学位论文，2012。

B.12

社区居民健康素养促进工作研究

黄立坤　王　栋　顾晓玲　张　婷*

摘　要：　针对不同特征的人群开展不同主题、不同形式的健康教育工作，使健康教育内容达到“三贴近”（贴近基层、贴近百姓、贴近生活），是健康教育理论与方法的积极探索，也是稳步提升居民健康素养水平的有效路径。

关键词：　健康素养水平　健康教育　健康促进

健康素质对一个人的影响深远，是公民素质体系的有机组成部分。党的十六大报告明确指出，全面提高民族健康素质是全面建设小康社会的奋斗目标之一，并且与科学文化素质、思想道德素质一起被称为公民的三大素质。2007 年《国家人口发展战略研究报告》指出，“提高人口健康素质的主要切入点包括：提高出生人口素质、提高健康素养、构建以预防为主的公共卫生体系。”党的十八大报告进一步做出阐述，首次提出“健康是人全面发展的基础”，同时将“健全基本医疗卫生制度，提升公民健康水平”作为全面实现建设小康社会的奋斗目标之一。提升健康素养水平，既是提高公民健康素质的切入

* 黄立坤，山西省人民医院社区办主任，主任技师，研究方向为社区卫生管理；王栋，山西省人民医院社区医疗办公室，研究方向为社会医学与卫生事业管理；顾晓玲，兰州大学公共卫生学院，研究方向为营养与食品卫生；张婷，山西省人民医院社区医疗办公室，研究方向为社区卫生管理。

点和有效途径，也是贯彻落实科学发展观、构建社会主义和谐社会的必经之路。

世界卫生组织（WHO）对健康素养的定义："所谓健康素养，是指个人获取和理解基本健康信息和服务，并运用这些信息和服务做出正确判断，以维护和促进自身健康的能力。"这种能力衡量公民能否有意识地运用信息，以此来维持或提高自身的健康水平。随着医疗卫生体系的发展，人们的健康素养水平已成为评价医疗卫生工作效果的重要指标之一，它与一些人群健康评价指标如平均期望寿命（life expectancy）、孕产妇死亡率、婴儿死亡率等一起作为衡量国民健康水平的重要工具。

一　健康素养产生背景

（一）社会背景

在经济与社会发展的同时，人们的学习、工作与生活也在变化，现代快速消费已上升为一种生活方式，同时来自各方面的压力也成为人们身体健康潜在的危险因素，使越来越多的人处于亚健康状态；此外，生活水平的不断提高以及膳食结构的改变，日常饮食也早已不是单纯地解决人们温饱问题，脂肪、蛋白质摄入过量以及过分追求口感和舒适度，使得越来越多的肥胖、"三高"人群出现。现如今慢性非传染性疾病已取代传染性、感染性疾病，转而成为当今人类健康的第一杀手，特别是心脑血管类疾病（见图1），具有"急、危、重"等特点，全世界每年因此而死亡的人数高达1500万。疾病谱与居民健康需求的改变，促使医学的发展与卫生保健服务也要顺应这一变化。据此，世界卫生组织（WHO）提出"初级卫生保健"是实现"人人享有卫生保健"战略目标的关键和路径，体现了预防工作的重要性与价值。

如果说社会的发展要以人为本，那么人的发展要以健康为基础，健康是建立在预防的前提下的。通过健康教育提高居民的健康素养，是实现改变生活方式、降低疾病发生概率、减少病后致残风险的有效途径，也是转变医学模式、弘扬“大卫生”观念的重要策略。

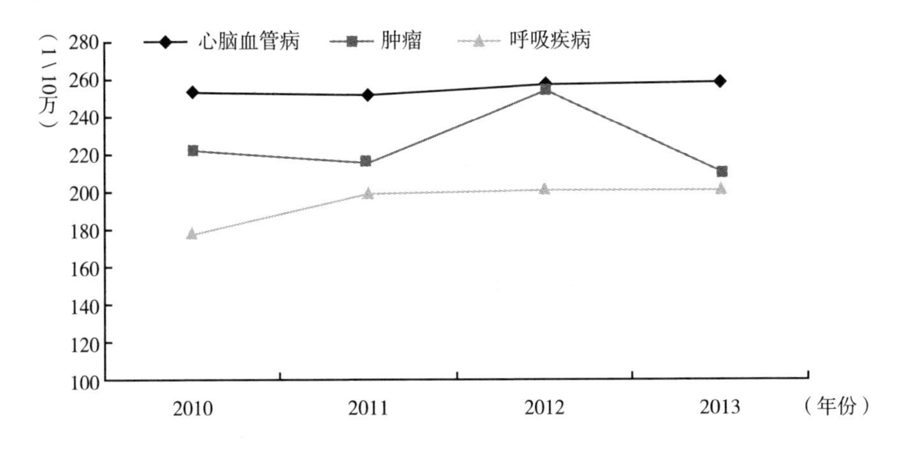

图1　2010～2013年中国城市居民主要疾病死亡率

（二）居民需要提升健康素养的原因

随着医疗卫生体制的改革和人们生活水平的提高，居民的健康需求也日益增长。首先，“重病、疑难病去大医院、专科医院找权威医生治疗；小病、常见病和日常保健在社区、家庭解决”的新型就医模式正在形成。特别是在城市，社区卫生服务中心（站）既是我国卫生事业发展的必然趋势，同时也满足了不同居民多样化的健康需求，使医学的发展模式从个体转向群体。社区卫生服务能力是社区建设的重要体现，其“六位一体”的架构成为基层卫生的“守门人”，其中的健康教育旨在提升居民健康素养，增强社区人群的自我保健意识。众所周知，人们的受教育程度（文化水平）、价值理念、生活背景等均有不同，人们所表现的行为及生活方式也就存在差异，进而形

成不同个体健康状况。健康教育即通过宣传保健知识、传播科学健康的生活方式及理念，影响或促使个体和群体的生活行为发生改变，以期达到预防和控制疾病、降低和消除危险因素、促进健康生活的目的。但是，我们不得不承认，在中国，很多实际开展的健康教育活动，存在专家不科普、内容不规范、标准不统一、数据不确切、听讲不专心、效果不理想等“六不”现象。

其次，我国老龄化发展趋势同样不可忽视，据统计我国60岁以上人口已达2.12亿。如此庞大的人群，不仅消耗大量医疗卫生资源，也对医疗卫生服务提出挑战。为此，国家大力倡导开展健康教育，提升人群健康素养，减少健康危险因素，降低疾病尤其是慢病非传染疾病的发生率。卫生部在“健康中国2020”战略规划中也提出：“提高全民健康素养既是重要目标之一，又是各项指标最终实现的基本保证，这充分证实了健康素养水平在卫生事业发展中的地位和价值。”健康教育和健康促进等，一方面能起到提升居民健康素养及强化居民预防、控制疾病和自我保健意识的作用；另一方面也有利于提高普通居民正确判断自己的健康状况的能力和面对突发公共卫生事件时及时做出反应和处理的能力；此外，还有助于创建合理的就医环境和秩序，从而增强基层卫生服务能力。

二　健康素养现状

基于以上诸多因素，21世纪初，我国引入健康素养的概念，受到卫生部门和有关部门的高度重视，将健康素养上升为公共卫生领域战略发展层面。卫计委发布了《中国公民健康素养——基本知识与技能（试行）》，并在2008年和2012年两次开展全国范围内的大调查，旨在全面了解和概括当前中国居民健康素养水平的现状。在此基础上，卫生部专门组织从事医学和健康教育与促进研究数十年的专家潜心编写了《健康66条——中国公民健康素养读本》（以下简称《读本》），全面、系统地阐述了人们应具备的健康素养的主要内容。然而，由于我国经济社会发展水平及数量庞大的人口等因素的制约，城乡居民的健康素养水平还很低，亟待提高。

经过标准化处理后，专家发现，我国居民健康素养总体水平具备率仅为6.48%，其中基本知识和理念素养比例为14.97%、健康生活方式与行为素养比例为6.93%、基本技能素养比例为20.39%。由此可以归纳出，我国居民当前的健康素养水平还有很大的上升空间，健康教育工作需深入开展。然而仅仅靠宣传卫生知识并不能使人们的行为发生根本改变，还需要有针对性地开展与居民需求相匹配的健康教育活动和宣传等，传播健康生活的知识和理念。

三　机遇与挑战

根据卫计委于2012年所监测的数据结果，我国居民的基本健康素养水平为8.80%，相较而言还处于较低水平。因此，实施全民基本健康素养促进行动，满足人民群众日益增长的健康需求，对于推进我国的卫生计生事业与政治、经济、社会一起在科学发展观的指引下实现全面协调可持续发展，具有重大而深远的意义。为此，国家有关部门制定了《全民健康素养促进行动规划》，该规划明确提出2015年和2020年的总体目标，例如"2015年要实现全国居民健康素养水平提高到10%；东、中、西部地区居民健康素养水平分别提高到12%、10%和8%；全国具备科学健康观的人口比例达到40%，居民基本医疗素养、慢性病防治素养、传染病防治素养水平分别提高到11%、15%和20%"。面对众多的机遇与挑战，要把握关键，即如何把健康生活知识、合理的生活方式和理念带给处在各色各样的社会文化背景下、有着不同生活的全体人民，使其潜移默化地影响人们，最终转化为人民大众自觉自愿的行为。真正意义上的提高居民健康素养水平，就必须从改变“六不”局面入手，提高专家的科普水平，注重内容的“三贴近”（贴近基层、贴近百姓、贴近生活），以《读本》为标准，培训健康师资，掌握前沿健康教育资讯，统一案例展现相关健康数据，讲老百姓身边的警示教育案例，增加吸引元素，争取做到健康教育人人知晓，提升社会效益。

四　健康教育具体措施

为提升太原市社区居民整体健康素养，满足人民群众健康需求，山西省人民医院2006年率先与太原市卫生局联手，在山西省人民医院设立了太原市社区卫生服务指导中心。10年来，指导中心已经发展到24家，像省人民医院这样的指导中心有6家。这10年间，山西省人民医院指导中心在不断摸索健康教育有效途径的同时，创建了健康教育内容三种版式（百姓版、专业版、研究版）、健康教育形式三种方式（平面宣传、立体宣传、流动宣传），以抓基层健康教育工作为契机，在迅速打开健康教育新局面的同时，社区卫生指导工作也有了新的改观和长足进步，山西省人民医院指导的社区卫生服务机构，也由原来的44家扩大到现在的100多家基层机构。

2010年以来，山西省人民医院社区卫生指导中心一直致力于社区健康教育，针对广大人民群众反映最强烈、最看中的若干公共卫生问题进行重点宣传教育，并与社会上一些有影响力的大众媒体建立了长期、共赢的合作机制。在大众媒体和网络上设置健康专栏、举办专题节目和讲座、开设微信平台等，利用广播、网络、报刊、电视等媒体的传播作用进行宣讲。同时，该社区卫生指导中心又组织建立了一支权威、有名望的健康科普专家队伍，定期开展健康巡讲和科普等活动。面向妇女、儿童、老年人、残疾人、流动人口、贫困人口等社会重点帮扶的弱势人群，特别设计了符合其特点、宣传健康素养知识的各种形式的活动，以多种形式、广泛渠道、不同主题促进居民树立科学健康观。

（一）多种主题促进社区居民健康素养的提升

在指导基层的工作中，我们发现居民在生活方式如饮食、运动与健康的关系等方面存在误区或盲区。基层卫生服务机构工作人员对免疫接种、医院感染管理、社区健康教育方法与技巧、全科医师能力培训、中药辨识等健康问题存在较大的困惑，迫切希望得到科学引导。为此，山西省人民医院社区卫生服务指导中心，以满足基层需求为出发点，积极开展多种主题的健康讲座，先后为居民和专业人员量身订制了“中国居民膳食指南、果蔬的营养价值、健康饮食、母乳喂养、婴幼儿辅食添加、糖尿病防治知识、糖尿病饮食原则、老年人的膳食指南、做精品女人、女人一生如花、乳腺健康、心理健康、倡导健康生活方式、急救演练、艾滋病防治、睡眠呼吸暂停综合征、血糖管理”等“接地气”的健康讲座，受到大家的一致好评。每次健康教育结束后，指导中心都有专人整理简报，完善 word 文稿，整理编纂科普图书或手册，为基层健康教育指导付出了艰辛和努力，得到百姓的口碑、同行的认可。

（二）多种形式开展健康教育

1. 流动宣传

指导中心工作人员奔赴营盘、桥东、老军营、桥东社区卫生服务中心，平阳二、双塔北路、鸣李社区卫生服务站，山西省环境监测中心、山西省气象局、山西省地震局、山西大学、山西省六味斋集团、山西省妇干校、山西省煤炭设计研究院、山西省政府老干部活动中心、财政厅培训中心、太航大酒店、山西省旅游培训中心、审计署太原特派办、山西省农科院、太原市钟联集团、山西省地税局、万荣县地税局、山西君雁药业、成成中学、太原消防支队、太原市人民医院、中铁十二局集团中心医院、晋中市健教所等单位进行面对面流动健康教育讲座，为提升太原市整体人群的健康素养不断努力，被冠以老百姓家门口的“流动门诊”，吸引了众多专业人士的效仿。

2. 平面宣传

近年来指导中心共出版图书 10 部 38 册，2015 年有 4 部图书排版待发（《男女滋阴补阳》《健康科普演讲技术》《居家护理》《病从哪里来》），所有图书在全国各大新华书店有售，也能在网上购买，为居民自主学习健康知识提供了工具书。同时，为促进居民对健康讲座的积极参与和互动，在讲课过程中还对表现突出的学员免费发放图书以资奖励，有力地提升了居民主动获取健康知识的积极性。

指导中心与山西省卫生计生委主管、山西医药卫生传媒集团主办的《健康向导》杂志建立长期合作关系，定期在杂志上发表健康科普文章，如《看懂化验单》《做自己的家庭医生》《观舌识健康》等系列科普文章，受到主办单位和订阅用户的一致好评。

指导中心还有专门的研究生对基层居民的健康现状和需求进行分析，并在重点帮扶与指导的社区定期发放健康教育处方，有针对性地帮助居民掌握相关的健康知识，引导居民科学管理健康与疾病。如糖尿病人的健康教育处方，就是从“什么是糖尿病”的问题入手，用通俗易懂、朗朗上口的语言，说明糖尿病是一种慢性全身性代谢疾病，发病的主要原因有三个：“第一是吃多了，第二是吃错了，第三是运动少了”。以上三种行为容易导致人体内分泌的胰岛素不足，或者身体需要更多的胰岛素，进而产生糖尿病——一种以糖、蛋白质、脂肪紊乱为特点的综合病症，其现象是糖代谢异常。

重点介绍糖尿病的主要危险因素时，指导中心穿插了影响健康的五大因素（遗传占15%、医疗条件占8%、环境因素占7%、社会因素占10%、生活方式占60%），展示了糖尿病的五个主要危险因素。①遗传因素，有家族史者比常人更易患。②高热量、高脂肪的饮食，如摄入过多的糖类、脂肪类食品（巧克力、肥肉）等。③缺乏体力劳动及体育锻炼，长时间维持一个姿势不动。④肥胖及体重超重，超过BMI正常指数。⑤胰岛素分泌不足，不能满足人体需要。强调生活方式在其中的重要性，并分析糖尿病主要危险因素中，②③④⑤都是生活方式的范畴，指出这其中的危险三部曲是：肥胖—胰岛素抵抗—心脑血管疾病。

最后，指导中心倡导居民掌握自我保健要点：①经常检查尿糖及血糖，了解自己的血糖值与糖尿病症状之间的联系，掌握起到调节作用的胰岛素剂量，并能根据实际情况做必要的跟踪记录。②饮食应以低糖为主，体重过重者另需低脂肪饮食，平日多吃粗粮和一些含纤维的蔬菜（南瓜、苦瓜等），同时保持蛋白质的营养供应。③戒烟限酒，保证睡眠时间和睡眠质量。④经常参加适合自己身体情况，并能起到一定作用的体育锻炼。⑤接受正确的医疗指导，认真对待自己的身体，不要偏听偏信，轻易更换降糖药。⑥穿着宽松、舒适的鞋子，穿太窄小的鞋易磨损足部皮肤，更甚者会影响足部的血液循环。

3. 立体宣传

为进一步扩大健康教育受众，提高居民健康素养水平，山西省人民医院指导中心遴选优秀专家上电视做节目，如《二类疫苗究竟该不该接种》《如何倡导健康的生活方式》《观舌识健康》《便识健康》等，反响良好、好评如潮，并创下所有栏目最高收视率。特别是《观舌识健康》4集节目，在江苏卫视一经播出，创下同期、同类健康节目的最高收视率，并创下了排名第3、第3、第1、第2的好成绩。

指导中心与山西综合广播建立长效合作机制，定期参与综合节目，为百姓的健康保驾护航，随时为居民答疑解惑，如榴莲和牛奶是否可以同时食用、吃鸡蛋黄是否会胆固醇高、苦瓜炒鸡蛋是否有毒、苦瓜降糖灵不灵等问题，每次的回答都受到好评和赞扬。

指导中心还定期组织专家录播健康教育宣传片，制作健康教育小视频，在社区电子屏上滚动播放，使社区居民随时随地地享受高质量的健康教育服务。

除此之外，指导中心立足微信公众平台，建立微信公众号——土土工作室，围绕全民科学素质活动，有针对性地进行图文设计和内容编写，从群众关心的各种健康问题出发，旨在为百姓和群众答疑解惑、提供指导，受到了广大群众的好评和兄弟医疗机构的赞赏。通过大家的直接阅读、微信转发、朋友圈推荐等，为更多需要健康的人送去福音，产生了深远的社会影响，收到了很好的社会效益。

（三）建立权威的健康科普专家队伍

鉴于居民健康素养水平较低，指导中心成立以黄立坤主任为首的健康科普专家队伍，邀请营养科吴雅芳（主任医师）、张海娟（副主任医师）、郑文霞（主任医师）、李雁津，产科李雅静、冯果兰，内分泌科杨艳兰、杨平安，呼吸科王强、张爱珍，急诊科刘文超、张沁莲，儿科高爱梅、杨晓丽，防保科白彬、任丽华，院感科李临平、段秋红，中药房程廷仁、关毅，中医科张永康、王宝银等多位专家，定期对基层医务人员进行培训，提高基层卫生工作者的专业能力和健康素养；并应基层帮扶要求定期对社区所辖居民进行健康教育，帮助居民树立科学的健康观。

指导中心与护理部联手成立了慢病管理团队，成员由有 5 年以上资历、经验丰富的临床护理人员组成，除了承担医院门诊及住院患者的健康教育外，还要承担出院病人延续服务的健康教育传帮带工作。此项工作自 2013 年开展以来，已经有 60 多位老人和出院患者得到了温馨的居家护理和健康教育，为患者节省了近2/3的医疗支出，为家庭减轻了精神和医疗压力，降低了交通风险，增进了尊老爱幼的情感交流，还减轻了医院就诊压力，缓解了医患关系，赢得了百姓的口碑。2015年，山西省人民医院以92.8分高分当选“中国健康素养与健康促进示范医院”。

五　总结与展望

（一）总结

1. 大力推进健康教育与健康促进工作，创建支持性环境

每年的监测结果可以表明，居民的健康素养水平还很低，仍有很大的提升空间，同时健康素养水平变化呈增长趋势。这些现象充分证明了《中共中央国务院关于深化医药卫生体制改革的意见》和《全民健康素养促进行动规划》中关于加强健康教育与健康促进工作意见的正确性。笔者对今后继续而深入地开展健康教育工作也更加充满信心。通过开展有组织、有目的、趣味性和科学性相融合的健康宣讲活动，使人民群众自觉、有意识地采纳有益于自身健康的行为和生活方式，从而消除或减少健康危险因素，促进群体健康水平的提升，经事实证明是一条行之有效、经济便捷、规模化的正确道路。提高全民健康素养水平，也需要全社会的共同努力，这是因为“人类是环境作用下的产物”，人处于什么样的环境就会产生什么样的结果，环境对人群的塑造和影响不言而喻。因此，健康素养水平的提升离不开良好的外部环境做支撑。

一是创建积极有效的政策环境。目前，我国国家层面关于提升人群健康素养的权威性文件与材料有《中国公民健康素养——基本知识与技能（试行）》、《中国公民健康素养基本知识与技能释义》以及

2008 年启动的《全民健康素养促进行动规划》等，但这些文件和材料几乎全部是建立在国外发达国家的经验基础上的，甚至原封不动地照抄照搬，缺乏科学、系统、针对我国实际情况的理论研究，各省所制定的各项关于提升居民健康素养的规章制度也缺乏行之有效的行动计划和规定，未考虑各省各不相同的实际情况。因此，笔者建议国家卫生机构和部门对我国居民的健康素养进行科学、系统的研究，在此基础上制定各项政策和规章制度，以政策为导向，指明未来的发展目标和方向。

二是提升媒体在传播信息中必备的职业素养。作为现代生活中不可或缺的一部分，大众媒体在向公众传播健康生活信息、普及预防疾病知识等方面起到至关重要的作用。一方面，有效、科学的信息在将健康生活方式转化为大众的自觉行为等方面确实起到一定的作用；另一方面，铺天盖地的媒体宣传也充斥着大量伪劣、虚假信息，这些信息防不胜防，对大众影响深刻，同样能够起到误导民众入歧途的作用。在过去信息相对匮乏的年代，居民无法获取有效的信息来维持自身健康；现如今，在大数据时代，人们面对信息又有新的困惑，该相信哪个？该如何选择？从某种程度上讲，健康素养的提升就是要培养公民甄别信息的能力，相信正确、科学的信息，不被虚假、错误的信息所迷惑。因此，要提升健康素养水平，必须要提升大众媒体的必备素养。

三是提升居民的综合素养。居民的综合素养包括文化层次、道德修养、知识水平等因素。笔者在进行健康教育的过程中发现，综合素养较高的人群，对所传播的健康信息、生活方式和技术的态度、观点以及接纳程度远好于那些综合素养较低的人群；同时，这些人群将健康信息自觉地转化为行为方式的概率也要高于综合素养较低的人群。从某种程度上讲，居民的综合素养决定个体的健康素养，一方面是环境的诱导因素，另一方面是个体的综合因素。因此，居民的综合素养提升至关重要。

2. 定期进行人群健康素养监测，并及时发布监测结果

今后，努力做到每1～2年在全省范围内开展一次城乡居民健康素养监测行动。同时，在不同区域，针对当地主要的公共卫生问题和突发公共卫生事件，开展专题或应急调查并形成报告，对居民健康素养水平的变化趋势进行有效的动态监测，及时发布监测结果和分析报告，全面而又系统地掌握山西省居民健康素养水平的变化和健康影响因素的情况，为制定医疗卫生服务政策提供科学、有效的依据，做到居民健康素养基本知识与技能的监测工作制度化、常态化。同时，将居民健康素养评价指标纳入全省政府工作考核体系中，如果居民健康素养成为综合反映政府工作成绩的评价指标，居民健康素养水平就可能在政府的大力支持下，广泛而又充分地得到提升，为城乡居民幸福、安乐的生活提供基础和保障。

3. 深化健康素养评价体系的科学研究

健康素养最早是在1974年提出的，在我国引入较晚，各方面的理论依据与评价体系有待深入研究，然而我国是世界上第一个以政府的名义来界定公民健康素养标准的国家，各项争议仍然存在。科学、合理评价公民的健康素养水平是有针对性地开展健康教育的大前提，也是制定山西省健康素养方针政策的理论支撑。

（二）展望

1. 创新健康教育工作机制

已经开展的各项讲座、培训等工作，尽管现场反响强烈，受试对象取得了一定的效果，针对不同人群也开展了不同主题的活动，但这些均是在完成任务的基础上进行的，即在基层开展的规模化、群体化的健康教育工作多半处于被动的状态，只有督促对方发出需求的信息，才会针对特定的人群进行健康教育，而这样的工作恰恰需要主动

出击、变被动为主动。为此，笔者探索出一种转变工作机制的健康教育方式，让更多的居民参与到工作中，接受必要的健康教育。

首先，对医院所管辖的社区卫生服务机构进行全覆盖式的摸底工作，重点掌握每个社区所负责的居民健康需求与卫生服务保健内容，其中包括计划生育政策解读、老年人的常见病与多发病的预防与诊疗、妇幼保健以及用健康生活方式解决“生活方式病”等内容；其次有计划、有组织地对相应社区定期开展相应的健康教育工作，充分利用社区卫生服务的基本功能，把健康教育作为公共卫生经费下拨的主要依据，从而广泛调动所辖机构专业人员和居民的积极性，形成常态化、主动性的工作机制；最后，让基层卫生服务机构每位成员具备独立开展社区健康教育工作的能力，最终形成服务人数、开展次数等评价指标。

2. 制订相应的行动计划

任何工作的开展离不开预先的计划和准备，健康教育工作任重道远，更加需要制订切实可行的计划。纵观所开展的工作中，大部分医疗机构缺乏相应的总体策略或者既定的目标不清晰，主要表现在健康教育的平面宣传和流动宣传中。为此，指导中心全体人员总结反思，对今后预开展的健康教育工作做出及时的调整。

在平面宣传中，微信公众平台——土土工作室以每天一讲的形式，推送健康资讯。今后的工作将按照以下的策略开展：一是对每天推送的消息进行系列化、链条化、持久性的战略部署，避免碎片化地推送消息，推送能够长期发送、切实关乎百姓身心健康的资讯，让平面宣传形成较为完整的工作内容。

二是优化土土课堂形式，拓展健康内容。经过学习与实践，相关负责人现已能够熟练采用全新的微信公众账号编辑器与 H5 网页编辑器，形式上和内容上均有眼前一亮的体验。经过商议，大家一致决定对土土工作室进行全新升级，力求每天的健康信息内容丰富多彩，视党效果突出，与受众人群开展多层次互动，并且引入人机对话交流服务，不断增强公信力，真正做到传播健康。

流动宣传方面，经过两轮 Delphi 法的论证与实地调研后，指导中心决定在今后要重点取得健康师资培训与规范讲座内容两个方面的突破。因为健康教育的主体与客体最终是人民大众，只有大力培养具有健康素养的人群、密切联系群众百姓，才能不断拓展健康教育，努力做到家喻户晓，让全民健康素养水平整体提升，将健康教育进行到底。

参考文献

江泽民：《全面建设小康社会，开创中国特色社会主义事业新局面——在中国共产党第十六次全国代表大会上的报告》，2002。

李新华：《〈中国公民健康素养——基本知识与技能（试行）〉的界定和宣传推广简介》，《中国健康教育》2008 年第 5 期。

胡锦涛：《坚定不移沿着中国特色社会主义道路前进为全面建成小康社会而奋斗——在中国共产党第十八次全国代表大会上的报告》，《求是》2012 年第 22 期。

World Health Organization. Division of Health Promotion, Education and Communications. Health Education and Health Promotion Unit. *Health Promotion Glossary*. Geneva. 1998, 10.

WHO. *Action Plan for the Global Strategy for the Prevention and Control of Noncommunicable Diseases Geneva*. 2008.

杨清哲：《人口老龄化背景下中国农村老年人养老保障问题研究》，吉林大学硕士学位论文，2013。

中华人民共和国卫生部：《中国公民健康素养——基本知识与技能（试行）》，中华人民共和国卫生部公告第 3 号，2008。

唐增、王帆、傅华：《提高健康素养必须要创造支持性环境》，《健康教育与健康促进》2015 年第 3 期。

B.13

山西农村科普信息化的探索与实践

——以科普中国乡村 e 站建设为例

石宝新*

摘　要： 科普中国乡村 e 站是“科普中国——实用技术助你成才”项目的线下推广平台，是农村信息化建设的重要内容之一。科普中国乡村 e 站是建在乡村的农村科普 O2O 综合服务体。山西省科协从 2005 年起，在全省大力实施科普惠农计划，经过 10 多年的探索与实践，山西农村科普信息化工作由“一站、一栏、一员”到“一站、一屏、一员”升级为科普中国乡村 e 站。2015 年，山西科技传媒集团承接中国科协“科普中国——实用技术助你成才”项目。针对农业、农村、农民的特点，在积极建好项目线上服务平台的同时，建设科普中国乡村 e 站，目前已在全国 22 个省份建设 1500 个乡村 e 站。本文依托已经建设的科普中国乡村 e 站，探讨科普信息化背景下科普中国乡村 e 站建设的必要性、乡村 e 站的功能与规范、乡村 e 站产生的示范作用，并分析乡村 e 站建设中存在的问题及原因，提出今后发展的目标与步骤，为加大科普中国乡村 e 站在

* 石宝新，山西科技新闻出版传媒集团董事长。

全国的推广提供经验及借鉴，为提升农民科学素质，帮助农民成长成才、创业致富提供思路。

关键词： 山西 农村 科普信息化 乡村e站

一 山西农村科普信息化工作概况

（一）农村科普信息化顺应农村科普工作的时代要求

《中华人民共和国科学技术普及法》的颁布实施和《全民科学素质行动计划纲要（2006－2010－2020年）》《全民科学素质行动计划纲要实施方案（2016－2020年）》的出台，给科普事业注入了新的活力，掀起了一轮新的科普热潮。2014年1月，中央政治局委员、国家副主席李源潮在中国科协八届五次全委会议上指出，要提高科普传播水平，加快推进科普信息化。11月16日，中国科协与新华网共建科普中国研发基地，由中国科协牵头建设的科普中国信息化项目全面启动。12月10日，中国科协发布《中国科协关于加强科普信息化建设的意见》；2016年3月发布的《中国科协科普发展规划（2016－2020年）》有10余次提到科普信息化，科普信息化工作已成为科普工作的重点工程。

与此同时，农业、农村工作一直以来受到党中央、国务院的高度重视，2004～2016年，中共中央连续13年发布以“三农”为主题的“中央一号文件”，强调了“三农”问题在中国社会主义现代化时期“重中之重”的地位。2016年中央一号文件提出，要“推进农业科技创新”，要“加大农业先进适用技术推广应用和农民技术培训力度”。

农村科普工作是我国科普工作的重要组成部分。《全民科学素质行动计划纲要实施方案（2016－2020年）》指出，要“加强农村科普信息化建设，推动‘互联网+农业’的发展，促进农业服务现代化”。在农村通过科普信息化手段开展广泛的科普活动，不仅能有效地“普及科学知识、倡导科学方法、传播科学思想、弘扬科学精神”，而且能提高广大农民的科学文化素养，增强广大农民的科技生产能力，改善农民的生活。

（二）山西农村科普信息化工作的现状

自2005年，山西省科协开始实施科普惠农计划，经过10多年的探索和实践，目前已经形成“一站、一栏、一员”建设、科普惠农兴村计划、农科110服务体系建设、科普惠农绿色通道工程、新型农民素质培训五大工程。最多时，全省共建起“一站、一栏、一员”17000余处，覆盖了山西一半以上的行政村，形成了站有标准、栏有内容、员有能人的农村基层科普网络；科普惠农兴村计划起到了以点带面、榜样示范的作用；农科110服务体系经过多年的发展，拥有农科110专家100多名，已具备电话咨询解答、网络远程视频会诊、专家现场指导、媒体点题、物流服务五项服务；科普惠农绿色通道工程组建农信员队伍，服务会员，服务农村；新型农民素质培训工程充分利用报刊、网络、手机、电视等现代化传媒手段，每年为100万名农民提供远程培训服务。五大工程已经在全省范围内初步形成了网络和服务体系。围绕科普惠农计划，山西农村科普信息化工作的思路由模糊到清晰，手段由单一到全方位、立体化，人员由少到多、由不专业到专业权威。2013年2月，山西率先在全国启动了以服务农村的中科云媒跨媒介科普云服务平台，集合了报纸、电视、网络等媒体的多种手段，拥有文字、图片、音频、视频、富媒体等全媒体传播方式，将原有的“一站、一栏、一员”逐步升级为“一站、一屏、一员”，是山西农村科普信息化工作的重要突破和创新。山西省农村科普信息化设施在乡镇或村的普及数量和比重如表 1 所示。

表 1　山西省农村科普信息化设施在乡镇或村的普及数量和比重（2014 年底）

单位：个，%

科普信息化设施	数量	比重
开展远程教育培训的乡镇	115	9.6
有广播、电视站的乡镇	463	38.8
能接收电视节目的村	27312	97.0
安装了有线电视的村	13278	47.1
能接收电视节目的自然村	47436	93.5
安装了有线电视的自然村	18714	36.9
安装了中科云媒的乡镇	303	25.3

多年以来，围绕科普惠农工程，山西农村科普信息化工作进行了许多探索，也取得了一定成效。截至 2014 年底，建立山西首个农村科技服务微信平台——农村微课堂，开设专家讲堂、惠农服务等功能，访问量达 38 万人次，轻松实现农业科技进村入户。启动科普进庄园行动，通过多种科普信息化载体和手段，为 60 多家庄园提供专家咨询、农资供应、信息化管理等服务。通过中科云媒和农业广播、电视，组织农民培训数百场次，受众达 6.3 万人次。为全省 1.5 万名大学生村官编制并赠送科技手机报超 500 期；农科 110 服务热线自开通以来累计接听农民电话突破 36 万人次。这些农村科普信息化手段的应用，起到了引导全省广大农民通过掌握科技新知识，实现科学生产、文明生活的积极作用。山西科普信息化工作实施情况及效果统计如表 2 所示。

表 2　山西科普信息化工作实施情况及效果统计（2014 年底）

单位：人，%

开展工作	普及情况	覆盖人数	覆盖率	群众满意度
“一站、一栏(屏)、一员”建设	10000 个行政村	9000000	39.1	80
农业广播影视	全省农村	20000000	—	65
农科 110 服务体系建设	1000 个服务点	500000	—	85
农民远程教育培训	27460 个村	1683500	7.3	75
农业数字报刊	13 个手机报	150000	0.6	83

二　科普中国乡村 e 站建设的背景与意义

为了适应新形势对科普工作的新要求，按照中央书记处领导及国家副主席李源潮对中国科协工作的指示精神，2015 年以来，中国科协开始实施以“科普中国”为品牌的科普信息化建设工程，其主要目的是利用现代信息技术手段，让科学知识在网上传播。2015 年 8 月中旬，山西科技传媒集团依托丰富的媒体资源和有力的专家团队，承接“科普中国——实用技术助你成才”项目，针对农业、农村、农民特点，在积极建好“科普中国——实用技术助你成才”线上服务平台的同时，创新思路建设科普中国乡村 e 站。通过线上线下相结合的方式，让“科普中国——实用技术助你成才”项目通过乡村 e 站落地、生根、开花、结果。

为了加快农村科普信息化步伐，提升农民科学素质，帮助更多的农民实现创新、创业、成才、致富，2016 年，中国科协决定在全国范围内建设科普中国乡村 e 站。

三　科普中国乡村 e 站的概念、功能与建设

（一）科普中国乡村 e 站的概念

科普中国乡村 e 站是建在乡村的农村科普信息化服务站点，是农村信息化综合服务体。这个 e 站不是简单的农技推广站点、农村书屋、农资经销店、科普惠农服务站等。每个 e 站必须有固定的场所、有稳定的经营项目（如农资）、有对口的科技专家或乡村本土专家，对本村及周边乡村有一定的辐射面，并服务一定数量的农户；每个 e 站必须有宽带接入、有良好的网络环境，站内 WiFi 覆盖，有中科云媒或 PC 端、移动端、POS 机、刷卡器、科普图书、挂图等科普设备和资源，有精准的科普推送单位，能够实现实用技术咨询信息化、会员客户管理信息化、物资交易结算信息化。

科普中国乡村 e 站旨在整合农村科普信息化服务手段和内容，依托强大的专家团队，通过 PC 端、APP、微信、热线、微博、码上致富溯源系统、精准科普推送单位、中科云媒等，为农民搭建实用技术学习平台、远程互动培训平台、即时信息查询平台、农村电商创业平台、专家在线服务平台等，打造农村科普 O2O 综合服务体。乡村 e 站是农民创业学院，是农村创客之家。

（二）科普中国乡村 e 站的主要功能

科普中国乡村 e 站根据不同地区、不同产业农民的不同需求充实内容、完善功能，最大限度地满足农民需求，其主要功能如下。

1. 远程互动培训平台

通过 e 站中科云媒或 APP 等远程互动培训系统为农民提供服务，包括农业实用技术、农民创新创业、农资农具科学使用、农村卫生健

康等科普内容。科普中国乡村 e 站服务中心定期请专家授课，农民在 e 站或手持终端通过远程互动培训平台可与专家交流互动。

2. 实用技术学习平台

通过乡村 e 站推广“科普中国——实用技术助你成才”项目。e 站可全面服务农技协、农民会员及广大农民朋友，农民可通过 PC 端、APP、中科云媒等浏览文章、视频、挂图、动漫等，学习专业的实用技术。

3. 即时信息查询平台

通过乡村 e 站的中科云媒或电脑终端设备或 APP 及时、准确地查看三农资讯，包括农业政策、农业科技信息、农产品市场价格信息、供求信息、农业生产资料信息和科学生活知识等，也可将本人或本协会、本村的信息发布出去。

4. 专家在线服务平台

借助 e 站的中科云媒、PC 端或 APP、微信等远程互动培训系统、农科 110 专家呼叫系统、农业大数据中心等构建起一个全方位的专家在线服务平台，吸引更多的农业专家、种养能手参与到该平台，建立起农业大数据中心，实现农民与专家零距离、面对面。

5. 农村电商创业平台

科普中国乡村 e 站引入市场机制，构建可持续发展的科普生态系统。科普中国乡村 e 站电商服务平台为农民提供一个创业空间、创业平台。该平台不仅能把平价的农用产品送到农村，而且还可以把农产品销售出去，让农民利用电商平台进行创业致富。

（三）科普中国乡村 e 站建设条件与标准

科普中国乡村 e 站的建设条件与标准概括起来为“五有五统一”。五有指有场所、有人员、有终端、有网络、有项目。

一是有场所。依托现有场所（即科普惠农服务站或农资店、农家店等）建设科普中国乡村 e 站，能够满足开展科普阅读、视频展播、科普讲座及培训等科普信息化活动的需要。

二是有人员。科普中国乡村 e 站有具体负责人，即科普惠农服务站站长或农村科普信息员。这个负责人要热爱科普事业，具备一定的农业科普知识和组织推广能力；每个乡村 e 站要有一定数量且稳定的注册会员，能够引导和带动周边农民依靠科技致富。

三是有网络。具备有线或移动网络、WiFi 覆盖，所有终端链接互联网并具备接收中控平台视频信号的功能，能够进行随时下载、展播视频和科普讲座及图片等科普信息资源的传播与发布。

四是有终端。科普中国乡村 e 站拥有不同形式的线下终端，如农村云传播终端（中科云媒）或电脑、显示屏、移动终端等。

五是有项目。科普中国乡村 e 站要有固定的服务项目，要有固定的收入来源，以建立起为农民服务的长效机制；能够定期开展科普活动（如科普惠农活动、专家培训讲座等），特别是在全国科普日或重要农时季节，能够组织本地农民开展线上线下科普活动。

五统一是指统一按照中国科协科普中国乡村 e 站视觉形象应用手册来制作和使用标识，具体做到：①统一服务平台；②统一服务规范；③统一服务内容；④统一门头标识；⑤统一授权管理。在条件允许时，统一定制产品，塑造科普中国乡村 e 站品牌形象。

（四）科普中国乡村 e 站建设原则

1. 科协主导

科普中国乡村 e 站建设由中国科协主管，科普部具体指导，项目实施单位牵头，各省、市、县科协组织实施。

2. 系统管理

在北京设立科普中国乡村 e 站管理中心，各省成立科普中国乡村 e 站服务中心，服务和管理本省、市、县乡村 e 站建设。

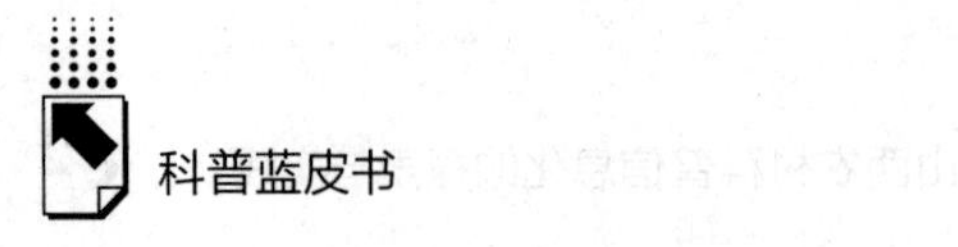

3. 市场机制

乡村 e 站建设要建立起可持续发展的长效机制，根据各地不同的情况采取不同的措施、机制和管理模式。联合有实力的为农服务企业及其设立在乡村的站点建立 e 站，技物结合，建立起科普公益事业与科普产业相结合的长效机制。

4. 共建共享

采取大联合、大协作的方式，动员当地行政部门、企业、农资厂家、科研院所、社会机构、农技协、农民合作社等参与 e 站建设。

5. 统筹规划

把科普惠农服务体系与乡村 e 站建设同步规划、配套实施，建立功能完善、服务高效的乡村科普体系。要根据不同地区的产业优势，合理布局服务站点，既要保证乡村 e 站的覆盖面，又要保证站点有一定的经济效益。

6. 分步实施

要充分考虑农民需求、乡村 e 站发展潜力、技术力量配备等因素，有计划、分步骤开展乡村 e 站服务体系建设，避免一哄而上；尤其是在农村科普信息化条件较差的地区，要先试点再推广，讲求实效，确保乡村 e 站建设真正让农民受益、让站点受益。

（五）科普中国乡村 e 站建设办法

1. 组织体系

在中国科协的统一领导下和科普部的具体指导下，在各省市科协的支持和带动下，通过中国农技协及中国农技协科普惠农宣传交流中心、全国科普惠农绿色通道办公室及科普惠农（北京）技术服务有限公司，在全国推进。在北京建设科普中国乡村 e 站全国统一指挥中心，各省成立科普中国乡村 e 站服务中心和运营公司，各市县建设科普中国乡村 e 站。全国统一指挥中心负责就乡村 e 站建设向中国科协请示汇报及对各省建设的规划指导；各省级服务中心或运营公司负责本省乡村 e 站建设的布局选点、项目产品推介、示范展示交流、培训站长及工作人员、站点授权及优秀站点推荐；县级以下乡村 e 站站点负责提供信息、技术、商品服务和开展培训等。

2. 建设办法

一是推广好“科普中国——实用技术助你成才”频道。不断充实完善“实用技术”“专家在线”“农技视频”“农技协服务专区”“乡村 e 站”“农资超市”“码上致富及专家访谈”“热点互动”等栏目，通过全国征文活动、同各地市农技推广机构开展合作、聘请各领域优秀专家进行指导把关等方式，把这一频道建设好、推广好、应用好。

二是开设多个应用端及专题频道。开发乡村 e 站的科普惠农信息化终端，包括官网、微信公众号、手机客户端、微博、码上致富溯源防伪系统、电商平台等；开办远程互动培训课堂，利用农村 e 站线上线下科普服务模式的优势，定期组织专家进行培训，农民可以在各乡村 e 站接受远程培训。

三是统一定制乡村 e 站设备和产品。由项目实施单位做好乡村 e 站设备的统一招标、统一定制、集中采购。向乡村 e 站推荐产品，进行科普中国乡村 e 站相关产品商标的注册使用、专供产品的认证、推介项目的认证，把好项目、好产品吸引到 e 站推广普及。

四是做好监督管理培训及信息管理工作。制定乡村 e 站管理办法和服务规范，加强对乡村 e 站建设的监督、检查和考评，严格奖惩措施。省级服务中心及运营公司要定期对乡村 e 站服务人员进行专业培训。各级乡村 e 站管理部门要建立服务体系信息档案，并纳入科普中国乡村 e 站信息系统统一管理。乡村 e 站站长要统一培训，持证上岗。

五是积极寻求社会资源进行市场化运作。由中国科协牵头协调，项目实施单位具体负责，同中国移动、中国联通、中国电信等实现战略合作，开发科普中国乡村 e 站专用移动终端，推出专项优惠套餐服务，提高农村科普信息化水平。

六是加强监管考核，实行动态化管理。将科普中国乡村 e 站建设纳入农村科普工作考核指标，每年推荐辐射作用大、示范效应好的乡村 e 站进行全国评选，对于评选出的优秀站点给予表彰奖励，对不合格、不规范的站点要及时摘牌、通报。

（六）科普中国乡村 e 站建设运营模式

1. 协会领办

由全国各地农技协或科普惠农服务站以及有实力的农资企业建设科普中国乡村 e 站，按照“民建、民管、民受益”的原则，在农民自愿参加的前提下发展会员，享受服务。

2. ppp 模式

科普中国乡村 e 站建设运营全程采取 PPP 模式，通过“1 + N”模式，建设权威、全面的实用技术数据库，联合全国范围内农村科普工作专业机构和组织，整合资源采取联合协作方式，共建共享。

3. 大联合、大协作

目前，合作的单位有中国电信、中国科技新闻学会科技报分会及全国涉农类科技报、中国农技协及中国农技协科普惠农宣传交流中心、全国科普惠农绿色通道办公室及 21 个省工作站、科普惠农（北京）技术服务有限公司、中科云媒（北京）文化传播有限公司等，下一步将与农业部、科技部、文化部的基层站点进行全方位合作。各地可根据实际情况，积极争取当地政府、社团组织、科研院所、企业等的大力支持。

四　科普中国乡村 e 站建设现状及典型站点的示范效应

（一）科普中国乡村 e 站建设概况

从 2015 年 8 月开始，我们逐步将建设在山西各地的科普惠农服务站升级为科普中国乡村 e 站，同时依托中国农技协科普惠农宣传交流中心积极向外省推广。目前，乡村 e 站已达 1500 个，使科普信息化项目得以率先落地应用，深度广度传播，中国科协已将其列入科普发展规划在全国推广。2015 年，依托首批安装中科云媒的 300 多个 e 站，平均每周组织一次实用技术培训，累计达到 15000 场次，培训农民超过百万人次。县、乡、村的乡村 e 站服务中心、站点充分利用二级平台、服务专区为本地会员提供精准化、个性化服务。乡村 e 站在提高农民科学素质的同时，改变了农民的生产和生活方式，增加了 e 站和农民的收入。

黑龙江、辽宁、吉林、河北、山东、甘肃等地科普惠农服务站积极推进科普中国乡村 e 站建设，通过与科普惠农技术服务（北京）有限公司、山西科普惠农服务中心有限公司及其设在全国 22 个省份的工作站，依托各自的网络体系建设乡村 e 站，推广“科普中国——实用技术助你成才”项目，实现了投入产出的最大化。

（二）科普中国乡村 e 站的示范作用及社会影响

2016 年 4 月 9 日，集团与大寨粮仓网络科技有限公司合作在大寨建立“科普中国乡村 e 站大寨服务中心”，并于 4 月 9 日举办科普中国乡村 e 站大寨服务中心启动仪式，全国人大常委、大寨村党总支书记郭凤莲参加启动仪式。科普中国乡村 e 站大寨服务中心通过向全

村提供免费 WiFi 服务、为全村村民配备移动智能信息终端、开发科普中国乡村 e 站专用移动终端、推出专项优惠套餐服务等形式，让大寨这个全国农业的老典型插上了互联网翅膀，进入“互联网 + 农业”3.0 发展新时代，助力大寨经济实现第三次腾飞。

山西太谷县已建成科普中国乡村 e 站 32 个，并形成了技术培训、农资销售、电商服务等不同特点的运营模式。太谷县程家庄村乡村 e 站站长王玉梅，是全国农村科普带头人，她 30 多年来坚持为周边农民免费测土配肥，推广新产品、新技术，培养了一大批科技型现代农民，被乡亲们亲切地称为“庄稼医生”。2015 年，她通过乡村 e 站组织农民开展实用技术培训 30 多场次，使 1500 多人受益。e 站还通过扫二维码、注册电子会员、提供免费 WiFi 等形式为周边农民提供全方位的服务。太谷县阳邑乡郭里村乡村 e 站站长白惠龙是当地农村电商带头人，他通过乡村 e 站把平价的米面油销售给村里乡亲，同时还将自制的特色手工艺雕刻产品通过电商平台卖出去，每年流水近 20 万元。

2015 年 12 月，中国科协党组书记、常务副主席、书记处书记尚勇在山西吕梁岚县普明镇陶家沟科普中国乡村 e 站调研时详细了解了 e 站的运营模式，亲自体验了农村科普信息化为农民生产生活带来的便捷。他称赞道，这个平台在满足农村科普需求的同时，还与老百姓的生活紧密相连，而且简单易操作，山西这个工作做得很实在、很接地气，他要求随行人员总结经验，逐步在全国推广。乡村 e 站建设还被列入《全民科学素质行动计划纲要实施方案（2016 - 2020 年）》和《中国科学技术协会事业发展“十三五”规划》。

五　制约科普中国乡村 e 站发展的原因分析

（一）农民传统观念的制约

农民具有多年来通过广播、电视等传统媒体获取科普信息的依赖性，同时农村购物仍集中于乡间小卖部、传统的集市这两大渠道，如何改变农民的意识，通过新型媒体终端获取科普知识，通过电商平台购物并尝试将农产品拿去平台销售都是发展科普中国乡村 e 站平台的制约因素。

（二）农村基础设施条件差

在很多农村地区，由于基础设施建设、网络接入情况不良，尤其是一些老、少、边地区移动终端没有落地，电脑及智能手机普及率不高，农村物流成本大等，客观上对乡村 e 站的发展造成一定阻碍。

（三）投入资金不够

以建设科普中国乡村 e 站的基本设施配备来看，建设一个旗舰店预计需要 10 余万元，建设一个标准店需要 3 万～5 万元，建设一个规范店也需要上万元。前期建设的 1500 个科普中国乡村 e 站累计投入已超 2000 万元，资金主要采取大联合、大协作的方式，引进社会资本。下一步要大力推广 e 站建设，如何拓展资金来源是一个不容忽视的问题。

六　科普中国乡村 e 站下一步建设思路与目标

（一）科普中国乡村 e 站下一步建设思路

第一步：制订科普中国乡村 e 站建设推广方案，召开“科普中国——实用技术助你成才”项目暨科普中国乡村 e 站建设推进会，突出抓好革命老区、贫困地区、少数民族地区的站点建设工作。

第二步：完善网络服务体系的功能。科普中国乡村 e 站的社会效益和经济效益初步显现，下一步要在可持续发展方面下功夫，帮助农民创业致富，完善市场机制，形成可持续运营模式。

第三步：采取大联合、大协作的办法和 PPP 模式，引进社会力量和民间资本，加大投入力度，加快 e 站建设。

（二）科普中国乡村 e 站建设目标

到 2016 年底，在全国范围建设 2500 个科普中国乡村 e 站，基本做到县县普及乡村 e 站，其中山西在所有乡镇和重点村基本普及科普中国乡村 e 站建设。

争取到“十三五”末，充分依托农村现有公共科技、文化等服务设施，建设科普中国乡村 e 站，实现全国所有乡镇和重点行政村全覆盖。

总之，科普中国乡村 e 站虽然依托原有科普惠农工作的基础，但仍属于新生事物，处于发展的初级阶段，仍需要摸着石头过河，不断探索站点建设、内容建设、平台手段、推广应用等方面的经验，仍需要不断解决存在的问题，突破发展的瓶颈。今后，科普中国乡村 e 站将加快建设进度，加大推广力度，加强大联合、大协作，让科普中国乡村 e 站在更多的农村落地、生根、开花、结果，帮助更多的农民实现创新、创业、成才、致富。

B.14

基层科普信息化管理服务平台搭建

——南京“科普闻道”解决方案

王黎明　胡俊平　赵立新　张 锋*

摘　要：“科普闻道”项目将科普行业平台建设作为基层科普信息化的重要组成部分，是基层科普信息化实践的一次全方位探索。“科普闻道”按照科协自身的组织体系建立网络化、分布式科普管理机制，在系统内设立科普大屏工作站并接入互联网，深入运用大数据分析技术，为每个科普大屏工作站提供支撑性和定制化云服务。该平台不仅服务于单独的基层组织或单位，而且面向整个科协组织体系，建立了一整套在线资源共享和权限分级的信息化多级管理体系。平台运营围绕基层科普服务和群众需求，实现灵活高效的资源管理和内容服务，为科普信息化服务体系构建提供了全局解决方案。

关键词：大屏工作站　多级管理体系　信息化服务

* 王黎明，中国科普研究所助理研究员，主要研究方向为媒体监测方法、社会化科学传播；胡俊平，中国科普研究所副研究员，研究方向为基层科普、科普信息化、科普创作研究等；赵立新，中国科普研究所副所长，研究方向为科学传播理论、科普政策、科普统计评估等；张锋，中国科普研究所副研究员，研究方向为科学传播普及战略规划、农村科学传播与普及、公民科学素质监测、科技评估等。

近年来，公共事业信息化浪潮席卷全国。科普、教育、文化、农业等多个行业都在以信息化为核心进行管理和服务模式的深刻变革。2014 年以来，中国科协积极实施“互联网 + 科普”行动和科普信息化建设专项，以科普中国品牌为统领，加强与有关部门的协作，探索与互联网企业合作的新模式。

随着移动互联网技术的深入发展，公众通过网络接收科技信息的比重不断增加，基层人群的科普需求日趋多元和个性化。新的传播形势迫切要求科普内容、技术、服务和用户之间的关系重整。中国科协正在推进的科普信息化建设工程，在很大程度上扭转了传统科普内容源头少、渠道少、原创程度低的局面，然而全国层面的信息化平台难以解决传统基层科普中技术匮乏、专业匮乏和文化特色匮乏的问题。

因此，如何运用公私合作、鼓励创新的理念，弥合“协作、联合、大科普”与“精准、适应、本地化科普”之间的裂痕，破解“泛在性”互联网科普“水土不服、难落地”的谜题，降低基层群众接受信息化服务的门槛，开创面向未来的“互联网 + 科普”数据管理、用户管理和区域创作平台，就成为科普信息化建设在未来一段时间内需要面对的重大挑战。在这些方面，南京市“科普闻道”信息化项目的运营经验提供了一些有益的参考和借鉴。

一 “科普闻道”项目介绍

江苏联著实业股份有限公司拥有多年行业经验和 40 余项专利技术，2011 年即入驻南京国家级数字出版基地，其自主研发的信息化科普解决方案是建立由高清触控 LED 大屏加手机组成的跨网络、跨媒体的传播体系。2013 年，以南京市科协发起的“网络科普进社区”活动为契机，联著实业与市科协开始了“科普闻道”项目试点合作。

试点内容主要包括在全市安装全媒体科普阅览屏，建设社区科普 e 站，为科协推进科普信息化工作、拓展网络科普阵地提供“云支撑平台 + 科普内容服务 + 可视化管理”的全产业链支持。作为公司进军科普产业的标志性产品，联著实业目前已就“科普闻道”向国家工商总局申请商标注册。

二 “科普闻道”运营情况

“科普闻道”项目初期，大屏主要分布在城镇社区。为了强化科普信息化的落地应用，提高基层单位参与科普的积极性，“科普闻道”项目将大屏科普 e 站的信息发布和管理权下放到基层布屏单位，基层布屏单位不再是被动地单向接收信息，可以参与平台建设。通过这个先进高效的信息化平台，基层单位可以紧密围绕群众需求，生产接地气的科普内容，并且在利用大屏传播科普知识的同时，还可以借助这个平台，对政府各条口的基层工作进行资源整合，进行个性化益民服务，如两务公开、社区活动、社保办证、就业指导、便民服务等。同时，通过微信远程订阅大屏内容，可实现随时随地为群众服务。

社区科普 e 站实现了“一屏多用”的强大功能，除了满足就地办科普的需求，还成为社区与居民沟通互动的桥梁以及展示社区工作成果的窗口，同时科普阅览屏也成为收集基层科普需求和监测基层科普效果的数据采集站，为基层“大众创业、万众创新”打下良好的基础。各单位还通过考评、培训、比赛等多种形式，将基层科普办得有声有色。2015 年，联著实业协助南京市科协在栖霞区、江宁区、玄武区举办了科普大屏讲解比赛，参赛选手分别以“科普进社区大屏做媒介”“科普大屏进社区服务百姓效率高”“科普工作信息化闻道大屏热点多”等为题，充分展示了本单位在科普大屏日常运维方面的特色、亮点与成果，阐述了如何通过科普大屏将科普益民、科技惠民计划落到实处的新想法、新思路。本次共有45个社区近300名社区人员参与比赛，评比过程中参与微信公众号网络投票的超过8000人。该活动不仅得到了中国科协的高度肯定，而且保障了“科普闻道”体系在基层的长效运营。

三 “科普闻道”进展情况

在南京市科协组织下，“科普闻道”的试点工作取得了明显成效，在江苏省科协系统起到了先行示范作用。经过两年多的试点运作，“科普闻道”品牌在江苏乃至全国各科协单位有了一定的口碑。“科普闻道”还吸引了全国各地多家科协单位，目前已与青海省、吉林省、福建省、四川省、新疆维吾尔自治区以及成都市、重庆市、拉萨市、沈阳市、大连市等近百家各级科协单位建立合作关系，产品和服务覆盖了16个省份，数千台全媒体科普阅览屏遍布全国各基层科普网点，对全国各地的基层科普信息化工作起到了示范和引领作用。

据统计，2015年“科普闻道”系统大屏科普e站开机率达到80%以上，科普信息总量超过20万条。开通了近1700个本地化、个性化的子栏目，累计发布各类办事指南、政策法规、两务公开、工作动态、通知公告15000多条，发布各类工作、活动现场照片23000多张，累计服务了近800万人次。截至2015年底，南京市11个区共部署了600块全媒体科普阅览屏，上线了配套的“科普闻道”手机客户端，开通了“科普闻道”微信订阅号，形成了“大屏+手机+微信”三位一体的“科普闻道”系统。按照江苏省科协规划，截至2016年底，江苏全省建设大屏科普e站将超过5000个，基本上覆盖江苏全省的城镇社区和部分农村科普示范基地。

2014年后，除了社区科普e站，联著实业还协助各科协单位将科普e站逐步扩大到学校、医院、政府机关以及旅游景点、车站、机场等人流密集的公共场所。这些不同类型的部署地集思广益，根据自身需求定制了多个个性化栏目。如学校有特色课程、活动竞赛、课题研究、学生风采等，医院有专家介绍、诊疗指南、门诊排班等，政府机关有党风党建、廉政建设、基层动态等。2015 年，市、区、街镇等各级党委和政府的组织部、宣传部、纪委、团委、检察院、财政、民政、人口与计生、科技等 30 多个部门和条口都参与到科普阅览屏内容共建工作中。“科普闻道”系统已成为一个开放的社会化大科普平台。

2015 年以来，针对全国科普信息化建设的战略布局，联著实业对“科普闻道”解决方案进行了优化和完善，陆续推出了闻道屏联网、科普惠农以及社区 e 站、乡村 e 站等科普信息化解决方案，进一步推动科普信息化在基层的落地应用。目前，联著实业市场占有率稳居第一，成为科普信息化产业的领航者。

四 “科普闻道”的适应性创新

我国正处于互联网行业迅速发展的阶段，“互联网 +”的商业模式也为科普信息服务提供了新的道路。然而在基层科普信息化工作中，简单照搬互联网企业的做法往往会产生水土不服的问题。“科普闻道”对常见的互联网业态进行了创新设计，结合基层科普工作的规律和特点，针对水土不服、少抓手、难融入、难落地等问题提出了解决方案，从而确保项目运营紧密围绕基层实际需求并有效连接线上线下的科普管理和服务。

1. 互联网门槛

问题：在发展落后的基层和农村地区，部分人群使用移动终端接入移动互联网，更多的人则缺少上网条件，针对这类重点人群的科普服务是科普信息化真正的挑战。

方案：使用科普大屏作为实体界面，实现互联网“零门槛”。基层群众通过大屏即可实时接收相关科普信息，还可通过手机客户端、微信公共账号与大屏绑定。

2. 融入基层文化生活

问题：来自于全互联网的碎片化科普信息无法有效满足基层群众的实际需求，鲜有反映当地文化特色的科普内容，科普服务难以融入基层文化。

方案：下放科普信息系统的发布和管理权，采取措施调动基层积极性。以大屏工作站为基本单元，允许基层组织进行内容管理和发布，并在站点部署中纳入学校、医院等公共机构的内容资源，形成上下协同、跨部门联合的基层科普格局。

3. 在线科普服务落地

问题：由于移动互联网的开放特点，潜在用户无所不在、需求多种多样，互联网科普服务在追逐用户的过程中容易偏离基层实际需求，造成用户黏度下降，损害基层科普信息化服务实效，并且不利于项目持续运行。

方案：推动互联网服务“本地化”。将科普大屏作为锁定本地用户的主要工具，同时提供手机客户端与大屏科普工作站的绑定功能，兼顾互联网的开放性与科普服务的本地化。借助大数据分析和内容汇聚技术，追踪热点内容，定制差异化内容，增强数字科普内容服务的针对性和实用性。

4. 内容源少而且系统性不足

问题：在信息化平台上，往往存在大量转发的知识性、观点性科普文章，但是其散落于各种媒体网站，缺少专题内容，系统性不足。

方案：平台建设和内容建设并举。为解决基层科普内容原创性的问题，项目成立了数字科普内容团队，打造科普精品专题；同时，利用智能引擎和热点发掘系统，汇聚优质互联网科普信息，从上百家科普网站上获取高质量内容；还与新华报业传媒、知识就是力量、《解放军报》、《江苏科技报》等上百家媒体合作并引入数字科普内容。

5. 科普信息化项目管理和运营经验

“科普闻道”系统不仅包含数字科普信息发布和传播平台（前台），也包含内容生产和管理平台（后台），系统使用了多层级和去中心化的内容生产和管理策略，使科普信息服务能深入基层，融合各类公共服务资源，满足人群实际需求。为保证科普大屏工作站的长期有效运行，南京市科协主要采取了以下几个方面的针对性措施。

（1）管理权向基层下放

将大屏科普工作站的信息发布和管理权下放到基层社区。基层组织规模较小，专职、专技人员缺乏，传统科普内容陈旧、更新速度慢，科普工作难以做深做细。基层科协组织拥有自己的信息发布和管理平台后，建立了扎根基层的科普大屏交互界面，就真正掌握了与基层群众双向交流的通路，就能及时了解基层需求，结合基层实际，紧密围绕本地居民的生活、工作、学习，制作贴近时代、贴近生活、贴近群众的科普内容。基层科普信息化平台既是基层科普组织向“数据管理、服务为主”转变的工作平台，也是基层科普方式从自上而下的传统科普向“需求导向、内容为王”信息化科普转变的技术平台。

（2）建立多级管理体系

建立市、区县、街道、社区的多级管理体系，将各级基层组织的管理和服务工作纳入信息化管理系统。通过“科普闻道”系统，上级科协可以监控、审核、管理下级科协的网络科普工作，下级科协可以浏览、订阅上级科协发布的内容。上级科协可以授权下级科协发布信息，下级科协可以委托上级科协代发信息。与此同时，大屏科普工作站的开机率等网络科普工作的很多指标被纳入各级科协工作的考核体系，使网络科普工作的责、权、利到人到岗。多级、开放的信息发布和管理权限有利于充分调动基层科协开展科普工作的积极性、主动性和创造性，建立起规范化的网络科普长效运营机制，促进科普信息化的常态管理和运营。

（3）跨行业、跨部门整合资源

积极、主动整合社会多个部门和机构的服务资源。本地化科普信息发布平台的建立有助于联合和动员各界力量参与科普资源共建共享。通过平台开放的方式，将当地职能部门、行业部门和专业机构的相关科普资源整合进来。“科普闻道”为政府各职能部门开设了相对独立的服务频道，例如民政、安监、计生、政法等频道。大屏科普工作站上不仅有科普内容，而且有非常贴近百姓生活的各种服务，增强了大屏科普工作站的实用性。在“科普闻道”实际运作中，南京市、区、街镇等各级党委、宣传部、团委、科技、民政、人口计生等30多个机关部门均参与到科普阅览屏的内容共建中，开通了近200个本地化、个性化的子栏目。

（4）应用内容挖掘和管理技术

利用信息智能技术，挖掘基层群众喜闻乐见的内容，及时跟踪当前科普热点。南京市科协与联著实业合作开发了智能化科普热点识别与挖掘系统，组建了数字科普产品制作团队，创作了《科普画廊》《中国梦、新科普》等专题内容。借助智能搜索和内容聚合技术，闻道平台每天自动更新科技新闻、美容健身、生态环保、育儿计生等20多个频道的权威科普资源，持续高效地生产、更新和发布基层公众关注的科普知识和信息，增强了科普工作的时效性和精准性。

（5）加强基层科普人才培训

加强对基层科普从业人员的培训。两年来，南京市科协组织针对各级网络科普管理员现场培训600多人次，在线互动和电话交流超过5000人次。通过培训，南京市科协打造了一支素质较高的基层网络科普团队。他们正逐步成为“科普闻道”项目能够高效、可持续发展下去的中坚力量。

五　科普信息化与基层科普服务协同发展经验

通过实施“科普闻道”项目，基层单位的科普服务能力和水平得到了明显提升，其主要表现在以下几个方面。

1. 基层驱动、全民参与

“科普闻道”项目将大屏科普工作站的信息发布和管理权下放到基层社区，通过这个先进高效的信息化平台，基层科协组织将以往的科普从外部注入方式变为需求导引、服务为主的内部服务方式，紧密围绕本地居民的生活、工作、学习，生产制作贴近时代、贴近生活、贴近群众的科普内容，并且借助这个平台对各个基层社区的科普内容进行广泛推广和传播，大大增强了科普工作的针对性并提高了影响力。

2. 考评激励、长效运营

科普管理体制和运营机制是制约科普事业发展、科普能力建设的关键因素。“科普闻道”系统贴合科协系统的组织体系，建立了市、区县、街道、社区的多级管理体系，上级科协可以监控、审核、管理下级科协的网络科普工作，下级科协可以浏览、订阅上级科协发布的内容。与此同时，大屏科普工作站的开机率等网络科普工作的很多指标被纳入各级科协工作的考核体系，明晰责任、层层落实，使网络科普工作的责、权、利到人到岗，有利于充分调动基层科协开展科普工作的积极性、主动性和创造性，建立起规范化的网络科普长效运营机制。

3. 平台开放、资源整合

“科普闻道”系统是一个开放的信息化综合平台，各级科协可以定制功能频道，将本辖区内其他政府职能部门、行业机构、企事业单位等第三方机构的相关科普资源整合进来，也可以将信息发布接口直接开放给本地基层部署单位，让他们把“科普闻道”平台当作自己的信息发布平台来维护和管理，积极动员社会各界力量共同参与科普资源的整合集成和共建共享。在“科普闻道”实际运作过程中，我们看到，市、区、街镇等各级党委和政府的组织部、宣传部、纪委、团委、检察院、财政、民政、人口与计生、科技等30多个部门和条口都参与到科普阅览屏内容共建工作中，开通了近200个本地化、个性化的子栏目，累计发布各类办事指南、政策法规、两务公开、工作动态、通知公告12000多条，发布各类工作、活动现场照片9000多张，累计服务了近500万人次。

4. 创新表达、雅俗共赏

“科普闻道”系统颠覆了基层橱窗式的科普宣传方式，通过视频、动画、声音、图片等多媒体形式让科普内容更加丰富、形象、生动，满足不同受众的多样化、个性化需求，使科普更具观赏性、趣味性和感染力。目前，在很多社区都已经形成了居民到社区必看全媒体科普阅览屏的良好氛围，社区科普工作的群众参与度和影响力明显提升。

5. 高效传播、精准服务

基层科普队伍普遍存在规模小、不稳定、身兼数职等现象，由于人力不足，传统的科普宣传栏内容陈旧、形式单一、长期不更新，基层科普工作难以做深做细。“科普闻道”平台上每天自动更新“科技新闻、美容健身、生态环保、育儿计生”等20多个频道的权威资源，更有专业编辑策划团队围绕未成年人、老年人、农民、城镇劳动者、领导干部和公务员这五类人群精心制作的专题科普，以及百姓最为关注的热点科普等，大大增强科普工作的时效性和精准性。

六　对基层科普信息化工作的启示和建议

1. 降低基层群众的科普信息服务接入成本

长远来看，互联网门槛问题制约着科普信息化工作在全国范围取得实效，而如何降低基层群众的接入成本是解决门槛问题的关键。在学校、社区、医院、车站等公共场所设立科普大屏是一种现实有效的做法。例如，通过接入所在区域的无线网络，科普大屏不仅是提供科普信息服务的窗口，而且还可通过 WiFi 热点和移动终端向附近用户推送科普内容。

2. 适应基层需求，制作和整合数字科普资源

科普信息化项目成功运行的关键在于为当地用户和订阅用户提供高质量的科普内容，这些内容应迎合用户的需求和兴趣，应具备区域和文化特色，应有利于实现基层科协的工作目标。建议从两个方面进行数字科普内容建设：一是利用智能引擎等技术手段汇聚互联网科普资源，根据本地居民的知识结构重新设计和发布；二是与专业数字内容制作团队合作，提供具有本地特色的科普内容，再将其数字化。

3. 利用第三方资源，实现本地科普服务增值

在今后相当长的时间里，公共服务的信息化将成为众多职能和服务部门的工作重点。在基层科普信息化项目设计阶段，应注重与政府部门以及教育、医疗等行业机构的资源合作。建议从两个方面开展资源合作：一是推动科普大屏部署到学校、医院等公共场所，吸纳更多行业和专业资源，加强公共信息服务合作和资源共享；二是利用科普信息化项目已有的技术基础，实现技术服务与硬件成本的交换，由学校、医院等第三方机构承担科普大屏的硬件成本，由科协作为中介提供技术协助，实现相关资源上网和发布。

4. 加强基层科协组织与当地企业的技术合作

信息化的科普内容制作、精准推送、需求发现以及与用户的互动需要创新性的专业支持和技术支持。建议联合地方政府部门，研究出台科协组织与当地企业进行公私合作的详细规程，精心培养一批基层科普信息化示范项目，将新一代科普阵地打造为联合创业和技术创新的孵化平台。

B.15

技术与科普融合　传统向现代转变

——解读上海市长宁区科普信息化如何通向“平凡之路”

何巍颀　庞爱林*

摘　要：本文简要介绍了上海市长宁区科普信息化的发展历程，分别从注重科普网络建设，建设信息高速公路；加快信息流通速度，拓宽科普传播渠道；共享区域科普资源，增强内容供给能力；加大社区推进力度，提升科普惠民服务等方面进行总结。

关键词：长宁区　科普信息化　科普网络

长宁是上海最先推进数字化建设的区县。在经历了“十一五”期间的“数字长宁”和“十二五”期间的“智慧高地”后，形成了以3TNET为载体的“数字科普活动中心”，以“一切尽在指尖”凸显未来生活的“智慧高地体验应用中心”，以城市光网为承载的“社区综合信息服务屏”，以有线电视为媒介的“智慧长宁”频道，360度全景在线展示的3D科普馆以及长宁科普网、微博、微信六管齐下的数字科普宣传网络新格局，科普信息化水平领跑全市。

长宁是如何将漫步云端的科普信息迅速地传递给市民？又是怎样让百姓及时了解高大上的科学知识？是信息技术的开发与普及，它不

* 何巍颀，上海科技报社记者；庞爱林，上海市长宁区科学技术委员会党组成员、副调研员。

是一蹴而就的，而是长宁区科协、科委多年来连串坚实“脚印”走出的一条科普信息化之路、一条将科学知识引向普罗大众的“平凡之路”。

一 注重科普网络建设 建设信息高速公路

1. 新颖的科普传播方式

发传单、贴海报、办讲座，这些传统的科普传播方式在如今的网络时代显得有些“不合时宜”——不仅在内容上难以保持“新鲜”，而且在传播速度、渠道上难以贴近广大群众。只有抓住数字网络的脉搏，才能在未来的科普高地上占据一席之地。

在长宁智慧高地体验应用中心，多项信息技术成果体验融于其中，居民可以通过实时场景的数字模拟，进一步了解科学技术飞速发展通过公共安全、城市管理、远程医疗、智能家居、智能交通、智能电网等数字服务给生活带来的深刻变革。区内4家体验中心累计接待居民15万人次，通过切身体验，使居民充分感受到智能化、数字化、网络化给日常“衣食住行”带来的新理念、新技术和新应用，在身临其境中体会到信息技术给日常生活带来的便捷。

2. 扎实的基础设施建设

在长宁区科协、科委看来，要走通科普信息化之路，首先需要有扎实的信息化基础设施。数据显示，截至2014年6月，我国网民规模达6.32亿，互联网普及率为46.9%，我国手机网民规模达5.27亿，网民中使用手机上网的人群占比由2012年底的74.5%提升至83.4%，以数字化、网络化、智能化等为特点的信息技术与科普深度融合，推动传统科普向现代科普转变。

因此，网络基础建设也就成了头等大事。长宁区经过几年的建设，区域内公共WiFi热点场所超过3200个，覆盖所有重点商圈，实现了商务楼宇光纤覆盖到楼，高端楼宇光纤覆盖到楼层、到桌面，户均接入能力达到100兆，家庭宽带100兆接入能力覆盖率达到99%，入户率超过50%。

3. 多样的科普传播渠道

有了硬件保障，才能变幻出丰富多样的科普渠道，如颇受社区居民欢迎的数字科普活动中心，就是依托落户长宁的国家863高性能宽带技术和下一代广播电视网技术两大“神器”，这在上海全市也是独一无二的。

数字科普活动中心让社区居民可以足不出小区，就免费点播科普教育基地沪杏科技图书馆馆藏的10000余部高清正版科普影片，不论是*Discovery*纪录片，还是《名家科普讲坛》《公共安全》《什么是全民科学素质行动计划纲要》等科普短片都能被任意选用。

二　加快信息流通速度　拓宽科普传播渠道

在当代老百姓的生活中，丰富多样的互联网服务产品已经成为一个必不可少的要素。近年来，长宁区运用物联网、云计算、大数据等技术手段，解决传统公共服务弊端，明确以集聚人才为重点，全力推动三大产业创新集群，其中之一就是“互联网+生活服务”。以大数据、移动互联网、物联网技术为基础的“互联网+”产业需求日益增加。

1. 传输网络化

大众对生活更高的追求，也对科普工作的超前性提出了要求。87台户外电子阅报栏覆盖长宁全区87个社区，成为长宁科普宣传、信息发布、惠民利民的一项新举措。这些信息屏能够提供实时更新的17种报纸以及42种杂志，科普之窗、菜价查询、周边公交索引、社区资讯等便民服务板块，丰富了公众获取科普信息的渠道和方式，让老百姓在家门口就能了解最新、更便捷的信息。通过户外电子阅报栏等方式，长宁区已经实现了“上午制作科普内容，下午上线播放”的高速科普模式。

如今，老百姓对科普的高要求不仅体现在更快的信息流通速度，而且体现在要与时俱进、贴合民生，对市民关注的热点能及时给予反馈解析。例如年初“探测引力波”的科普事件，迅速占领各大媒体头条，成为高关注度的科普热点。长宁利用信息屏、科普网、微博、微信等互联网传输手段，对这一热点进行了解读，点击率超过10万的科普文章因此诞生。

2. 资源数字化

长宁区着眼于社会需求和群众需要，着力打造“数字科普”品牌。与东方有线签订合作协议，充分运用电视台深入寻常家庭和日常生活的资源优势，率先在全市开通有线电视0频道（“智慧长宁”电视服务平台）。该频道的开通，为长宁区乃至全市居民提供了一个便民服务窗口。该频道包括E科普、E卫生、E教育以及电子商务等互动应用服务，社区居民可以及时便捷地了解所需的科普知识和运用各项便民服务。

3. 管理合理化

只有健全的基础设施还不够，要实现高速及时的科普信息化，不能一哄而上，而要有合理的顶层设计方案，这是长宁区科协、科委探索出的一条成功经验。

科普信息化要算好经济账，除了考虑前期的设备投入外，还要考虑后期设备增加、功能更新以及运维费用。事实上，网络时代的技术更新快，数字科普投入成本远远高于传统科普，如果不能精打细算、细水长流，留下的很可能只是一堆电子废弃物。在科普信息化项目上，长宁区科协、科委从试点开始，一步一步踏实前行，确保项目能长久、有效运作。例如，户外电子阅报栏根据社区居民需求，从最初

1.0 版本逐步更新到能放大字体的 2.0 版本，具备语音功能的 3.0 版本也将上线，而区科协、科委为其升级提供了资金保障。

三　共享区域科普资源　增强内容供给能力

科普信息化不仅是新技术的应用，而且是适应信息时代的理念嬗变。在网络背景下，泛在学习的出现使得人们可以更自由、便捷地获取所需信息，互动学习、个性化学习、开放和分享平台变得越来越重要。同时，公众消费信息的方式从传统媒体的传授模式发展到网络时代的互动模式。

1. 建设科普服务云

2016 年出台的《中国科协 2016 年科普工作要点》文件，提出了要充分利用现有基础设施条件，以科普的内容信息、服务员、传播网络、应用端为核心，建设科普中国服务云。长宁充分利用现有的基础设施条件，采用互联网、云计算、大数据等先进技术，坚持“开源、共建、分享”的理念，实现了科普信息汇聚存储和精准推送，实现了科普信息资源的高效利用和泛在获取。

通过与市科协的联动，整合社会资源，利用各社区、街道、市民广场等公共场所的科普 LED 显示屏，定期展示、更新科普知识。长宁将科普信息化的触角不断延伸、拓展，形成横到边、纵到底的科普知识传播网络。

2. 打造数字科技馆

长宁区大力推动中国特色现代科技馆体系的信息化、时代化、体验化、标准化、体系化、普惠化、社会化，推进科技创新与科学普及的有机融合，利用互联网技术，运用全新的多媒体虚拟形象，构造一个由不同主题展区构成的虚拟展馆，并把不同主题内容通过 360 度全景在线展示在居民面前。

目前，已将全国科普教育基地上海动物园、纺织服饰博物馆、上海消防博物馆、天山污水处理厂以及电能计量展示厅的部分重点场景通过数字化动态呈现在互联网上，让白领青年、青少年学生能够在工作、学习之余，通过“网上科普馆”体验科普教育基地的魅力，从中学习和掌握相关科普知识。

3. 研发前沿新技术

以科普知识、科技信息以及科普工作动态为主要内容，长宁区开发完成了科普网、微博、微信等。通过“创新科技”“智慧高地”“科普诠释”“公益活动”等子栏目将三者有机地结合起来，根据科普活动开展情况，定期在科普网上进行预告，让社区居民根据自身的爱好来参加各类科普活动，对于有一定要求的活动，则通过科普微信征集参与人群，目前通过这些渠道参与科普活动的居民已超万人。

四　加大社区推进力度　提升科普惠民服务

伴随“互联网 +”的崛起，科普信息化已成为一条必由之路。如何更有效地服务民生，以社区为中心辐射周边人群，是科普工作能否再上一个新台阶的关键。

1. 扎根信息土壤，建造大科普格局

按照李源潮同志关于“现在公众在网上”“要让科学知识在网上和生活中流行”的要求，长宁利用互联网信息技术，在线上 3D 科普馆建成投入使用后，与区教育局合作，开辟网上第二课堂。

如上海动物园的“互动老虎馆”，青少年学生、白领青年可以在网上观看老虎全景展示，点击“老虎科普”“老虎专家”“世界上的老虎”“爱护老虎”“老虎文化”等子栏目，了解老虎的习性、部分种类灭绝的原因以及如何保护老虎等。目前，后台统计点击量已超 10 万，真正成为青少年学生了解课外知识的好去处。

2. 健全组织网络，增强科普合力

长宁区积极贯彻《全民科学素质行动计划纲要（2006－2010－2020年）》（以下简称《纲要》），各项工作分工明确，协调有力，形成“3N”级组织网络。由政府主导、广泛动员社会力量参与的协调联动机制，为推动全民参与科普提供了有力的组织保障。

通过不断健全和完善区公民科学素质工作领导小组－街道（镇）科普协会－居委会科普小组（楼组）、区学校科技教育委员会－中小学科技教育领导小组－科技总辅导员的工作网络，垂直构架、统筹协调，广泛开展适应长宁经济社会发展需要、贴近生活、面向公众的科学技术普及工作。

3. 搭建服务平台，精准推送信息

近年来，长宁结合市科协“全员、全程、全时空”科普工作新理念，科普工作从单向灌输向体验互动迈进，从粗放普及向精准定位转型，从有限时段向随处感知跨越。理念的改变、技术的革新，让上海大众科学素养在潜移默化中不断提升，这也促使了科普工作的求新求变。

长宁区着眼于社会需求和群众需要，坚持深入一线加强调研，认真抓好科普信息化建设的顶层设计。以社区综合信息服务屏为平台，还针对《纲要》知识宣传、雾霾形成与防治、食品安全、交通出行、垃圾分类、生命健康等热门话题进行深入的科普宣传，与传统的科普画廊相比，在科普内容、数量和更新速度上优势明显，并连续两年在全区实事工程百姓满意度中排名第一。

长宁区在科普信息化建设服务民生方面取得的丰硕成果离不开社会大众的参与，“数字科普”模式的核心在于百姓多渠道受益。只有真正走在老百姓的“平凡之路”上，才能让科普信息化从“云端”落到实处。

B.16

科普助力重大工程项目建设

——江西九江 PX 项目案例

张志敏　高宏斌　钱 岩　王大鹏*

摘　要：　重大工程项目建设是一个国家构建独立、完整的国民经济体系的必然途径。项目建设过程中，有针对性地开展科学普及工作，对于引导公众客观认识和理解项目建设背后强大的科技支撑，理解项目建设对地方和国家经济社会发展的重大意义，改善群众同政府、企业的关系，顺利推动项目进展具有重要作用。本文通过介绍江西九江石化借助科普手段消除公众疑虑、打破国内 PX 项目“一闹就停”困局的做法和经验，分析其对企业科普的启示，并提出推进科普助力重大工程建设的对策建议。

关键词：　重大工程项目　PX 项目　企业科普

世界上任何一个国家在发展国民经济、开展现代化建设过程中，都必须通过若干个重大工程项目建设才能构建独立、完整的国民经济

* 张志敏，中国科普研究所副研究员，主要研究方向为科普评估、科普活动和科普创作等；高宏斌，中国科普研究所副研究员，研究方向为科学素质、科普人才、科普创作研究等；钱岩，中国科协科普部副部长；王大鹏，中国科协科普部纲要联络处副处长。

体系。20 世纪 90 年代以来，政府主导型投资成为促进中国经济增长的主要动力，其在现实经济运行中体现为投资规模大、对国民经济和社会发展具有重要影响的项目，既包括交通、水利、城建等行业的大型基建项目，也包括航天、国防、能源等各工业系统的重大工程项目。[①] 重大工程项目一方面对当地经济增长产生巨大的带动作用；另一方面也对当地经济、环境和社会发展产生长久深远的影响。近年来，重大工程项目在建设和运营过程中，出于征地拆迁补偿不合理、忽视生态环境保护、忽视公众的安全健康等原因，引发的群体性事件呈上升趋势，对项目的建设和运营产生了重大冲击和影响，同时也导致了一系列社会问题，严重影响了当地政府、群众和企业的良好关系。实践表明，重大工程项目建设过程中，有针对性地开展科学普及工作，对于引导公众客观认识和理解项目建设背后强大的科技支撑、理解项目建设对地方和国家经济社会发展的重大意义、改善群众同政府和企业的关系、顺利推动项目进展具有重要作用。

一　科普助力重大工程项目建设是经济社会的发展趋势

重大工程项目建设是经济社会发展的客观要求。重大工程项目建设不单纯是项目本身的建设，同时也是公民科学素质、生态环境文明与和谐社会建设的一部分。因此，重大工程项目的建设者不能只是政府、企业，它还需要社会公众的充分参与。社会公众参与重大工程项目建设主要体现在对项目所依托的科学支撑的充分、客观的理解上，并由此体现为对项目的支持态度。由于重大工程项目建设推进过程

① 岳鹏威、陈文宇、李福恩：《我国重大工程项目管理模式现状、问题及对策研究》，《特区经济》2012 年第 12 期。

中，选址、筹建、废料排放等环节都不可避免地会触及周边公众的权利和利益，这就需要社会公众充分理解、信任与支持。而解决这些问题的重要渠道之一就是开展科普工作。通过科学普及，促使公众围绕重大工程项目建设参与科学、理解科学，进而支持科学，从提升公众科学素质角度为重大工程项目建设创造良好的社会环境。

（一）科普是重大工程项目建设自身发展的需求

重大工程项目投资巨大，项目建设和运营过程中任何一个环节的停滞与受阻，都会给国家和人民带来不可估量的经济损失。因而，重大工程项目建设和运营过程中，周边公众对政府和项目的信任与支持是必不可少的社会资本。而此项社会成本的获得，一方面依赖于合理的利益分配机制，另一方面则要求助于科学普及。一系列重大工程项目建设的实践已经表明，社会公众对重大工程项目风险的过高估计、对重大工程项目科学性的质疑以及由此连带产生的对企业和政府的不信任，很大程度上都来自于他们对工程项目本身及其相关科学技术问题的不知情与少了解。当前，我国公民科学素质总体水平有限，与发达国家有不小的差距。公民科学素质的现状决定了他们基于“不知情、少了解”而做出的判断势必缺乏理性，容易陷入偏见，容易滋生谣言。而这些已经成为当前阻碍重大工程项目顺利推进的重要因素。因此，作为以高精尖科学技术为支撑的重大工程项目建设，通过开展科学普及工作提升社会公众的科学素质，从而获得对项目的信任与支持是其自身良性运营和发展的必然要求。

（二）科普助力重大工程项目建设是公众知情的需求

重大工程项目建设和运营对当地群众的生活会产生现实的影响，其主要体现在三个方面。一是经济领域的影响因素：征地拆迁补偿不足或者不能及时到位、安置政策不公平、工程项目对当地居民收入和就业的不良影响等。二是居住环境方面的影响因素：对生态系统的影响程度、对环境系统的影响程度、对水资源的影响程度、对人文景观的影响程度、交通风险、治安风险等。三是社会领域的影响因素：养老、医疗社会保障等。[①] 重大工程项目带来的这些现实影响会使当地群众的生活面临极大的不确定性，因而，公众作为独立的个体和有机的社会群体，有权利对与自身利益密切相关的事实充分知情。不久前发生的日本福岛事件悲剧就折射出，在信息社会，重大项目工程建设和运营中的信息不透明是极具危害的，因此绝不能重蹈覆辙。

科学普及工作正是连接公众知情需求与科学事实的桥梁。科学普及工作能够运用社会化、群众化和经常化的科普方式，利用现代社会信息的多种流通渠道和信息传播媒体，不失时机地广泛渗透到各种社会活动中，站在第三方公正、客观的立场上，将重大工程项目所依托的科学技术及时、有效地传递给公众，增进公众对科学的理解，消除公众的疑虑，引导公众支持科技、参与科技、监督科技。科学普及尤其有助于促进公众了解重大工程项目建设在经济领域和居住环境方面的影响。

（三）科普助力重大工程项目建设受到国际社会的普遍重视

各国政府都认识到重大工程项目中科普工作的重要性，并将科普工作提上重大工程项目建设和运营的重要日程。在美国，一些联邦部门已有明确的要求，让公众介入由联邦资助的工程技术项目的设计和实施。例如，美国交通部、住房和城市开发部都要求为公众参与交通项目提供机会，还出版了专门的案例研究证明公众参与的作用。在欧盟，重大工程项目中的科普工作也备受重视。目前，全球最宏大的科

---

① 闫军印：《重大工程项目引发集体行动的微观机制研究》，《甘肃理论学刊》2012 年第 6 期。

技计划 ITER（International Thermonuclear Experimental Reactor，即国际热核聚变实验堆计划[①]）项目已经通过科普工作使科研项目简明、易懂、透明，增加了公众的信心并获取了公众的支持。目前，该项目正在法国南部建造世界上最大的核聚变反应堆，设计更具开放性和前瞻性的科普策略。在韩国，科普工作促进其 PX 项目工程建设远离来自公众反对的困扰和羁绊，发展迅速。这很大程度上得益于项目开展的战略环境影响评价中充分地吸纳市民参与，并在此过程中有针对性地开展科普工作。目前，韩国正扮演着中国 PX 项目最大进口来源国和全国 PX 项目发展样本的角色。此外，PX 项目建设的乐观前景同样也在日本上演。实践证明，谁在重大工程项目建设中重视科普，着力投入，谁就会在经济建设中得到实际的回报，这已经是国际上重大工程项目建设的发展趋势。

（四）科普助力重大工程项目建设是我国的当务之急

经济建设是国家发展的永恒主题。当前，我国正处于经济建设的重要时期，重大项目工程建设仍是经济社会发展的重要动力和客观需求。近年来，一些举世瞩目的重大工程项目，如三峡工程、南水北调工程、核电工程等相继实施竣工，为改善民生、促进社会发展做出了巨大的贡献。然而，近年来，由于公众反对而停滞或取消重大工程项目的事件不断上演，这一严峻事实不容忽视。2009 年以来，厦门、大连、宁波、昆明等地市民的激烈抵制使得关乎工业生产的重大 PX 项目陷入了“一闹就停”的僵局。2012 年，四川省什邡市宏达钼铜

① “国际热核聚变实验堆（ITER）计划”是目前全球规模最大、影响最深远的国际科研合作项目之一，建造约需 10 年，耗资 50 亿美元（1998 年值）。ITER 装置是一个能产生大规模核聚变反应的超导托克马克，俗称“人造太阳”。2003 年 1 月，国务院批准我国参加 ITER 计划谈判，2006 年 5 月，经国务院批准，中国 ITER 谈判联合小组代表我国政府与欧盟、印度、日本、韩国、俄罗斯和美国共同草签了 ITER 计划协定。

多金属资源深加工综合利用项目因当地公众质疑环境污染问题且发生群体性事件而永久取消。2013 年，中核集团龙湾工业园项目建设在广东江门市遭到公众的抵制而永久取消。

重大项目工程建设在我国为何困难重重、步履维艰，其中，项目建设未让公众形成客观、理性的认识是根本原因。进一步讲，伴随工程项目的科学普及工作很不到位是直接原因，它导致公众对重大项目工程不知情、少了解，从而引发抵制、反对态度和行为，形成消极、负面舆论，甚至出现群体性事件，致使项目停滞、停止，给国家和当地政府造成巨大的经济损失。

党和政府历来强调以人为本，充分强调尊重人、解放人、依靠人和为了人。在重大工程项目建设中，以人为本仍是根本。重大工程项目建设如果不能取得社会公众的理解和支持，就无从谈起造福社会和人民。因此，在重大工程项目建设过程中开展科学普及是迫在眉睫的一项任务。亟须通过科普工作打开科学技术的大门，让社会公众走近科学、参与科学、理解科学、支持科学，从而为重大工程项目建设扫清阻力，赢得社会资本。

二　科普助力九江石化 PX 项目建设，打破“一闹就停”困局

PX（para-xylene）是化工原料对二甲苯的简称，是生产涤纶和塑料的重要原料，属于易燃低毒类危险化学品，其毒性和危险性与汽油属于同一等级。PX 项目指芳烃类化工产品生产项目，属于在科学布局、有序发展原则下的鼓励建设项目。我国是世界上最大的 PX 消费国，据统计，2012 年我国 PX 实际需求为 1385 万吨，占全球消费量的 32%，但中国 PX 产能仅为 880 万吨，对外进口依赖度接近 40%。

PX 项目因 2007 年厦门市民“散步”式抵抗而进入公众视野。

近年来，大连、宁波、昆明等地先后遭遇市民反对 PX 项目落户当地的危机。媒体将此现象比喻为厦门推倒了 PX 项目的第一块多米诺骨牌。

江西九江石化公司 PX 项目 2012 年开始申请，2013 年进入环评阶段，在二次环评公示期遭遇舆情危机。九江市对此高度重视，充分利用科普手段成功化解此次危机，扭转了国内 PX 项目“一闹就停”的局面。

（一）九江石化 PX 项目遭遇舆情危机

2013 年 4 月 28 日，按环境保护部要求，九江石化 PX 项目在《浔阳晚报》进行为期 10 天的环评结果公示。受昆明市民反对 PX 项目落户当地事件的影响，5 月 6 日，天涯社区江西论坛九江版块出现题为《好消息 PX 芳烃工程落户九江，九江人民等着受死（转载)》的帖文。随后，庐山户外网、九聚网等网站也出现类似帖文。部分网民随之跟帖，强烈关注。5 月 7 日，网民自发组建 QQ 群，发起抵制九江石化 PX 项目的讨论。5 月 8 日，部分网民商议组织民众去市政府“散步”，印发抵制 PX 项目的宣传单，制作发放抵制 PX 项目的车贴。同时，部分民众打电话至九江石化及九江市环科所，对 PX 项目表示质疑。几天内，PX 项目的负面舆情急速发酵、升温，群众议论纷纷，街头巷尾反对声音高涨。自此，九江石化 PX 项目也遭遇了网民反对、市民串联、发放传单等形式的舆情危机。

（二）江西九江利用科普手段化解 PX 项目舆情危机

遭遇舆情危机后，九江市委、市政府及时启动应急维稳机制，并深入开展舆情分析。九江市依托网络舆情监控平台，及时发现和研判舆情发生和发展的趋势，通过深入分析，发现舆情危机爆发的主要原因在于公众对于 PX 项目不了解，缺乏相关知识，分析相关科技问题的能力不足。基于这一基本认识，江西九江决定采取科普手段应对舆情危机。具体措施包括以下几点。

开展企业全员科普培训。九江石化面向企业职工和科技人员开展PX项目科普培训，使他们人人成为宣传员，向周边社区和公众进行科普宣传。据九江石化科协统计，共有4039人次参加PX项目科普培训，涵盖了在岗和改制分离企业的所有员工，形成了人人都是科普宣传员、人人都能有效普及PX知识的态势。

通过主流媒体发出权威声音，掌握舆论主导权。政府和企业利用各类媒体全方位开展科普宣传，特别是通过主流媒体发布权威信息，掌握了舆论主动权。九江石化科协将中央电视台《焦点访谈》“曹湘洪院士谈PX对百姓生活影响”的节目制作成视频宣传资料，在企业厂区和九江市电视台、网络以及城市宣传大屏上投放。九江石化还在《九江日报》、《九江晚报》、九江新闻网等多个媒体平台上刊登和转载PX科普知识的文章。这些节目的播出和文章的发表，占据了舆论的高地，对加强九江市民和网民对PX项目的正确理解起到了重要作用。

组成工作队，深入开展宣传教育工作。九江市委、市政府抽调环保局、工信局和发改委等部门的青年骨干组成工作队，经过九江石化专门培训后，深入社区、学校开展科普宣传。工作队还将科普宣传手册和宣传光碟广泛发放到市直机关、街道居委会和大专院校，将《告全市人民书》发放给市民，在人群密集场所与不实言论传播者开展面对面的舆论交锋。工作队的及时宣传，有效消除了民众对PX的错误印象，增强了民众对政府和PX项目的信任感。

邀请网络意见领袖等重点人群参加实地考察体验活动，间接引导群众舆论。5月11日，九江石化邀请6名网络意见领袖实地参观PX生产现场，随后还邀请近70名网民代表和公众代表走进南京金陵石化实地参观PX生产装置，帮助公众直观、全面、科学地认识

PX 项目。网名为“最后一枪”的网络意见领袖代表在回忆这一事件时谈道：“我是最早在网络上发帖，抵制九江石化 PX 项目的网民，同时也是第一个在网上发帖支持九江石化 PX 项目的网民。”针对网络意见领袖和市民代表的重点科普工作，使民众对 PX 项目的认识和看法发生积极改变，为 PX 项目环评工作创造良好的舆论氛围。

总体而言，九江石化 PX 项目从维稳切入，从科普走出，应对有序，宣传得力。

三　科普助力九江石化 PX 项目建设的反思与启示

众多事实已经证明“科技是把双刃剑”的道理。科技既可以带来 GDP 等物质利益，也可能带来环境、健康等方面的潜在危害。在人们追求富裕生活的初级阶段，往往把科技的积极作用作为主要的追求目标，并忽略其潜在危害；富裕起来的地区，则关注科技的负面作用，并往往由于对科技了解不够而被扩大化，甚至出现盲目抵制。[①] PX 项目是一个科技应用项目，其风险是不可回避的，但是通过严格的管控手段，是可以避免发生的。

舆情危机和群体事件发生的一个原因是，现代通信技术尤其是网络社会的发展，极大地方便了公众之间的信息互通，因而，群体意识形成也变得很容易。然而，这类新兴媒体不像传统媒体那样有称职的“守门人”，造成一些不实消息、信息，甚至谣言、诽谤等乘虚而入，使公众进入集体“无意识”的骚乱状态。不久前的“抢盐”“表哥”

① 郑念：《以科普化解公众疑虑》，《科技日报》2012 年 11 月 30 日。

等事件无不是如此。[1] 九江石化 PX 项目的舆情危机也是一个典型案例。

江西九江 PX 项目如果在立项、宣传、决策过程中，遵循科学理性的做法，之后的舆情危机事件也许就可以避免，也就能实现公众和政府的“双赢”而不是“双输”。比如，尊重公众的知情权，在项目立项前期开展充分的科普宣传工作。告诉公众，尤其是当地群众，PX 项目可能带来的惠益、可能存在的危害或者影响、国际上通行的做法、本项目准备采取的应对措施等，使公众知情并做好心理准备。同时，在宣传过程中保持舆论平衡也很重要，既要防止片面宣传项目给当地经济发展、群众福祉所带来的好处，也要防止只报道或传信其危害。在这方面仍然要通过科普，增强公众的科学理性意识，使他们具有独立判断、选择和决策的能力。

审视和思考江西九江石化在成功化解 PX 项目舆情危机事件中的经验和做法，有以下几点启示。一是 PX 项目舆情危机形成缘于公众的“不知情、少了解”；二是大众传媒开展科普知识宣传是引导公众正确认识 PX 项目的关键；三是加强网络传媒科普工作是引导网民理性看待 PX 项目的“灭火器”；四是中央主流媒体的声音是化解此次舆情危机的“及时雨”；五是企业科协是科普化解舆情危机的“排头兵”。

四　科普助力重大工程项目建设的几点建议

一要将科普纳入重大工程项目建设的重要内容。将科普纳入重大工程项目建设，就是要把科普作为项目的组成部分，在项目的设计、

---

① 郑念：《以科普化解公众疑虑》，《科技日报》2012 年 11 月 30 日。

建设和运营过程中形成明确的工程科普工作与任务，通过引进科普手段提升工程的社会认同度和安全性。

重大工程项目科普的宗旨是让公众了解、知情，进而提升自身的判断和评价能力，最终提升科学素质，正确看待、评价重大项目并参与重大项目的决策。主体是政府、企业、行业协会、科协等，客体要包括领导干部和公务员、企业员工在内的广大群众，内容包括重大工程项目本身依托的相关科学技术、有关项目潜在环境风险解决的科学技术、项目的经济效益等。途径和方式方法方面要采取全媒体宣传策略：政府要利用好电视和报纸等主流传统媒体，广泛、深入地发出积极正确的声音，科协要组织科技工作者发出权威的声音，企业要利用好活动、企业厂区、企业员工等多种资源发出来自第一线的声音。重大工程项目建设中的科普要注意舆论平衡，切忌“一边倒”的宣传态势。

二要在重大工程项目建设审批和考核中增加科普内容。建议国家有关职能部门明确要求重大工程项目建设经费的一定比例用于开展科学普及工作；要求在重大工程项目的审批环节中，将科普任务作为审批标准之一。科普任务审批标准包括：科普工作要贯穿重大项目设计、建设和运营过程，科普经费充足，科普任务目标明确，科普工作实施办法具有可操作性，科普工作方案具体可落实，科普工作执行团队具有组织机构基础和团队基础，参与企业需建立科协组织，科普任务量和预期效果要量化、可评估。

在重大工程项目建设的考核环节，按照项目立项审批中的科普目标任务，开展科学的评估工作，以促进项目的科普工作健康、良性、可持续开展。

三要充分发挥科协组织在科普助力重大工程项目建设中的作用。首先，充分发挥地方科协组织的作用。重大工程项目要与当地的科协组织充分协作，依托当地科协的组织优势与人才优势，有针对性地开

展科学普及工作。其次，加强企业科协建设。参与重大工程项目建设的企业必须建立企业科协，构建组织优势。最后，10 亿元以上的重大工程项目，要在项目落户地建立专门的科普教育基地，依托科普教育基地对青少年、领导干部和公务员、农民以及市民开展科普教育活动。

Abstract

As a first detailed and in-depth research report on grassroots science popularization in China, *Report on Development of Grassroots Science Popularization in China (2015 - 2016)* is virtually a collection of research outputs achieved by grassroots science popularization researchers and practitioners over the years. The report mainly expounds on the key areas and its related key issues of grassroots science popularization in China whereby we can obtain a clear understanding of what is occurring in this area. Meanwhile, a number of proposed suggestions are made for its sound development based on a considerate summarizing of the key issues in the report.

Report on Development of Grassroots Science Popularization in China (2015 - 2016) adheres to conduct theoretical analysis on the basis of practical studies, and to carry out a combination of overall studies and field studies, and special selected topics studies and local cases studies. The report comprises general report, special selected report and case study report. In the general report, the connotation of grassroots science popularization, the current development status, the existing difficulties and some suggestions are respectively expounded. In the meanwhile, a number of dimensions are provided for grassroots science popularization herein, which will help us do an in-depth research in this respect. In the special selected report, a research is done on science popularization conducted at the rural, urban and enterprise levels from the following dimensions such as policies and regulations, personnel and organizations, venues and facilities, activities and contents, as well as targeted audiences and received effects, from which the existing difficulties, development status and proposed suggestions are also analyzed. In the special selected topics studies part, it does a research on key and prioritized issues having to do with grassroots science popularization work in China mainly focusing on the practice studies. In the local cases studies part, it mainly consists of a great deal of grassroots science popularization cases from respective local areas, giving a clear manifestation of how local endeavors are explored. Grassroots science popularization, calling for diversified and a wide range of science popularization needs, always lies in the bottom and the last layer of science popularization structure in China, meanwhile, being constrained by a number of factors, "the last mile" phenomenon is still unresolved. It is clearly that Grassroots science popularization in China is evidently endowed with Chinese features. In a nutshell, a theoretical and practical guidance will be provided for grassroots science popularization studies in China by conducting an extensive and intensive research in this area.

Contents

I General Report

Abstract: Grassroots science popularization, an important part of science popularization work, plays an essential part in science popularization structure in China. The state as a whole have always been attaching great importance to such work, viewing it as an important instrument to enhance the well-being of the public by relying on science and technology. Great progress has been made in policy environment, institutional building, personnel network, facilities building and activities implementation in this regard for many years running. In a nutshell, the paper expounds on the connotation, research framework, the current development status and some proposed suggestions.

Keywords: Grassroots Science Popularization; Research Framework; Development Status; Suggestions

Ⅱ Sub-reports

Abstract: The rural area falls within one specific classification of the grassroots areas. A number of documents issued by the Central Committee of Chinese Communist Party highlight the issues having to do with agriculture, rural areas and farmers, this has set higher requirements for the improvement of scientific literacy for farmers, and provided policy basis for carrying out science popularization in the rural areas. The building of organization and personnel network is still imbalanced, which calls for strengthened efforts and further support. The development of science popularization facilities in the rural areas has improved significantly so far, however, the imbalanced development among various areas still remains. The featured science popularization training activities in the rural areas involve 3 types, respectively embodying the advantages of science popularization to a certain extent, there remains some room for its further improvement. Under the current times, scientific literacy for the farmers in China is still lingering at the lower level, science popularization shall be conducted according to the feature of the rural popularization, through which their requirements for life and production can be satisfied. Science popularization towards the rural areas in the future will be better in line with the trend of modern agriculture development and informationization, contributing to the ever increasing level of scientific literacy for the farmers.

Keywords: Three Rurals; Science Popularization in the Rural

Areas; Scientific Literacy; Education Training; Science Popularization Activities

Abstract: Science popularization at the community level serves as an important part for science popularization practice in China. For many years in a row, especially since the inception of 2011 when action scheme on the implementation of scientific literacy for the residents at the community level was put in place, the policy environment for science popularization work at the community level, its facility development and its personnel network construction have continuously improved, the capability on how to organize science popularization activities has increased, and residents have shown increasing zeal in gaining access to such activities, etc. Based on making an analysis of the development practice of science popularization at the community level, the paper comes up with some suggestions for its development where to enhance vitality of science popularization mechanism at the community level, and to further bolster its ability serving the local community residents is the main direction which science popularization at the community is marching towards.

Keywords: Science Popularization at the Community Level; Serving Ability; Suggestion

B. 4 On the Development Status of Science Popularization at the Enterprise Level *He Li* / 062

Abstract: science popularization at the enterprise level is an important part of science popularization practice in China. In the paper, its connotation, personnel network construction, policies and regulations, its venues, facilities, activity content, and received effects are summarized. In the meanwhile, the current difficulties facing science popularization at the enterprise and some suggestions are also illustrated in the paper.

Keywords: Science Popularization at the Enterprise Level; Status; Development

Ⅲ Special Reports

B. 5 On the Resource Distribution Standard of Science Popularization Venues at the Community Level

Chen Ling, *Zhang Feng*, *Li Honglin and Gao Jian* / 089

Abstract: In the paper, the basic information concerning the resource distribution of science popularization venues at the community level, and its existing difficulties are analyzed, where some proposals regarding how to optimizes such resources are presented, including introduce some guiding schemes on the distribution of such resources, build a multi-channeled and multi-layered shared mode, strengthen the content construction by utilizing the reliable information channel, integrate science popularization work at the community level into the whole construction process at the community, and provide policy support for such resource construction by improving relevant mechanism, etc.

Keywords: Science Popularization Venues at the Community Level; Resources Distribution; Guiding Scheme

Abstract: Science popularization venue at the community level is an important place where the local public are kept informed about the information on science popularization. By observing the information about the survey results from various local communities, we can know that the aggregate number, quality, scale, and the management level of such venues are not able to meet the public's demand for science popularization. There still remain some underlying factors (the low-level planning construction, low-efficiency management, the improper resource distribution, and the low-degree public participation) which impede the educational function of such venues. In the end, some proposals are presented for the sound development of such venues in the paper.

Keywords: On the Operating Status of Science Popularization Venue Construction and the Proposals for its Development

Abstract: Owing to the increasing frequency of emergency events

and the development of new media, emergency science popularization, as an important component of science popularization at the community level, has turned itself into a reality demand. It is deduced in the paper that to make the conducting of emergency science popularization on a regular basis as the focal point, to place emphasis on the cultivation of resident's awareness of handling emergency events, and to formulate the related systematic knowledge are the important ways for putting emergency science popularization in place.

Keywords: Science Popularization at the Community Level; Emergency Science Popularization; Scientific Literacy; Science Popularization Activities

Abstract: With the development of "Internet + Agriculture", the abilities required for agricultural technicians have become more diversified than ever before. By conducting a nationwide big sampled survey, and analyzing it through data, we come up with the 3 proposed abilities which the agricultural technicians shall do their utmost to enhance: technology serving ability including planting, cultivation, agricultural machinery, and information gathering; operating and management ability including marketing, management, brand building, and standardized production; as well as industry planning service ability including rural tourism, mass production technique, and start-up planning.

Keywords: Agricultural Technicians at the Grassroots Level; Ability Enhancement; Requirement

Abstract: In the paper, based on some relevant research literature concerning index system for science popularization, it gives a definition of science popularization capability for local enterprises, conjures its theoretical mode and index system, and makes an quantitative analysis and evaluation of science popularization capability for local enterprises from 31 provinces and municipalities under the jurisdiction of the Central Government by adopting the principal component analysis (it provides an important instrument for the measurement of the actual science popularization capability for various local enterprises).

Keywords: Science Popularization Capability for Local Enterprises; Index System; Principal Component Analysis

Abstract: Informatization of science popularization is in nature the completely mediated course for science communication induced by the information and communication technologies (Acts). The institutionalization in technology, culture and society opens up a broad space for public service, social support and mass communication. The development of the Acts provides a convenient path for content production, information spreading, public engagement and interagency collaboration in science communication. New types of information forms, knowledge connections and public's activities within informatizational context require a full utilization of Acts in science communication to address the challenge of the very different demands, behaviors and rules in the Internet age. Informatization thus not only brings a new action arena for science communication, but provides diverse approaches for science popularization. We investigated a number of exemplified practice cases advanced by different base units of the Associations for Science and Technology (AST) in various regions. Several typical practice models were concluded from these cases and long-term strategy mechanisms for sustainable development of Informatizational science popularization are proposed.

Keywords: Information and Communication Technology; Informatization of Science Popularization; Community of Science Popularization

Ⅳ Case Study

Abstract: To effectively carry out science popularization activities, and strengthen science popularization capability building at the community level will help integrate all sorts of scientific resources, make the advanced and applicable technology better applied in the community, optimize environment for science popularization, and enhance the well-being and scientific literacy of the local residents , etc. Great progress has been made in science popularization work at the community level over the past few years, attracting attention from people from all walks of life, however, a number of difficulties still lie ahead. Based on the questionnaire survey and field interviews made for the local residents, the paper tries to gain a full and comprehensive picture of how the local residents in Beijing participate in science popularization activities, how such activities are carried out currently, and how satisfied the local residents feel about the current science popularization modes. In a nutshell, we try to seek the existing difficulties for the current science popularization modes, and suggest more suitable modes that are in line with the local needs based on taking into account the suggestions proposed by the management personnels and the local residents.

Keywords: Beijing; Science Popularization at the Community Level; Science Popularization Activities; Modes

Abstract: To carry out health education activities featuring various themes and types towards different types of targeted people whereby the content of health education can be termed as 3 approaches (approach the grassroots, approach the people, and approach the life) is a good way to enhance scientific literacy on health for the local residents in a steady manner, and it is also a sound way to explore the health education theory and method.

Keywords: Scientific Literacy on Health; Health Education; Health Promotion; a Sound Way

Abstract: The offline and online platform "e station building for the rural areas, science popularization in China" serves as one of the most important tools for rural science popularization informationization in China. "e station building for the rural areas, science popularization in China", a 020 general service platform for the promotion of science popularization in the rural areas, is built in the rural areas. Since the inception of 2005, Shanxi Association for science and technology have made great headway in science popularization informationization work after more than 10 years' enduring efforts and practice. Shanxi science and technology media group undertook the project "science popularization in China—technology helps you become successful" in 2015. Great efforts have been made in building "e station building for the rural areas, science popularization in China" on the basis of considering the features of agriculture, rural areas and the farmers and by building offline and online service platform. 1500 stations have been built in 22 provinces and municipalities under the Central Government in China so far. In the paper, we try to demonstrate the

sharing and access right classification is established, it does not only serve the separate grassroots organization or unit, but also serve the associations for science and technology as a whole. Being excellent in high efficient and flexible resources management and content service providing, and mainly centered around the grassroots science popularization and the needs of the public, the platform provides a whole package of solutions for the building of service system for science popularization informationization.

Keywords: Big Screen Working Station; Multi-layered Management System; Informationization Service

Abstract: In the paper, it gives a brief introduction of the development history of science popularization informationization in Changning district, Shanghai city. It summarizes the following aspects: 1. emphasize the construction of science popularization network, and the building of information highway; 2. accelerate the information flow, broaden science popularization channels; 3. share the inter-regional science popularization resources, enhance the ability on content supply; 4. give more support to the local communities, bolster the science popularization ability serving and benefiting the public.

Keywords: The Development History of Science Popularization Informationization in Changning District

Abstract: The construction of major engineering projects is an inevitable path for a country to build an independent and integrated national economic system. During the process of project construction, to carry out targeted science popularization activities plays an important role in guiding the public to gain an objective understanding of strong scientific support behind the projects, and maintaining good relationships among the government, the enterprises and the public. In the paper, it expounds on how Sinopec in Jiujiang city, Jiangxi province succeeded in helping the public eliminate the doubts by virtue of science popularization tools; put an end to the past experience where if PX projects in China encountered opposition and different opinions they normally came to a suspension and halt. In a nutshell, all the aforementioned practices will provide guidance and enlightenment for the development of enterprise science popularization and be instrumental in giving full play to science popularization's contributing role in major projects construction.

Keywords: Major Engineering Projects; PX Project; Enterprise; Science Popularization

法律声明

S 子库介绍
Sub-Database Introduction

中国经济发展数据库

涵盖宏观经济、农业经济、工业经济、产业经济、财政金融、交通旅游、商业贸易、劳动经济、企业经济、房地产经济、城市经济、区域经济等领域，为用户实时了解经济运行态势、把握经济发展规律、洞察经济形势、做出经济决策提供参考和依据。

中国社会发展数据库

全面整合国内外有关中国社会发展的统计数据、深度分析报告、专家解读和热点资讯构建而成的专业学术数据库。涉及宗教、社会、人口、政治、外交、法律、文化、教育、体育、文学艺术、医药卫生、资源环境等多个领域。

中国行业发展数据库

以中国国民经济行业分类为依据，跟踪分析国民经济各行业市场运行状况和政策导向，提供行业发展最前沿的资讯，为用户投资、从业及各种经济决策提供理论基础和实践指导。内容涵盖农业，能源与矿产业，交通运输业，制造业，金融业，房地产业，租赁和商务服务业，科学研究，环境和公共设施管理，居民服务业，教育，卫生和社会保障，文化、体育和娱乐业等 100 余个行业。

中国区域发展数据库

以特定区域内的经济、社会、文化、法治、资源环境等领域的现状与发展情况进行分析和预测。涵盖中部、西部、东北、西北等地区，长三角、珠三角、黄三角、京津冀、环渤海、合肥经济圈、长株潭城市群、关中—天水经济区、海峡经济区等区域经济体和城市圈，北京、上海、浙江、河南、陕西等 34 个省份及中国台湾地区。

中国文化传媒数据库

包括文化事业、文化产业、宗教、群众文化、图书馆事业、博物馆事业、档案事业、语言文字、文学、历史地理、新闻传播、广播电视、出版事业、艺术、电影、娱乐等多个子库。

世界经济与国际政治数据库

以皮书系列中涉及世界经济与国际政治的研究成果为基础，全面整合国内外有关世界经济与国际政治的统计数据、深度分析报告、专家解读和热点资讯构建而成的专业学术数据库。包括世界经济、世界政治、世界文化、国际社会、国际关系、国际组织、区域发展、国别发展等多个子库。